westermann

Heinrich Hübscher, Jürgen Klaue

Elektrotechnik

Grundbildung
Schaltungstechnik

6. Auflage

Bestellnummer 221046

Diesem Buch wurden die bei Manuskriptabschluss vorliegenden neuesten Ausgaben der DIN-Normen, VDI-Richtlinien und sonstigen Bestimmungen zu Grunde gelegt. Verbindlich sind jedoch nur die neuesten Ausgaben der DIN-Normen und VDI-Richtlinien und sonstigen Bestimmungen selbst.

Die DIN-Normen wurden wiedergegeben mit Erlaubnis des DIN Deutsches Institut für Normung e. V. Maßgebend für das Anwenden der Norm ist deren Fassung mit dem neuesten Ausgabedatum, die bei der DIN Media GmbH, Am DIN-Platz Burggrafenstarßa 6, 10787 Berlin, erhältlich ist.

Zusatzmaterialien zu Elektrotechnik Grundbildung Schaltungstechnik

Für Lehrerinnen und Lehrer

Lösungen zum Schulbuch: 978-3-14-221048-3

BiBox Einzellizenz für Lehrer/-innen (Dauerlizenz)
BiBox Klassenlizenz Premium für Lehrer/-innen und bis zu 35 Schüler/-innen (1 Schuljahr)
BiBox Kollegiumslizenz für Lehrer/-innen (Dauerlizenz)
BiBox Kollegiumslizenz für Lehrer/-innen (1 Schuljahr)

Für Schülerinnen und Schüler

BiBox Einzellizenz für Schüler/-innen (1 Schuljahr)
BiBox Einzellizenz für Schüler/-innen (4 Schuljahre)
BiBox Klassensatz PrintPlus (1 Schuljahr)

Druck und Bindung: Westermann Druck GmbH, Georg-Westermann-Allee 66, 38104 Braunschweig

ISBN 978-3-14-221046-9

Vorwort

Das vorliegende Buch soll Schülerinnen und Schülern des Berufsfeldes Elektrotechnik grundlegende Kenntnisse über

- die VDE-gerechte Installation elektrischer Geräte und Anlagen,
- die normgerechte Darstellung elektrischer Installationsschaltungen und elektronischer Bauelemente sowie
- den Umgang mit Kennlinien von Bauelementen vermitteln.

Elektrofachkräfte werden bei Installationen auch mit Zeichnungen von Metallkomponenten (Technische Zeichnungen) sowie Bauzeichnungen konfrontiert. Aus diesem Grund werden dazu im Kapitel 3 grundlegende Kenntnisse vermittelt.

Die verschiedenen Themen werden in einem überschaubaren Umfang praxis- und handlungsorientiert eingeleitet. Zahlreiche einfache und komplexe Aufgaben schließen sich unmittelbar an jedes Kapitel an, wobei einige mithilfe von Arbeitsblättern (221044) (❑) bearbeitet werden können.

Bei der Lösung der Aufgaben steht häufig die Schaltungs- und Funktionsanalyse im Mittelpunkt.

Der abgestufte Schwierigkeitsgrad der Aufgaben ermöglicht die einzelnen Kapitel des Buches mit unterschiedlicher Ausführlichkeit zu bearbeiten und so den Unterricht an die jeweilige Situation anzupassen.

Als Hilfe bei der Lösung von Aufgaben sind am Schluss des Buches wichtige Regeln, Symbole und Schaltzeichen in Form von Kurzfassungen aufgeführt. Damit haben die Lernenden ein Nachschlagewerk zur Hand, das zur Festigung des Gelernten dienlich sein kann.

Um an wichtigen Stellen den Zusammenhang zwischen Text und Abbildung herzustellen, wurden die blauen Ziffern ①, ② ... eingesetzt.

An verschiedenen Stellen war es notwendig einführende Kapitel voranzustellen, um grundlegende Festlegungen und Zusammenhänge zu erläutern oder den Aufbau und die Funktion von Geräten zu erklären.

Für Hinweise und Verbesserungsvorschläge sind Autoren und Verlag jederzeit aufgeschlossen und dankbar.

Autoren und Verlag Braunschweig 2025

Inhaltsverzeichnis

Schaltpläne

Bauelemente

Technische Zeichnungen

Schaltpläne

1.1 Einführung

1

In Zeichnungen der Schaltungstechnik steht die Funktion der Geräte (**Betriebsmittel**) im Vordergrund. Die technische Ausführung und die Abmessungen spielen dabei keine Rolle. Aus diesem Grund werden in elektrotechnischen Zeichnungen für die Wirkungsweise der Betriebsmittel Symbole (**Schaltzeichen**) benutzt. Es gibt unterschiedliche Symbole für die einpolige und mehrpolige Darstellung. Beispiele zeigen die Abb. 2 und 3.

> In elektrotechnischen Zeichnungen (Schaltplänen) werden die Funktionen der Betriebsmittel durch Schaltzeichen symbolisiert.

Zur eindeutigen Identifizierung werden die Betriebsmittel mit Großbuchstaben gekennzeichnet. Die Buchstaben geben nicht die Funktion des jeweiligen Gerätes an, sondern deren Aufgabe. So wird z. B. eine Leuchte, die zur Beleuchtung eines Raumes dient, mit „E“ bezeichnet (Abb. 1 ②), während eine Kontrollleuchte, die einen Zustand einer Anlage signalisiert, ein „P“ erhält ③. Die Tabelle (Abb. 1) zeigt Betriebsmittel mit Kennbuchstaben und zugehörigen Aufgaben. Weitere Kennbuchstaben sind in der Kurzfassung Schaltpläne (Seite 77) aufgeführt.

> Die Betriebsmittel werden durch Großbuchstaben gekennzeichnet. Diese Kennzeichnungen richten sich nach der Aufgabe des Gerätes.

Da in einer Schaltung mehrere Betriebsmittel der gleichen Art vorkommen können, erhalten sie zur eindeutigen Bestimmung eine Zählnummer (Zahl) (Abb. 2 ①)

Betriebsmittel	Kennbuchstabe	Aufgabe
Abzweigdose	X	Verbinden
Bewegungsmelder	B	Umwandeln physikalischer Größen in Signale
Durchlauferhitzer	E	Energieumwandlung
Hauptschütz	Q	Schalten von Energie
Herd	E	Energieumwandlung
Hilfsschütz	K	Signalverarbeitung
Klemme	X	Verbinden
Klingel	P	Informationsdarstellung
Kontrollleuchte	P ③	Informationsdarstellung
Kühlschrank	E	Energieumwandlung
Leuchte	E ②	Energieumwandlung
Mikrofon	B	Umwandeln physikalischer Größen in Signale
Schalter	Q	Schalten von Energie
Steckdose	X	Verbinden
Stromstoßschalter	Q	Schalten von Energie
Taster	S	Umwandeln manueller Betätigung in Signale
Türöffner	Q	Schalten von Energie
Unterverteilung	A	Mehrere Aufgaben
Zeitschalter	Q	Schalten von Energie

Abb. 1: Kennbuchstaben für Betriebsmittel

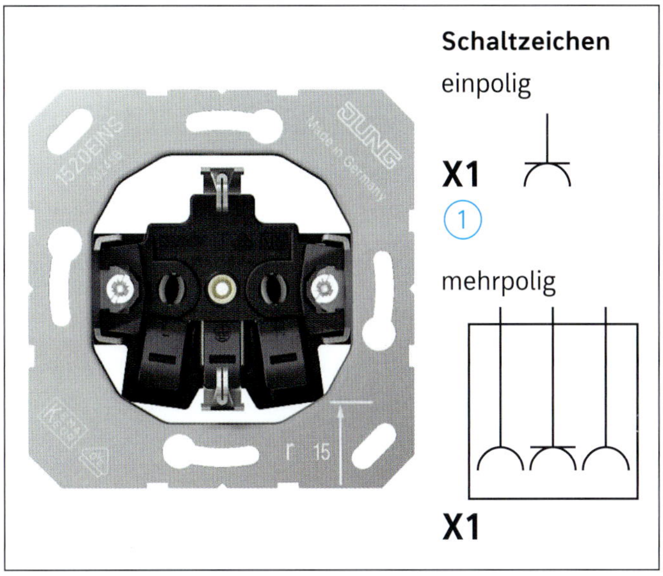

Abb. 2: Steckdose zum Einbau unter Putz

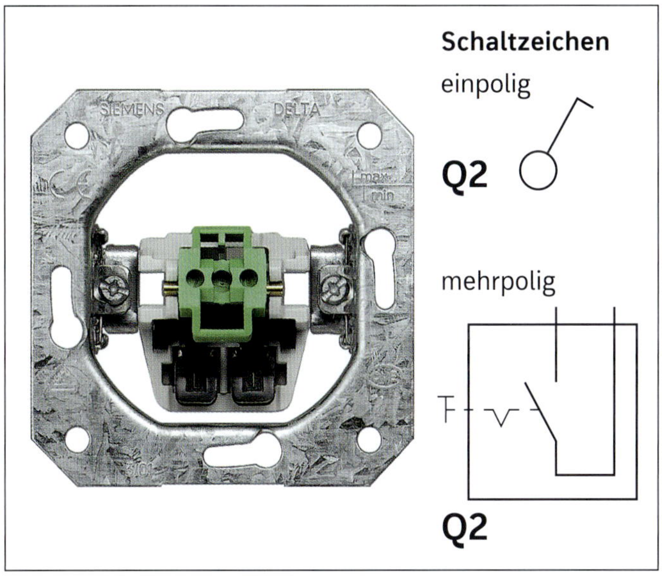

Abb. 3: Schalter zum Einbau unter Putz

Das mehrpolige Schaltzeichen des Schalters kann aus mehreren Symbolen zusammengesetzt sein. In der Abbildung 4 sind die Einzelteile erläutert. Weitere Betätigungsmerkmale befinden sich auf Seite 7 (Abb. 5).

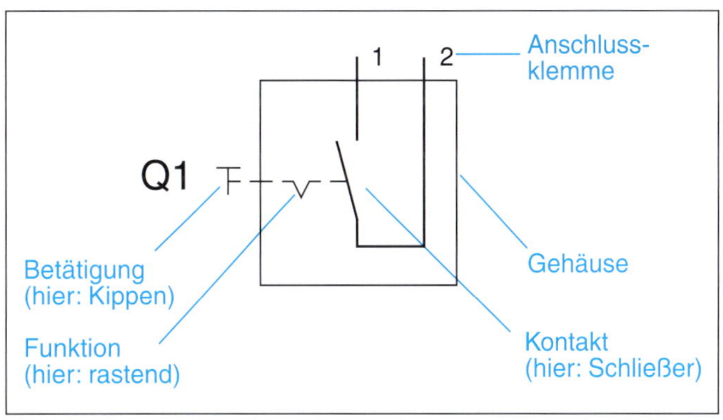

Abb. 4: Ausschalter (mehrpolige Darstellung)

Schaltpläne erstellen

Für einen Kellerraum sollen eine Leuchte und eine Schutzkontakt-Steckdose installiert werden. Um die Installation fachgerecht durchzuführen, sind die notwendigen Pläne zu erstellen. Die Leitungen aus NYM werden auf Abstandschellen montiert. Als Schalter wird ein Kippschalter benutzt. Die Steckdose soll immer an Spannung liegen.

Aufbau der Schaltung

Der **Installationsplan** (Abb. 1) gibt die räumliche Lage der Betriebsmittel an. Sie sind in einem Grundriss eingezeichnet. In dem Plan sind aber keine Angaben über die Installationshöhe der Schalter und Steckdosen gemacht. Sie richten sich nach den Vorschriften des **VDE** (Verband der Elektrotechnik Elektronik Informationstechnik). Solche Pläne sind die Grundlage der Absprache zwischen dem Auftraggeber und der Elektrofachkraft.

Ein Installationsplan zeigt die Lage der Betriebsmittel in einem Grundriss. Die Leitungsführung ist nicht dargestellt.

Um aber über die Verbindungen und Leitungen etwas aussagen zu können, werden weitere Pläne benötigt. Durch einen **Übersichtsschaltplan** (Abb. 2) erhält man eine Übersicht über die Zusammenschaltung der Betriebsmittel. Dieser Plan enthält auch Angaben über die Leitungsführung, die **Leitungsart** ③ und die **Verlegungsart** ④. Diese Angaben sind nur einmal im Plan vermerkt. Sie gelten dann für alle Leitungen dieser Schaltung. Abb. 3 zeigt einige Darstellungsbeispiele für Leitungen und deren Verlegearten.

Im Übersichtsschaltplan wird die elektrische Anlage mit allen wesentlichen Bestandteilen vereinfacht dargestellt. Die Leitungen werden nur durch eine Linie dokumentiert (einpolige Darstellung). Die Aderzahl wird entweder durch die entsprechende Anzahl von Schrägstrichen (Abb. 2 ⑤) oder durch einen Schrägstrich mit Zahl (Abb. 3 ⑥).

Bei Leitungen mit drei und mehr Adern wird üblicherweise die zweite Kennzeichnungsart benutzt. Die Angabe der Aderzahl gilt nur von Klemmstelle zu Klemmstelle. Sie muss deshalb nach jedem Abzweig neu vermerkt werden.

Der Pfeil an der Abzweigdose X1 (Abb. 2 ②) bedeutet, dass dort die Leitungseinspeisung liegt. Die Buchstaben L1/N/PE ① sind die Bezeichnungen der ankommenden Leiter. Um in den Leitungen darzustellen, welche Leiter dort vorhanden sind, werden Symbole nach folgender Tabelle benutzt.

Bezeichnung	Buchstabe	Symbol
Außenleiter	L1, L2, L3	
Neutralleiter	N	
Schutzleiter	PE	

In Plänen werden nur die Leitungen mit den notwendigen Leitern dargestellt und nicht die tatsächlich verlegten Leitungen. Werden z. B. nur vier Adern benötigt, aber eine fünfadrige Leitung verlegt, werden im Plan nur vier Leiter angegeben.

In Installationsplänen und Übersichtsschaltplänen werden die gleichen Symbole verwendet. Sie werden in Anlehnung an die Darstellungsart der genannten Pläne **Schaltzeichen für einpolige Darstellung** genannt.

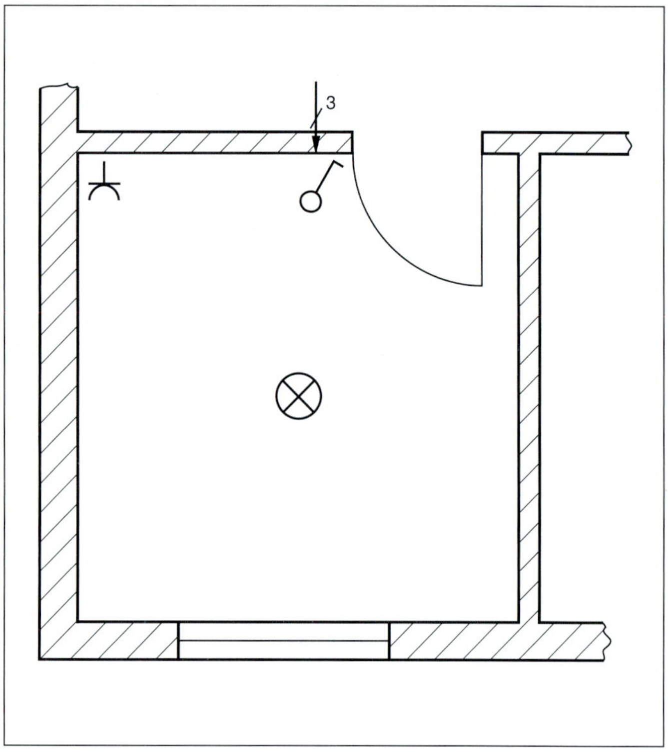

Abb. 1: Installation eines Kellerraums

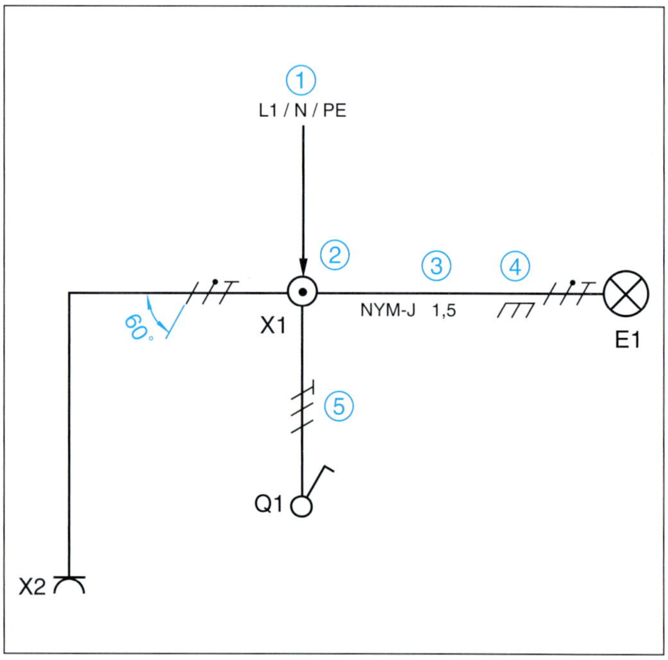

Abb. 2: Übersichtsschaltplan zu Abb. 1

NYM-J 1,5 (5 ⑥)	NYIF 1,5 (3)	HO7V-U
unter Putz	im Putz	im Installationsrohr
Mantelleitung	Stegleitung	Kunststoffaderleitung
NYM-J 5-adrig 1,5 mm²	NYIF 3-adrig 1,5 mm²	H 07V-U 1-adrig 1,5 mm²

Abb. 3: Leitungsverlegearten (Beispiele)

Aus dem Übersichtsschaltplan (Abb. 2) können jetzt folgende Angaben entnommen werden:

- Betriebsmittel: 1 Ausschalter auf Putz
  1 Schutzkontakt-Steckdose auf Putz
  1 Leuchte auf Putz
  1 Abzweigdose auf Putz
- Leitungen: NYM-J 1,5-mm² auf Putz verlegt
  Leuchte und Abzweigdose: 3-adrig
  Steckdose und Abzweigdose: 3-adrig
  Schalter und Abzweigdose: 3-adrig

Für die Funktion des Schalters Q1 werden nur zwei Adern benötigt. Die zu verlegende Leitung muss aber einen Schutzleiter mitführen. Die Begründung folgt auf der nächsten Seite (Schutzmaßnahmen).

Funktion der Schaltung

Installationspläne und Übersichtsschaltpläne zeigen die Lage und Anordnung der Betriebsmittel. Sie sagen aber nichts über die Verschaltung der Stromkreise aus. Um die Funktion zu erkennen, sind deshalb alle Verbindungen erforderlich. Sie werden in Stromlaufplänen dargestellt. Es gibt dabei zwei Darstellungmöglichkeiten, nämlich zusammenhängend und aufgelöst.

Bei Stromlaufplänen in **zusammenhängender Darstellung** werden die Teile eines Betriebsmittels als Einheit dargestellt (Abb. 4). Es werden Schaltzeichen in mehrpoliger Darstellung verwendet.

Bei Stromlaufplänen **in aufgelöster Darstellung** sind die Funktionsteile an verschiedenen Stellen des Planes angegeben (siehe Seite 20, Abb. 1).

Der Kontakt des **Ausschalters Q1** (Abb. 4) ist offen dargestellt. Das ist seine Ruhelage. Der Stromkreis ist nicht geschlossen und die Leuchte E1 leuchtet demzufolge nicht.

Schaltgeräte werden im unbetätigten Zustand und Stromkreise stromlos dargestellt.

Um die Funktion einer Schaltung zu verstehen, verfolgt man den Stromweg vom Außenleiter L1 (Abb. 4 ⑦) über die verschiedenen Betriebsmittel zurück zum Neutralleiter N ⑧. Damit die Stromwege gut beschrieben werden können, sind hier die Anschlüsse der Betriebsmittel mit Anschluss-Bezeichnungen (z. B. ⑨) versehen. Sie stimmen mit den Klemmen Bezeichnungen der Betriebsmittel überein, wenn solche vorhanden sind, was bei den Betriebsmitteln der Installationstechnik (z. B. Steckdosen) häufig nicht der Fall ist.

Soll die **Klemme eines Betriebsmittels** genannt werden, wird die Klemmen-Bezeichnung mit einem Doppelpunkt an die Betriebsmittel-Kennzeichnung angehängt. So bedeutet z. B. Q1:2 ⇒ Klemme 2 des Schalters Q1.

Stromweg der Leuchte

Wir beginnen mit dem Außenleiter L1. Er ist in der Abzweigdose X1 an der Klemme 1 angeschlossen. Von dort führt eine Verbindung zum Schalter Q1 (Q1:1). Ist dieser geschlossen, kann der Strom zur Klemme 4 der Abzweigdose X1, von dort zur Leuchte E1 (E1:2) und wieder zur Abzweigdose X1 fließen. An der Klemme X1:3 schließt der Stromkreis mit dem Neutralleiter N.

Schalter schalten grundsätzlich den Außenleiter (z. B. L1), damit im ausgeschalteten Zustand keine Spannung an den Klemmen der „Verbraucher" anliegt.

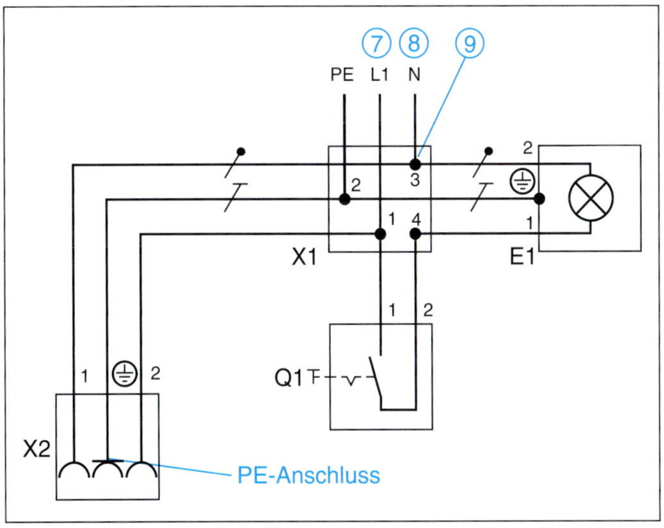

Abb. 4: Stromlaufplan in zusammenhängender Darstellung

Schaltzeichen	Bedeutung
– – – – –	mechanische Verbindung
– – ⩗ –	rastet bei Betätigung ein
⊢ –	Betätigung durch Hand
⊤ –	Betätigung durch Kippen
E –	Betätigung durch Drücken
] –	Betätigung durch Ziehen
⅃ –	Betätigung durch Drehen

Abb. 5: Betätigungen von Schaltern

Eine **Funktionsbeschreibung** in Sätzen ist aufwendig und bei umfangreicheren Schaltungen nicht sinnvoll. Im diesem Buch wird daher folgende Schreibweise verwendet:

Leuchten-Stromwege
L1 → X1:1 → Q1:1 → Q1:2 → X1:4 → E1:1 →
E1:2 → X1:3 → **N**
Schutzmaßnahme: PE → X1:2 → E1:PE

Steckdosen-Stromwege
L1 → X1:1 → X2:2
X2:1 → X1:3 → **N**
Schutzmaßnahme: PE → X1:2 → X2:PE

Abb. 6: Stromweg-Analyse

Mit den Aussagen über die Bauteile und deren Verbindungen sowie mit der Beschreibung der Funktion haben wir eine Analyse der Anlage vorgenommen (**Funktionsanalyse**).

Schutzmaßnahmen

Zum Schutz des Menschen gegen elektrischen Schlag müssen Schutzmaßnahmen eingesetzt werden. Metallene Gehäuse sind deshalb an einen Schutzleiter anzuschließen. Die PE-Klemme der Leuchte E1 ist daher mit dem PE in der Abzweigdose (X1:2) verbunden.

Nach DIN VDE 0100-410 muss auch in alle Installationsgeräte der Schutzklasse II (z. B. Schalterdosen) der Schutzleiter PE geführt werden. In Abb. 2 (Seite vorher) ist er auch zwischen X1 und Q1 ⑤ eingezeichnet. In der Abb. 4 ist er hingegen nicht eingetragen, weil er für die Funktion der Schaltung keine Bedeutung hat.

Aufbau der Schaltung

Die Steckdose X2 ist in der Abzweigdose X1 direkt mit den Leitern L1 (X1:1), PE (X1:2) und N (X1:3) verbunden. Die Steckdose liegt also ständig an Spannung.

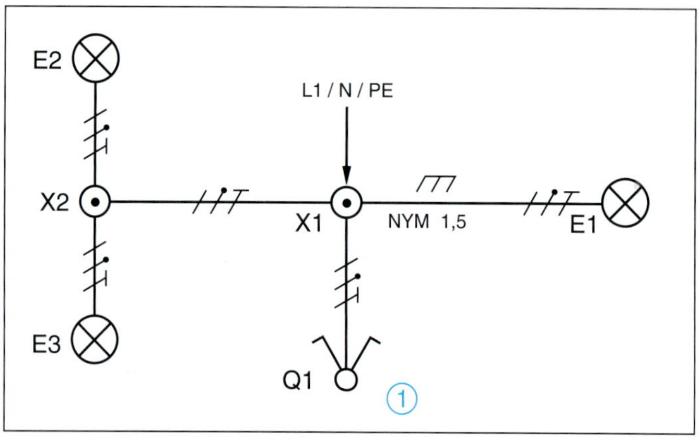

Abb. 1: Schaltung mit Serienschalter (Übersichtsschaltplan)

Schalten mehrerer Leuchten

In einer Diele sollen eine Deckenleuchte und eine Spiegelbeleuchtung mit zwei Leuchten installiert werden. Sie sollen von einer Stelle aus unabhängig voneinander geschaltet werden können. Die Installation ist unter Putz auszuführen.

Aufbau der Schaltung

Für diese Schaltung wird der Serienschalter Q1 (Abb. 1 ①, Abb. 2 ③) verwendet. Er besteht aus zwei Ausschaltern, die in einem Gehäuse untergebracht sind. Beim Installieren wird so der Platz für ein Gehäuse gespart.

> Ein **Serienschalter** besteht aus zwei Ausschaltern mit gemeinsamen Außenleiter-Anschluss ②, der besonders gekennzeichnet ist.

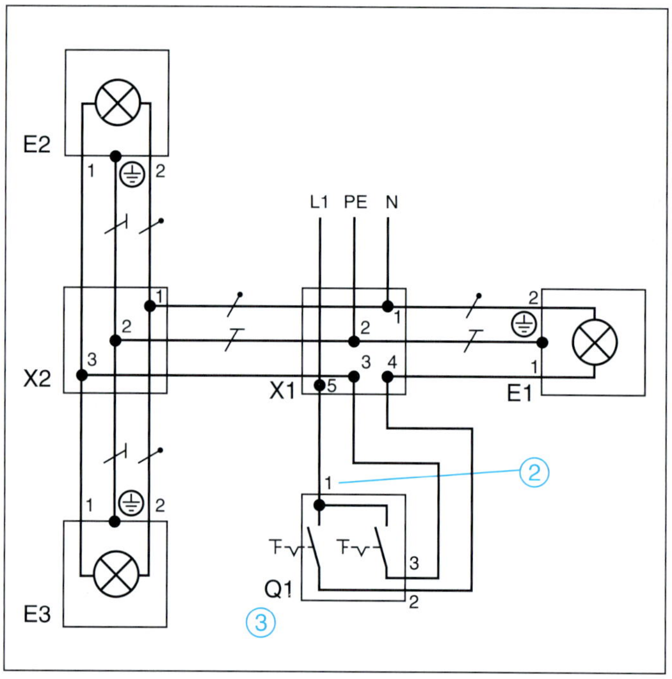

Abb. 2: Schaltung mit Serienschalter (Stromlaufplan in zusammenhängender Darstellung)

Funktion der Serienschaltung (Abb. 2)

Leuchte E1

L1 → X1:5 → Q1:1 → Q1:2 → X1:4 → E1:1 → E1:2 → X1:1 → **N** ⇒ Q1:2 steuert E1

Leuchten E2 und E3

L1 → X1:5 → Q1:1 → Q1:3 → X1:3 → X2:3 → E2:1 → E2:2 / → E3:1 → E3:2 → X2:1

→ X1:1 → **N** ⇒ Q1:3 steuert E2 und E3

Abb. 3: Serienschalter zum Einbau unter Putz

Helligkeitssteuerung

In einem Jugendzimmer soll eine Balkenleuchte mit drei Spots installiert werden. Die Helligkeit der Leuchte muss von einer Stelle aus gesteuert werden können. Die Installation wird mit NYM-Leitung unter Putz ausgeführt.

Aufbau der Schaltung

Die Helligkeit der Leuchte kann auf zwei Arten verändert werden. Einmal mithilfe eines Serienschalters, der unterschiedlich viele Spots einschaltet (Abb. 5), oder mit einem Dimmer (Abb. 4). Hierfür ist in der Norm (DIN 40900) kein Schaltzeichen für die mehrpolige Darstellung festgelegt, so dass das entsprechende Symbol (Abb. 6 ①) aus genormten Elementen zusammengesetzt wurde. Die meisten Firmen benutzen hingegen ein nicht genormtes Schaltzeichen ②.

> Dimmer sind elektronische Steuerschalter, mit denen die Spannung an Leuchten und damit die Helligkeit stufenlos gesteuert werden kann.

Diese Steuergeräte können z. B. durch Drehen (Abb. 4a) oder durch Tippen (Abb. 4b) bedient werden. Dimmer sind nor-malerweise für die Steuerung von Glühlampen gebaut. Für LEDs und Leuchtstofflampen gibt es besondere Steuergeräte. Dimmer werden als Wechselschalter hergestellt. In dieser Schaltung wird Q1 aber nur als Ausschalter eingesetzt, deshalb wird das Symbol ③ (Abb. 7) benutzt.

Vorteile gegenüber Serienschaltern

- Stufenlose Helligkeitssteuerung
- Zwischen Abzweigdose X1 und Schalter Q1 sind nur zwei Adern notwendig.
- Zwischen Abzweigdose X1 und Leuchte E1 ist nur die übliche 3-adrige Leitung (z. B. NYM 3x1,5) notwendig.

Nachteil gegenüber Serienschalter

Dimmer sind teurer als Serienschalter.

Funktion der Dimmerschaltung

Stromwege

L1 ⟶ X1:3 ⟶ Q1:4 ⟶ Q1:1 ⟶ X1:4 ⟶ E1:1
(drei Lampen parallel) ⟶ E1:2 ⟶ X1:1 ⟶ **N**

Dimmfunktion

Wenn der Kontakt in Q1 geschlossen ist, kann die Helligkeit gesteuert werden.

Schutzmaßnahme

Das Gehäuse der Leuchte ist an den Schutzleiter PE angeschlossen.

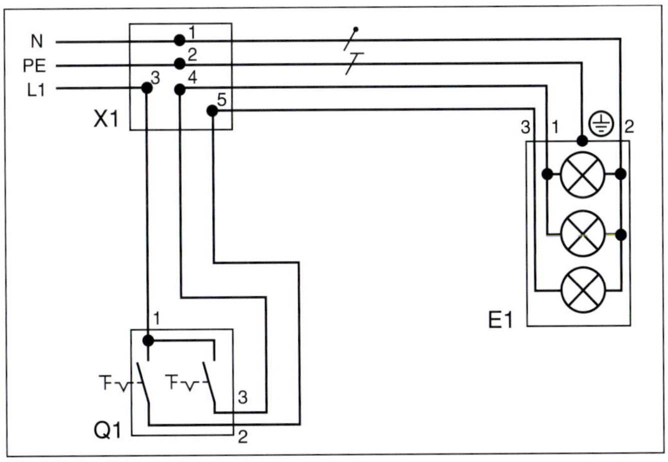

Abb. 5: Balkenleuchte mit Serienschalter

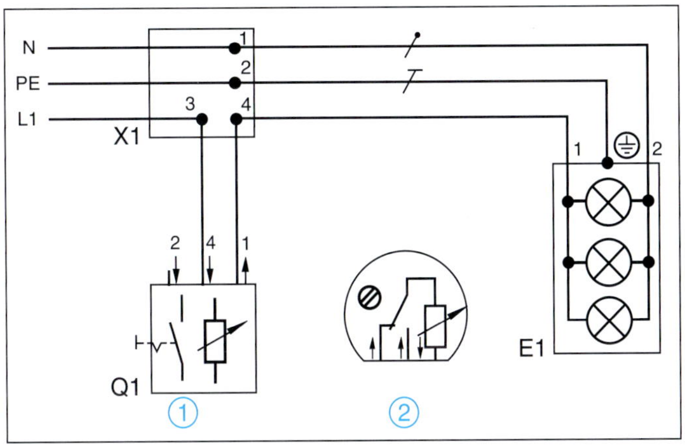

Abb. 6: Balkenleuchte mit Dimmer

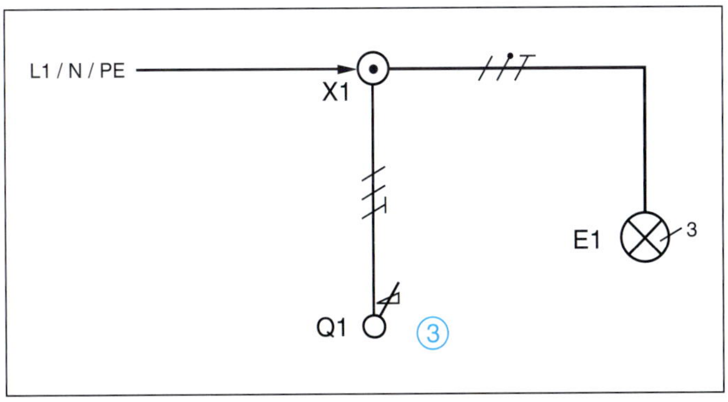

Abb. 7: Übersichtsschaltplan zu Abb. 6

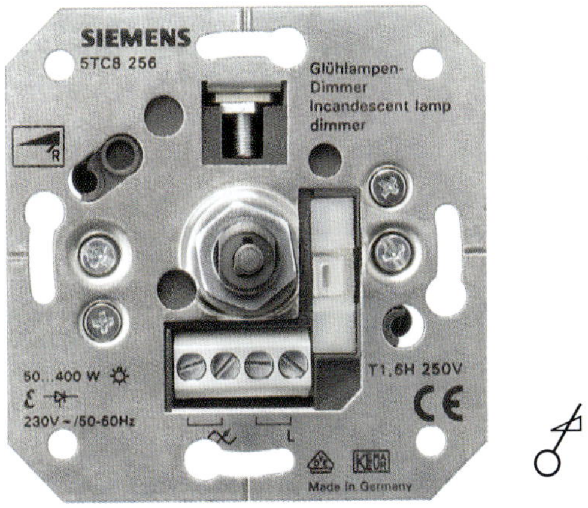

a) Drehbetätigung

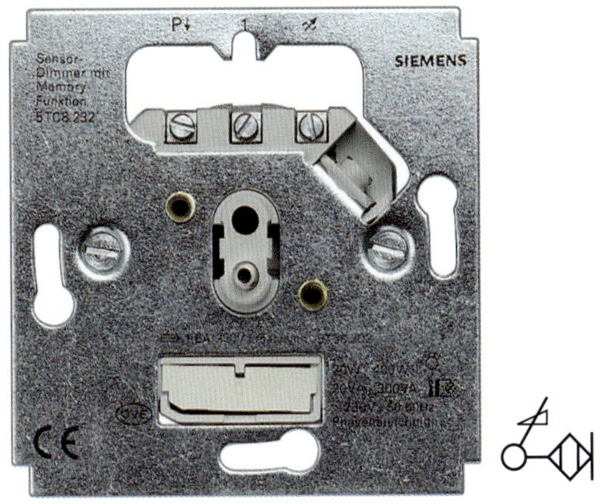

b) Tippbetätigung

Abb. 4: Dimmer-Arten

Aufgaben

1.2.1 Fehlerhafte Schaltung

Die dargestellte Schaltung enthält einen Schaltfehler.

Analysieren Sie die Anlage, indem Sie folgende Fragen zur Funktion der Schaltung beantworten.

1. Welche Betriebsmittel wurden verwendet?
2. Welches Betriebsmittel wird durch den Schalter gesteuert?
3. Was muss geändert werden, damit der Fehler beseitigt wird?

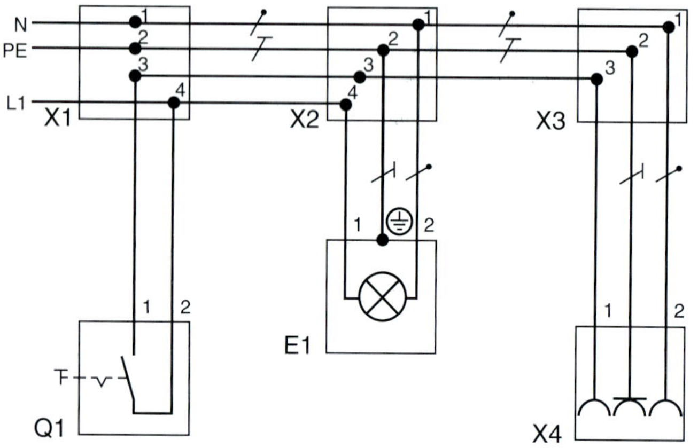

1.2.2 Kinderzimmer-Installation

a) Zeichnen Sie zum dargestellten Installationsplan den Übersichtsschaltplan.

b) Stellen Sie eine Stückliste für das benötigte Installationsmaterial auf.

Hinweise:

- Maße sollen der Zeichnung entnommen werden.
- Abzweigdosen werden 30 cm unterhalb der Decke gesetzt. Schalter und Kombinationen werden 1,05 m über den Fußboden gesetzt.
- Steckdosen werden 30 cm über den Fußboden gesetzt.
- Steckdosen werden durchgeschleift, d. h. ohne Abzweigdosen installiert.
- Leitungsverschnitt: 10 % der zu verlegenden Leitungslänge

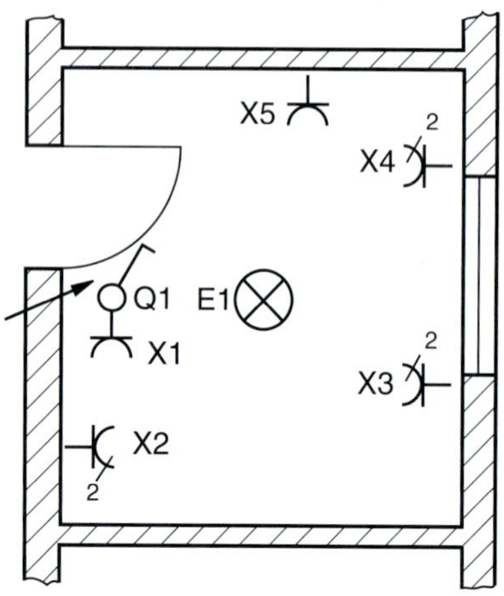

Raumhöhe : 2,50 m

M 1:100

Leitungen : NYM 1,5

1.2.3 Arbeitszimmer-Installation

Ein Arbeitszimmer soll nach dem abgebildeten (unvollständigen) Übersichtsschaltplan installiert werden.

a) Zeichnen Sie den zugehörigen Stromlaufplan in zusammenhängender Darstellung.

b) Analysieren Sie die Anlage, indem Sie folgende Fragen zur Funktion der Schaltung beantworten.

Begründen Sie Ihre Antworten.

1. Welche Betriebsmittel sollen verwendet werden?
2. Welche Leitungsart ist vorgesehen?
3. Welche Verlegungsart soll benutzt werden?
4. Sind Q1 und X4 unter eine gemeinsame Abdeckplatte zu installieren?
5. Wie viele Leiter (Adern) sind zwischen X1 und X2 nötig?
6. Welche Bedeutung hat der Pfeil hinter X3?

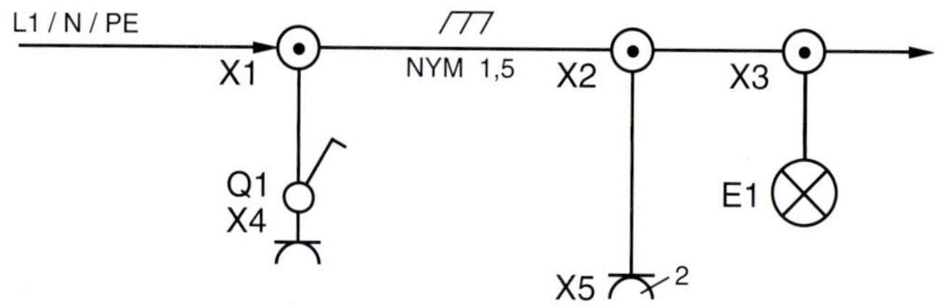

1.2.4 Beleuchteter Schalter

a) Analysieren Sie die Anlage, indem Sie folgende Fragen zur Funktion der Schaltung beantworten.

Begründen Sie Ihre Antworten.

1. Wie sind bei offenem Schalter Q1 die Glimmlampe P1 und die Leuchte E1 geschaltet?
2. Wie groß sind die Widerstände von P1 (230 V/0,5 mA) und E1?
3. Weicht die tatsächliche Stromstärke wesentlich von der Bemessungsstromstärke der Glimmlampe ab?
4. Wird die Leuchte E1 bei offenem Schalter leuchten?
5. Leuchtet die Glimmlampe P1 bei offenem Schalter?
6. Leuchtet die Glimmlampe P1 bei geschlossenem Schalter?

b) Fassen Sie Ihre Erkenntnisse über Anschluss und Funktion der Glimmlampe in kurzen Sätzen zusammen, indem Sie auf
- die Anzahl der Leiter zum Schalter,
- den Anschluss der Glimmlampe und
- das Leuchten der Glimmlampe bei offenem und geschlossenem Schalter eingehen.

c) Nennen Sie praktische Anwendungsfälle für diese Schaltung.

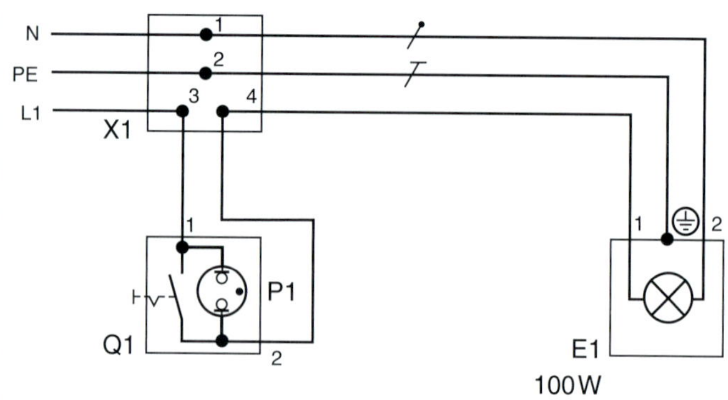

Aufgaben

1.2.5 Kontrolleuchte

a) Analysieren Sie die Anlage, indem Sie folgende Fragen zur Funktion der Schaltung beantworten.
Begründen Sie Ihre Antworten.
1. Wie sind Glimmlampe P1 und Leuchte E1 zueinander geschaltet?
2. Leuchtet die Glimmlampe P1 im ausgeschalteten Zustand des Schalters Q1?
3. Welche Spannungen liegen im ausgeschalteten bzw. im eingeschalteten Zustand an der Glimmlampe P1?
4. Kann bei dieser Schaltung die gleiche Glimmlampe verwendet werden wie bei Aufgabe 11.4?

b) Fassen Sie Ihre Erkenntnisse über Anschluss und Funktion der Glimmlampe in kurzen Sätzen zusammen, indem Sie auf
- die Anzahl der Leiter zum Schalter,
- den Anschluss der Glimmlampe und
- das Leuchten der Glimmlampe bei offenem und geschlossenem Schalter eingehen.

c) Nennen Sie praktische Anwendungsfälle für diese Schaltung.

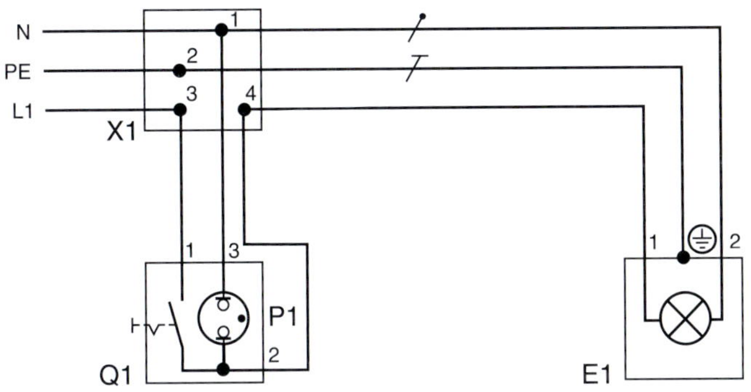

1.2.6 Serienschaltung

a) Zeichnen Sie zum abgebildeten Übersichtsschaltplan den Stromlaufplan in zusammenhängender Darstellung.

b) Geben Sie die Aderzahlen der Leitungen zwischen den Abzweigdosen an.

c) Nehmen Sie an, der Schalter Q1 wird durch einen Dimmer ersetzt. Geben Sie für diesen Fall an,
- zwischen welchen Betriebsmitteln Leiter eingespart werden könnten und
- ob diese Ersparnis den höheren Anschaffungspreis des Dimmers ausgleichen würde.

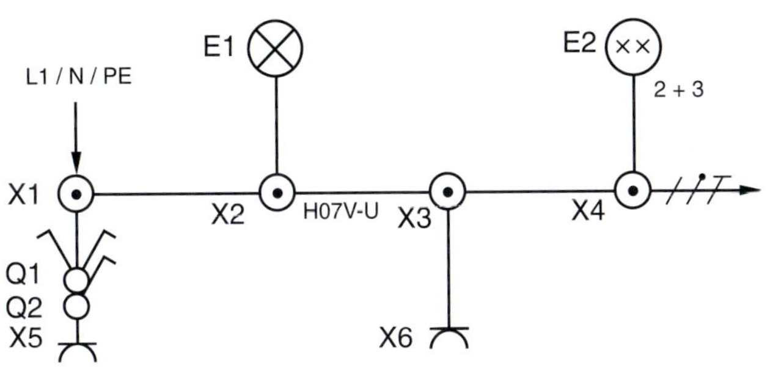

1.2.7 Schaltungs-Änderung

a) Zeichnen Sie den Übersichtsschaltplan (Leitungen: H07V-U in Rohr).

b) Die Schaltung soll so geändert werden, dass die Leuchten E1 und E4 bzw. E2 und E3 gemeinsam geschaltet werden.
Zeichnen Sie zur geänderten Schaltung den Stromlaufplan in zusammenhängender Darstellung.

c) Geben Sie an, zwischen welchen Betriebsmittel zusätzliche Leiter benötigt werden.

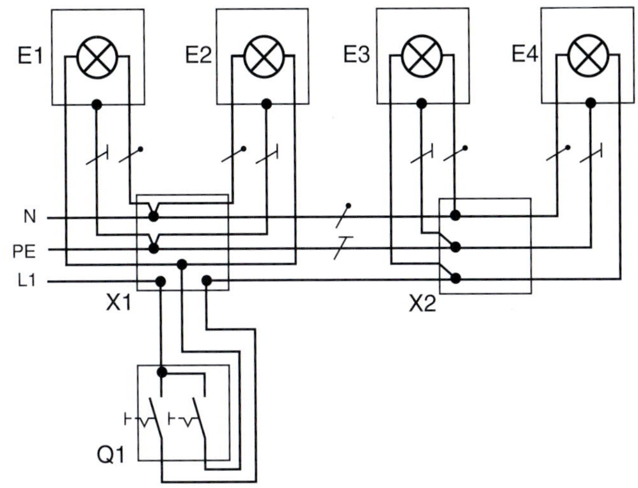

1.2.8 Hobbyraum

a) Zeichnen Sie den Übersichtsschaltplan.
Hinweis: Schaltzeichen siehe Seite 78.

b) Stellen Sie eine Stückliste für das benötigte Installationsmaterial auf (Schellenabstand: etwa 30 cm).
Hinweise:
- Die Steckdosen werden in der gleichen Höhe wie die Schalter angebracht (1,05 m über Fußboden).
- Sonstige Hinweise siehe Aufgabe 1.2.2

c) Zeichnen Sie den Stromlaufplan in zusammenhängender Darstellung.

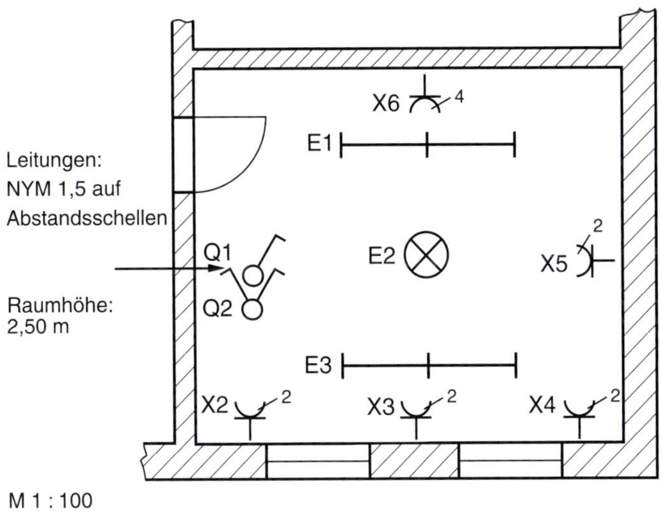

Aufgaben

1.2.9 Leuchten-Austausch

Die Deckenleuchte E1 soll durch einen Kronleuchter (fünf Kerzenlampen) ersetzt werden. Seine Helligkeit soll gesteuert werden.

a) Geben Sie an, welcher Schalter unter Beachtung der vorhandenen Leitungen installiert werden muss! Begründen Sie Ihre Auswahl.

b) Zeichnen Sie für die geänderte Schaltung den Stromlaufplan in zusammenhängender Darstellung.

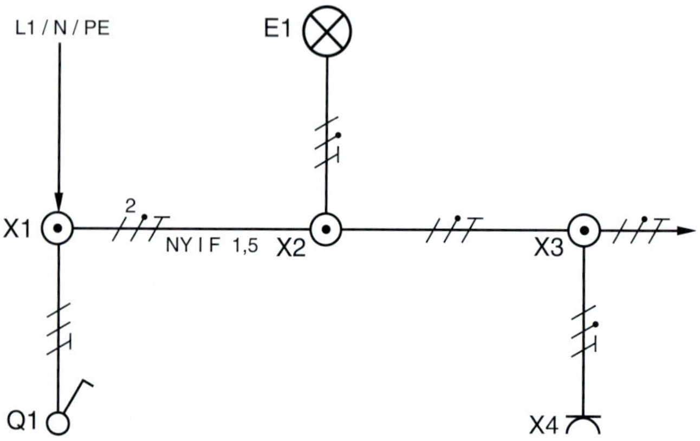

1.2.11 Wohnzimmer-Installation

Die Installation wird mit NYM-Leitungen durchgeführt. Der Schalter Q2 schaltet die Steckdosen X4 und X5.

a) Zeichnen Sie den Stromlaufplan in zusammenhängender Darstellung.

b) Zeichnen Sie den Übersichtsschaltplan.

c) Stellen Sie die Abzweigdose X6 entsprechend der Aufgabe 1.2.10 dar und geben Sie an den Adern die Klemmen der Betriebsmittel an.

d) Geben Sie mithilfe einer Tabelle (siehe Aufg. 1.2.10) an, welche Drähte in der Abzweigdose X6 miteinander verbunden werden müssen.

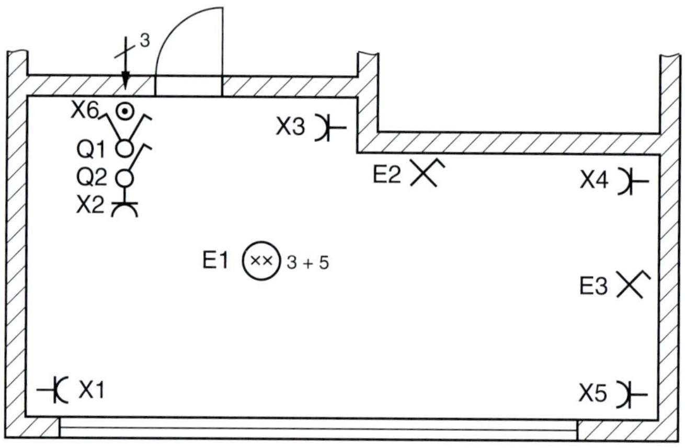

1.2.10 Küchen-Installation

Die Installation soll mit Mantelleitung unter Putz erfolgen, wobei die Betriebsmittel auf zwei Stromkreise aufgeteilt werden.

Stromkreis 1: Leuchten und Steckdose X3
Stromkreis 2: Steckdosen (ohne X3)

a) Zeichnen Sie für den Stromkreis 1 den Übersichtsschaltplan.

b) Stellen Sie Stücklisten (ohne Leitungen) für beide Stromkreise getrennt auf.
Hinweis:
Stromkreis 2 soll ohne Abzweigdosen installiert werden.

c) Geben Sie für die eingezeichneten Adern der Abzweigdose X7 (Abb. 2) an, zu welchen Klemmen der genannten Betriebsmittel sie führen.

d) Geben Sie an, welche Drähte miteinander verschaltet werden müssen! Benutzen Sie dazu die folgende Tabelle.

Klemme	Einspeisung	E1	E2	E3	E4	Q1/Q2/X3
X7: 1	L1					
X7: 2	N					
X7: 3	PE					
X7: 4						
X7: 5						
X7: 6						

e) Die Leitungsinstallation zwischen der Abzweigdose X7 und der Schalter-/Steckdosen-Kombination Q1/Q2/X3 kann unterschiedlich durchgeführt werden.

Geben Sie für zwei Möglichkeiten Anzahl und Farben der Adern an.

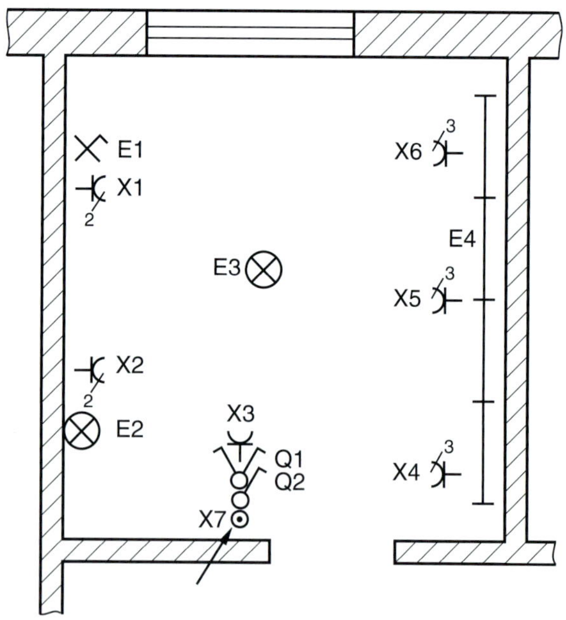

Abb. 1

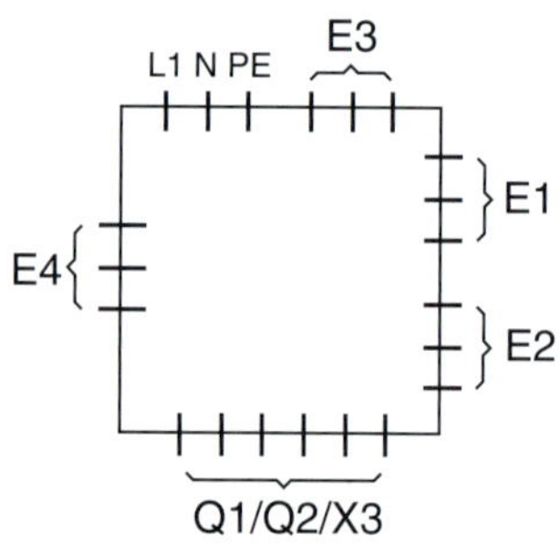

Abb. 2

Wechselschaltung

In einem Durchgangszimmer soll eine Deckenleuchte installiert werden (Abb. 1). Da der Raum zwei Türen hat, soll die Leuchte von zwei Stellen aus unabhängig voneinander geschaltet werden können. Für die Schalter werden Kippschalter verwendet.

Aufbau der Schaltung

Die Anforderungen an die Schaltung lassen sich mit Ausschaltern nicht erfüllen. Es werden dafür **Wechselschalter** benötigt.

> Zum Schalten von Lampen von zwei Stellen aus werden Wechselschalter eingesetzt. Diese Schalter haben drei Anschlüsse:
> Einen (besonders markierten) Eingang (Abb. 2 ⑥) und zwei Ausgänge ④ ⑤.

Schalter-Anschlüsse

- Der Eingang von Q1 ⑦ (Abb. 2) ist an den Außenleiter L1 angeschlossen.
- Die Ausgänge des Schalters Q1 sind mit den Ausgängen des Schalters Q2 verbunden:
  Q1:3 → X1:4 → X2:4 → Q2:2
  Q1:2 → X1:5 → X2:5 → Q2:3
  Diese beiden Leiter heißen **Korrespondierende** [1].
- Der Eingang von Q2 ⑥ ist an die Leuchte (E1:2) geführt (**Lampendraht**).

Schutzmaßnahme

Das Gehäuse der Leuchte ist an den Schutzleiter PE angeschlossen.

Funktion der Schaltung

Am Eingang des Schalters Q1 ⑦ liegt Spannung, die über Q1:3 und den Korrespondierenden ② an den Schalter Q2 (Q2:2) geführt wird:

L1 → X1:1 → Q1:1 → Q1:3 → X1:4 → X2:4 → Q2:2

Da an beiden Schaltern Spannung vorhanden ist, und zwar unabhängig von der Schalterstellung, kann durch jeden der Schalter der Stromkreis für die Leuchte E1 geschlossen werden.

1. Q1 betätigt, Q2 nicht betätigt

Bei Betätigung von Q1 wird die Spannung über den Korrespondierenden ② und den Lampendraht ③ an die Leuchte E1 gelegt. Damit ist der Stromkreis geschlossen.

L1 → X1:1 → Q1:1 → Q1:2 → X1:5 → X2:5 → Q2:3 → Q2:1 → X2:3 → E1:2 → E1:1 → X2:2 → X1:3 → **N**

2. Q2 betätigt, Q1 nicht betätigt (Abb. 2)

Die Spannung des Außenleiters L1 liegt (wie oben geschildert) an der Klemme 2 des Schalters Q2. Bei Betätigung des Schalters wird die Spannung über das Schaltstück an den Lampendraht ① gelegt. Damit ist der Stromkreis ebenso geschlossen.

L1 → X1:1 → Q1:1 → Q1:3 → X1:4 → X2:4 → Q2:2 → Q2:1 → X2:3 → E1:2 → E1:1 → X2:2 → X1:3 → **N**

[1] korrespondieren (lat.) = übereinstimmen

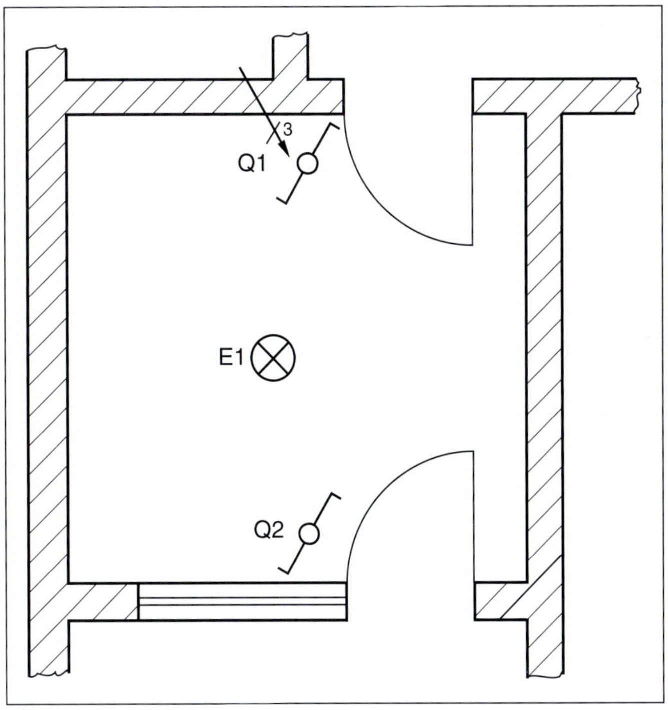

Abb. 1: Installationsplan einer Wechselschaltung

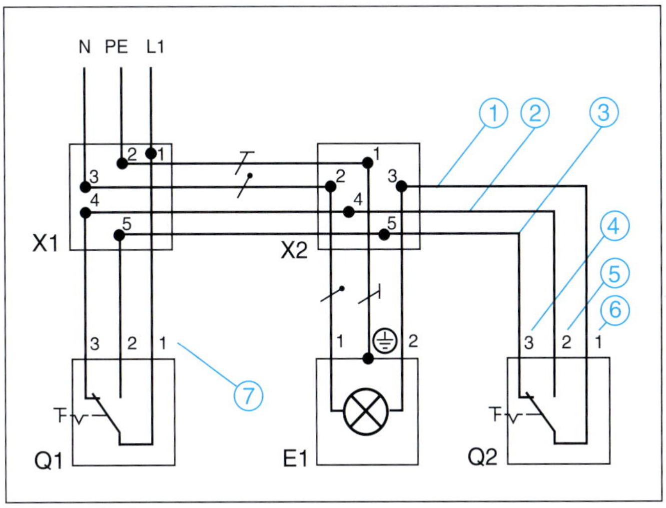

Abb. 2: Stromlaufplan in zusammenhängender Darstellung zu Abb. 1

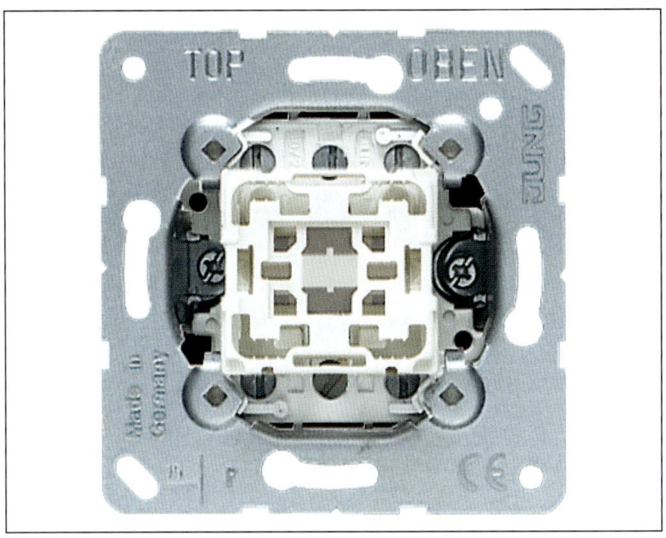

Abb. 3: Wechselschalter

Sparwechselschaltung

In Kombination mit beiden Wechselschaltern der Schaltung auf Seite 13 sollen Schutzkontakt-Steckdosen installiert werden (Abb. 1).

Aufbau der Schaltung

Geht man von der Wechselschaltung (Abb. 2, Seite 13) aus, ist die Installation einer Steckdose unter dem Schalter Q1 recht einfach. Es werden nur zwei zusätzliche Adern für N und PE benötigt, da der Außenleiter bereits im Schalter (Q1:1) vorhanden ist. Somit kann die übliche fünfadrige Leitung benutzt werden.

Beim Schalter Q2 ist das anders, da hier noch der Außenleiter hinzukommt. Aus diesem Grund wird häufig eine andere Schaltung verwendet, die **Sparwechselschaltung**. Hierbei sind zwischen Abzweigdose X2 und der Kombination Q2/X4 auch nur fünf Adern erforderlich.

Sollen in Kombination mit Wechselschaltern Steckdosen installiert werden, wird oft die Sparwechselschaltung eingesetzt.

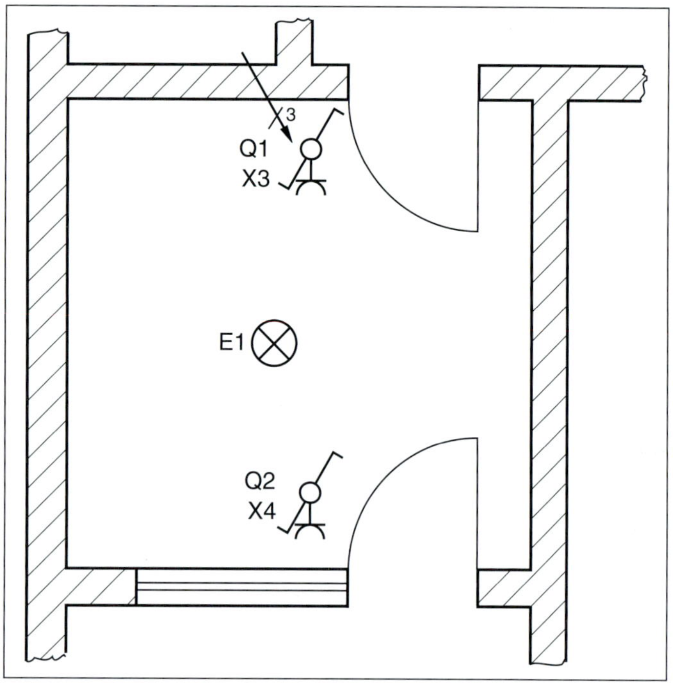

Abb. 1: Installationsplan einer Wechselschaltung mit Steckdosen

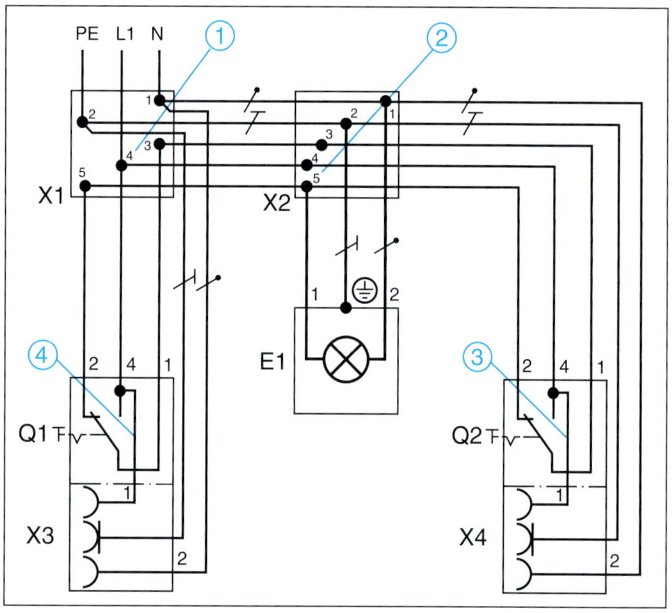

Abb. 2: Sparwechselschaltung (Stromlaufplan in zusammenhängender Darstellung)

Schalter-Anschlüsse

- Wie bei der einfachen Wechselschaltung sind auch hier die Ausgänge der Schalter miteinander verbunden (Abb. 2):
  Q1:2 → X1:5 → X2:5 → Q2:2 und
  Q1:4 → X1:4 → X2:4 → Q2:4
- Die Eingänge der Schalter sind ebenfalls miteinander verbunden:
  Q1:1 → X1:3 → X2:3 → Q2:1
- Bei der Sparwechselschaltung sind demnach drei Korrespondierende vorhanden:
  Zwei Verbindungsleiter der Ausgänge und ein Verbindungsleiter der Eingänge.
- Der Außenleiter wird mit einem Ausgangs-Korrespondierenden verbunden. ①
- Der Lampendraht wird mit dem anderen Ausgangs-Korrespondierenden verbunden. ②

Schutzmaßnahme

Das Gehäuse der Leuchte ist an den Schutzleiter angeschlossen.

Steckdosen-Anschlüsse

- Der Neutralleiter N und der Schutzleiter PE werden an beide Steckdosen durch besondere Leiter herangeführt, z. B. **PE** → X1:2 → X2:2 → X4: PE.
- Die Außenleiter-Klemmen der Steckdosen (X3:1 bzw. X4:1) sind an die Ausgänge der Wechselschalter herangeführt, die mit dem Außenleiter verbunden sind. ③ ④

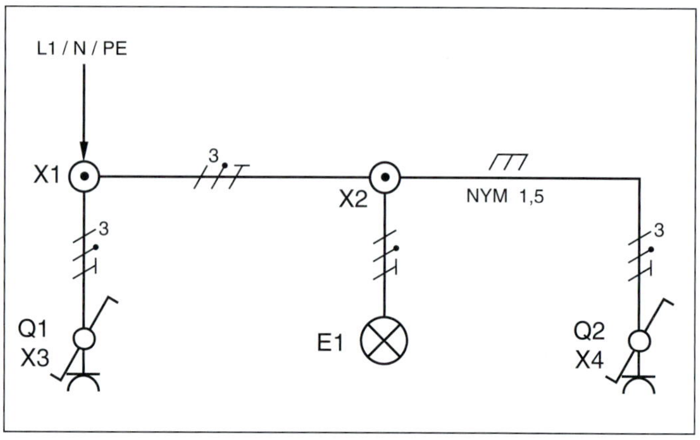

Abb. 3: Übersichtsschaltplan zu Abb. 2

Funktion der Sparwechselschaltung

Die Kontaktstücke der beiden Wechselschalter befinden sich in der dargestellten Lage, weil so die Leuchte spannungslos ist. Die Schalter sind völlig identisch angeschlossen, so ist es zur Funktionserläuterung unwesentlich, von welchem Wechselschalter ausgegangen wird.

Q1 betätigt, Q2 unbetätigt (Abb. 2)

L1 → X1:4 → Q1:4 → Q1:1 → X1:3 → X2:3 → Q2:1 → Q2:2 → X2:5 → E1:1 → E1:2 → X2:1 → X1:1 → **N**

Kreuzschaltung

Die Deckenleuchte eines Schlafzimmers (Abb. 4) soll von der Tür sowie von beiden Betten aus geschaltet werden können.

Aufbau der Schaltung

Die besprochenen Wechselschalter reichen für das Steuern von Leuchten von drei Stellen nicht aus. Hierzu wird ein weiterer Schalter benötigt, nämlich der **Kreuzschalter**. Er besteht im Prinzip aus zwei Wechselschaltern, deren Ausgänge gegensinnig zusammengeschaltet sind, d.h. der offene Ausgang (Abb. 5 ①) des einen ist mit dem geschlossenen Ausgang ④ des anderen verbunden und umgekehrt (② mit ③). Von diesen Verbindungen wird jeweils nur ein Anschluss herausgeführt, sodass der Kreuzschalter vier Klemmen hat, nämlich zwei Eingänge (:1, :2) und zwei Ausgänge (:3, :4).

Der Kreuzschalter Q2 wird in die Korrespondierenden zwischen die beiden Wechselschalter Q1 und Q3 geschaltet. Die Korrespondierenden des einen Schalters werden auf die Eingänge des Kreuzschalters (Q2:1 und Q2:2) gelegt, während die Korrespondierenden des anderen auf den Ausgängen des Kreuzschalters (Q2:3 und Q2:4) liegen.

Außenleiter und Lampendraht werden wie bei der einfachen Wechselschaltung an die Eingänge der Wechselschalter (Q2:1 und Q3:1) angeschlossen.

Funktion der Schaltung

1. Q1 betätigt, Q2 und Q3 unbetätigt (Abb. 5)

L1 → X1:3 → Q1:1 → Q1:4 → X1:5 → X2:5 → Q2:4 → Q2:2 → X2:6 → X3:5 → Q3:2 → Q3:1 → X3:3 → E1:1 → E1:2 → X3:1 → X2:1 → X1:1 → **N**

2. Q1 unbetätigt, Q2 betätigt, Q3 unbetätigt

L1 → X1:3 → Q1:1 → Q1:2 → X1:4 → X2:3 → Q2:3 → Q2:2 → X2:6 → X3:5 → Q3:2 → Q3:1 → X3:3 → E1:1 → E1:2 → X3:1 → X2:1 → X1:1 → **N**

Zum Schalten einer Leuchte von drei Stellen wird die Kreuzschaltung verwendet. Sie besteht aus zwei Wechselschaltern und einem zwischen die Korrespondierenden geschalteten Kreuzschalter.

Soll eine Leuchte von mehr als drei Stellen aus gesteuert werden, können weitere Kreuzschalter zwischen die Korrespondierenden geschaltet werden. Eine andere Möglichkeit wird in Kapitel 1.4 besprochen.

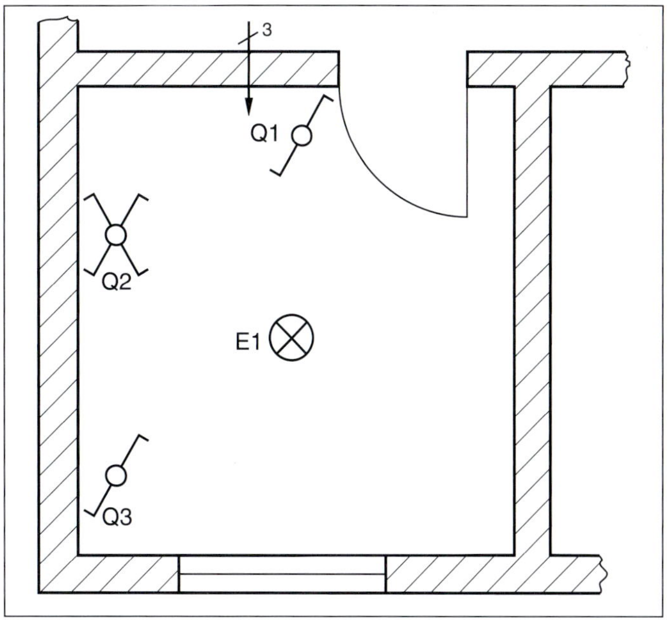

Abb. 4: Installationsplan einer Kreuzschaltung

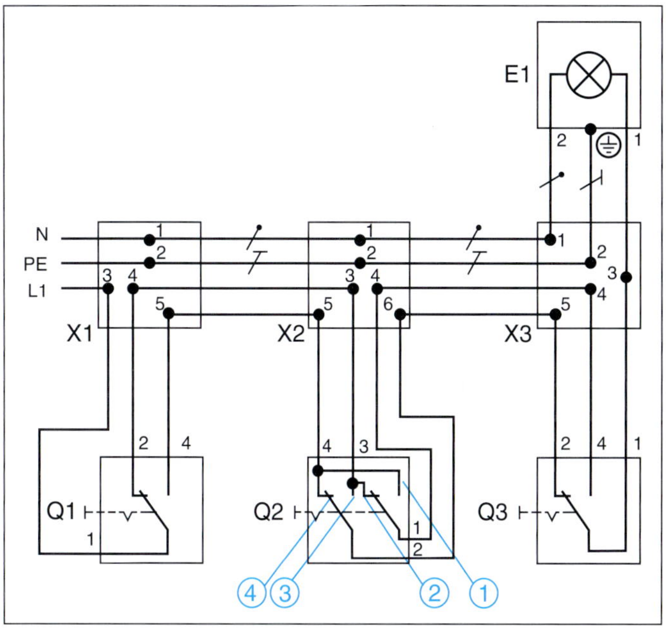

Abb. 5: Stromlaufplan in zusammenhängender Darstellung zu Abb. 4

Abb. 6: Kreuzschalter

Aufgaben

1.3.1 Essecke

Zeichnen Sie den Stromlaufplan in zusammenhängender Darstellung.

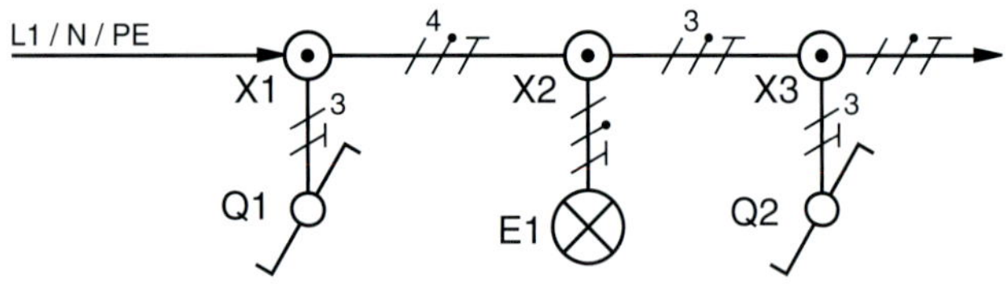

1.3.2 Wandleuchte

a) Analysieren Sie die Schaltung, indem Sie folgende Fragen beantworten.

Begründen Sie Ihre Antworten.

1. Sind die beiden Steckdosen X3 und X4 mit den Schaltern Q1 bzw. Q2 als Kombination eingebaut?
2. Welche Wechselschaltung ist für diese Anlage sinnvoll?

b) Zeichnen Sie den Stromlaufplan in zusammenhängender Darstellung.

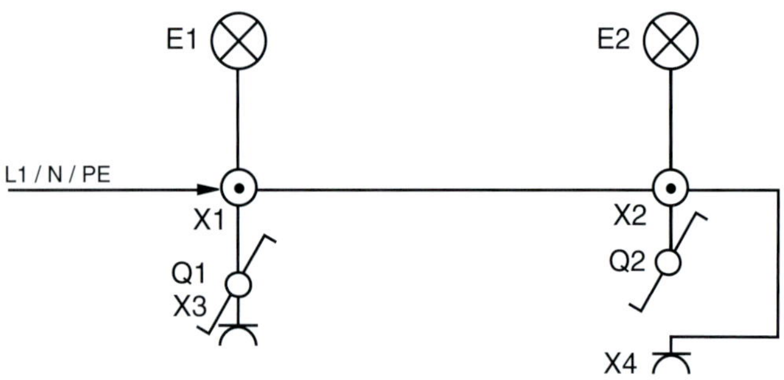

1.3.3 Wechselschaltung mit Dimmer

Zeichnen Sie den Stromlaufplan in zusammenhängender Darstellung.

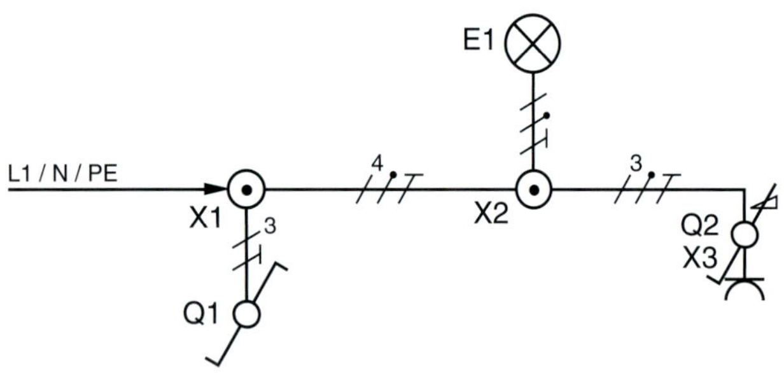

1.3.4 Wechsel- und Serienschaltung

Zeichnen Sie den Stromlaufplan in zusammenhängender Darstellung.

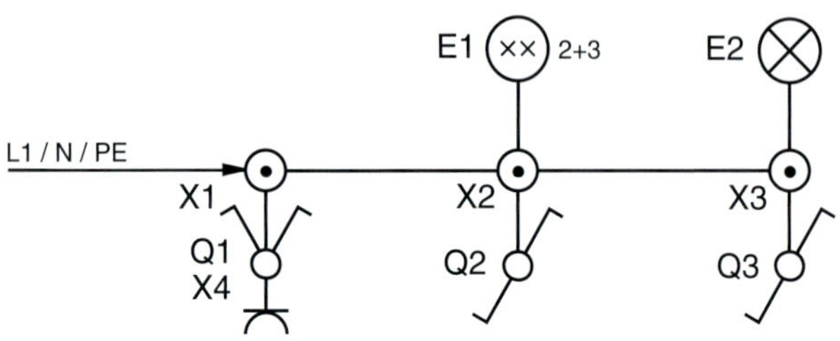

1.3.5 Fehlerhafte Wechselschaltung

Der Stromlaufplan enthält Schalt- und Zeichenfehler.

a) Analysieren Sie die Schaltung, indem Sie folgende Fragen beantworten.

Begründen Sie Ihre Antworten.

1. Welcher Zeichenfehler wurde bei der Darstellung des Schalters Q2 gemacht?
2. Welche Schaltfehler wurden in den Abzweigdosen beim Anschluss der Schalter gemacht?
3. Welche Schaltfehler wurden beim Anschluss der Leuchte gemacht?
4. Wird die Steckdose geschaltet?

b) Zeichnen Sie den berichtigten Stromlaufplan in zusammenhängender Darstellung.

c) Zeichnen Sie den Übersichtsschaltplan für eine Installation in NYM-Leitungen.

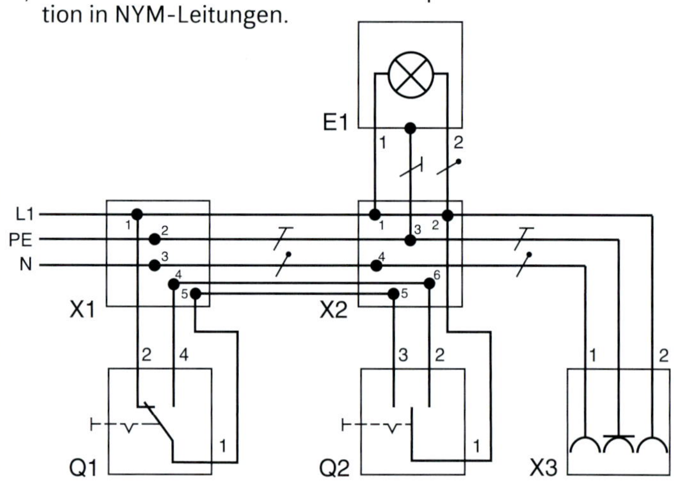

1.3.6 Wohnzimmer

a) Zeichnen Sie den Übersichtsschaltplan.

Hinweise:

- Q2 schaltet E1 und E2
- Die Steckdosen werden nicht durchgeschleift, sondern mit Abzweigdosen verbunden
- Unter-Putz-Verlegung mit NYM

b) Zeichnen Sie den Stromlaufplan in zusammenhängender Darstellung.

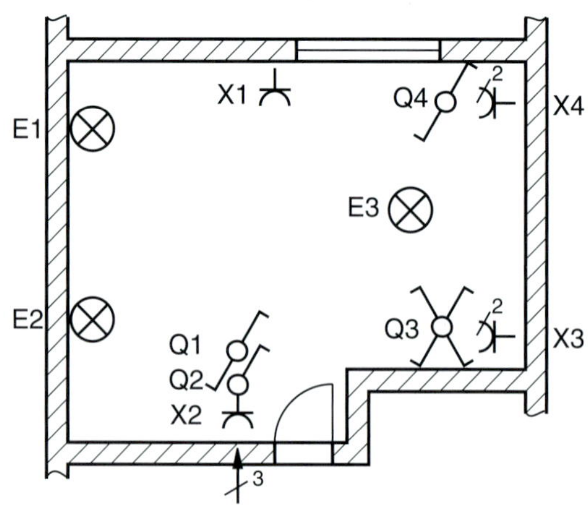

Aufgaben

1.3.7 Abzweigdosen-Verschaltung

Die Installation einer Diele wurde mit NYM unter Putz nach dem Übersichtsschaltplan durchgeführt.

Bei Reparaturarbeiten soll die Abzweigdose X2 neu verklemmt werden. In den anderen Abzweigdosen wurde nichts verändert. Der Schalter Q1 ist offen. Es liegt selbstverständlich **keine Spannung** an.

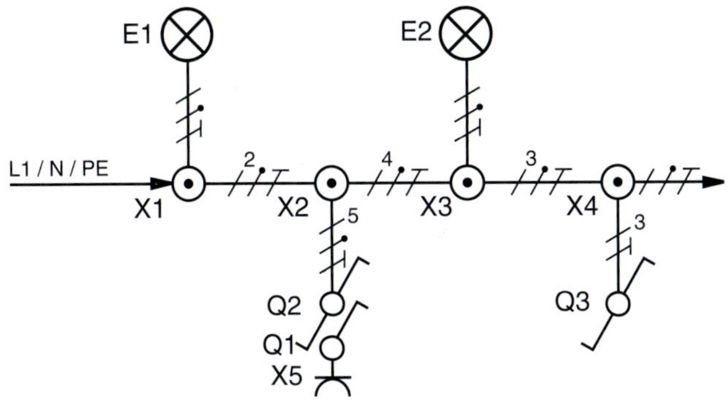

- An der Abzweigdose kommen folgende Drähte an:
  links: 1x schwarz, 1x braun, 1x blau, 1x grün-gelb
  rechts: 1x schwarz, 3x braun, 1x blau, 1x grün-gelb
  unten: 3x schwarz, 2x braun, 1x blau, 1x grün-gelb
- Mit einem Durchgangsprüfer, durch Schalten von Schaltern und durch Einstecken von Verbrauchern stellt ein Monteur folgendes fest:

● ≙ Durchgang angezeigt

Lfd. Nr.	Richtung	Draht	Durchgang ohne Schalter-betätigung	Durchgang mit betätigtem Q2	Q3	Verbraucher an X5
1	links	schwarz	●			
2		braun				
3		blau	●			
4		grün-gelb				
5	rechts	schwarz	●			
6		braun 1	●			
7		braun 2			●	
8		braun 3	●		●	
9		blau	●			
10		grün-geib				
11	unten	braun 1	●	●		
12		braun 2				
13		schwarz 1	●			
14		schwarz 2		●		
15		schwarz 3				●
16		blau				●
17		grün-gelb				

a) Ermitteln Sie anhand der obigen Tabelle, zu welchen Betriebsmitteln und Klemmen die einzelnen Drähte führen.

b) Geben Sie an, welche Adern in der Abzweigdose verbunden werden müssen.

c) Geben Sie an, welche Wechselschaltung verwendet wurde.

d) Zeichnen Sie den Stromlaufplan in zusammenhängender Darstellung.

1.3.8 Schalter mit Glimmlampe

Analysieren Sie die Schaltung, indem Sie folgende Fragen beantworten.

1. Welcher Schalter wurde verwendet?
2. Um welche Schaltung handelt es sich?
3. Leuchtet P1 im unbetätigten Zustand von Q1?
4. Leuchtet P1 im betätigten Zustand von Q1?

Nehmen Sie an, die Glimmlampe würde zwischen Q1:1 und Q1:3 geschaltet.

5. Leuchtet dann P1 im unbetätigten Zustand von Q1?
6. Leuchtet dann P1 im betätigten Zustand von Q1?

Nehmen Sie an, die Glimmlampe würde zwischen Q1:2 und Q1:4 geschaltet.

7. Leuchtet dann P1 im unbetätigten Zustand von Q1?
8. Leuchtet dann P1 im betätigten Zustand von Q1?

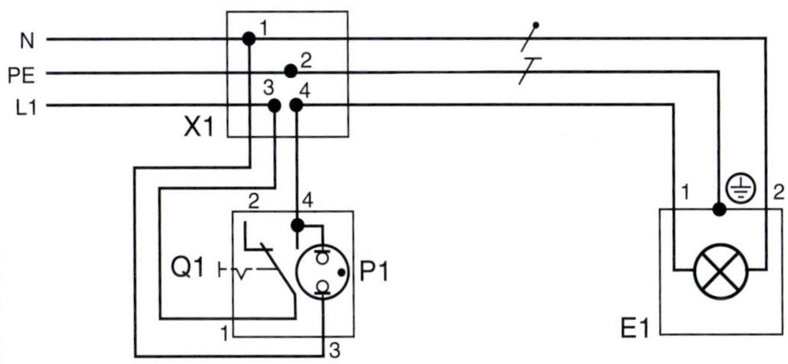

1.3.9 Hausflur

a) Zeichnen Sie den Übersichtsschaltplan.
   Hinweise:
   - Die Leuchten werden an der Decke durchgeschleift und von der Abzweigdose X5 versorgt
   - Die Steckdosen sind mit den Schaltern jeweils unter gemeinsamer Abdeckplatte

b) Zeichnen Sie den Stromlaufplan in zusammenhängender Darstellung.

c) Erstellen Sie eine Stückliste für das benötigte Installationsmaterial.
   Hinweise: siehe Seite 10, Aufg. 1.2.2

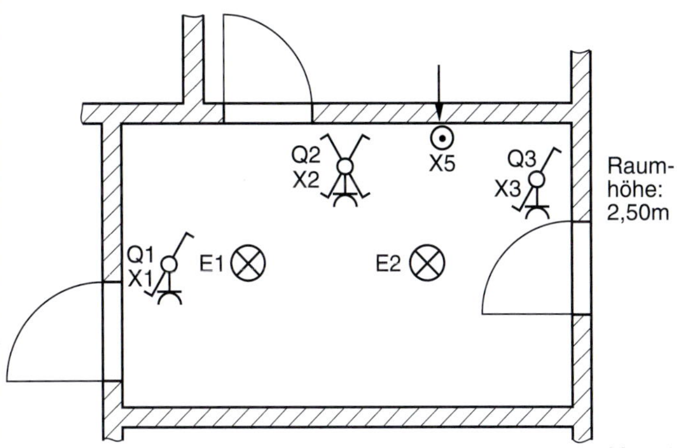

M 1:100

Aufgaben

1.2.10 Fehlerhafte Kreuzschaltung

Der Stromlaufplan enthält zwei Fehler.
Geben Sie an, welche Verbindungen geändert werden müssen, damit die Schaltung einwandfrei funktioniert.

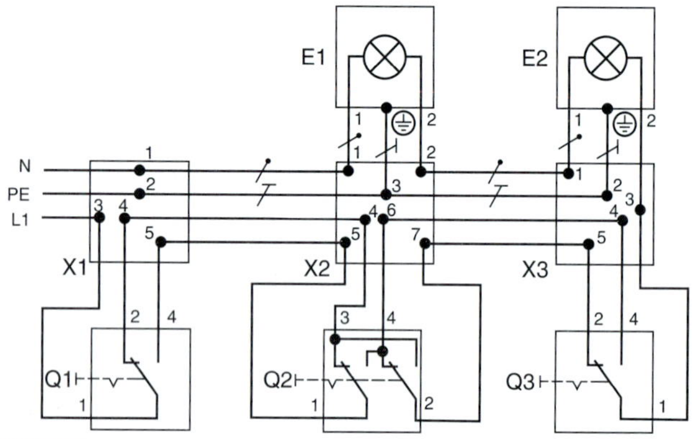

1.3.11 Treppenhaus

Zeichnen Sie den Stromlaufplan in zusammenhängender Darstellung.

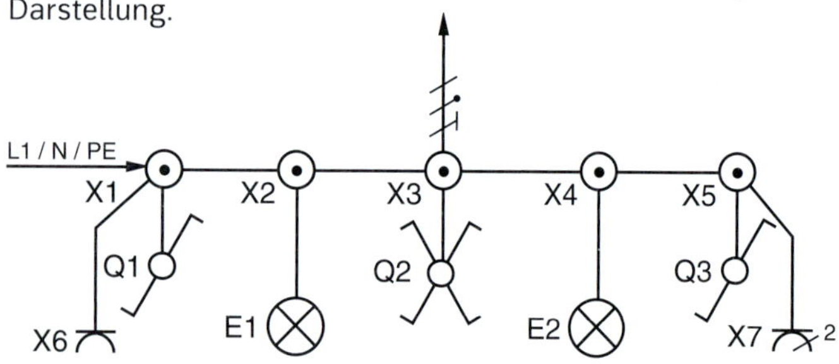

1.3.12 Panikbeleuchtung

Analysieren Sie die Schaltung, indem Sie folgende Aufträge ausführen bzw. Fragen beantworten.

1. Um welche Schalterart handelt es sich bei Q1?
2. Wie viel Stromkreise hat die Leuchte E1?
3. Welche Bedeutung hat das Symbol in der Leuchte (Klemme E1:3)?
4. Beschreiben Sie die Stromwege für beide Schaltstellungen von Q1.
5. Welche Folgen hätte es, wenn statt des gezeichneten Schalters ein Wechselschalter installiert wäre?
6. Welche Folgen hätte es, wenn statt des gezeichneten Schalters ein Serienschalter installiert wäre?

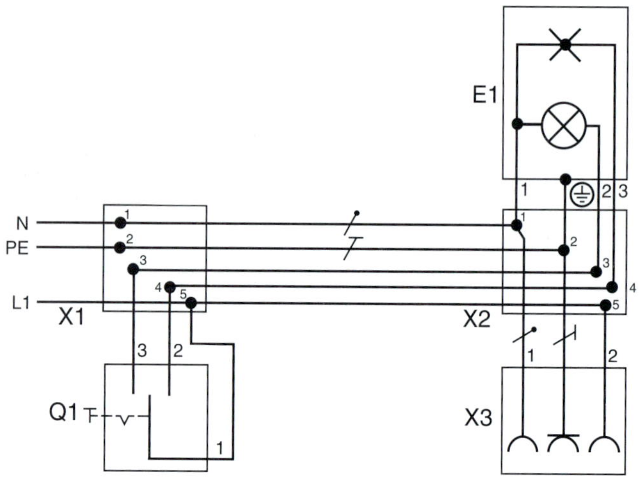

1.3.13 Wohn-Ess-Zimmer-Installation

Ein Kunde möchte sein Wohn-Ess-Zimmer (unter Putz) installiert haben. An den gekennzeichneten Stellen sind die untenstehenden Betriebsmittel vorgesehen.

a) Zeichnen Sie den Installationsplan.

b) Zeichnen Sie den Übersichtsschaltplan.
Hinweise:
- Steckdosen bei ⑥, ⑧, ⑨, ⑪, ⑬ durchschleifen
- Deckenleuchten bei ⑦ und ⑫ über Decke verdrahten

c) Zeichnen Sie den Stromlaufplan in zusammenhängender Darstellung.

d) Erstellen Sie eine Stückliste.
Hinweise: siehe Seite 10, Aufg. 1.2.2

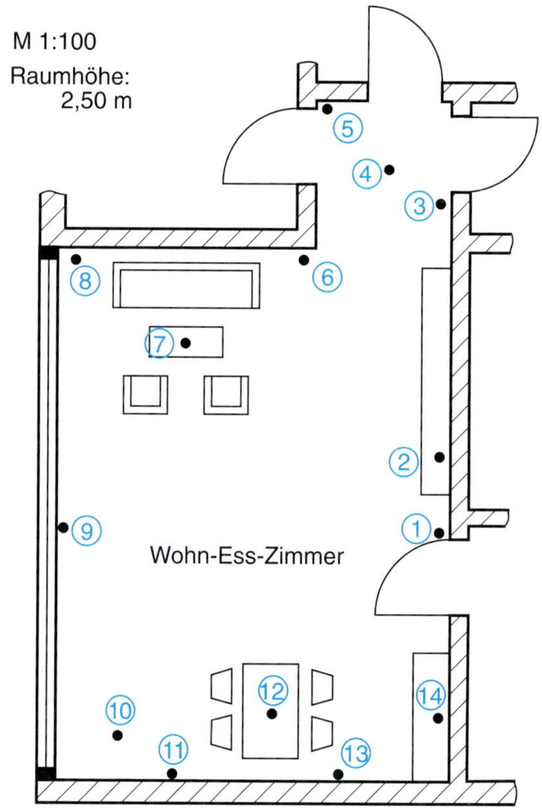

Vorgesehene Betriebsmittel:

① Schalter für ②, ④, ⑦, ⑨, ⑩, ⑪, ⑫, ⑬
Steckdose in Kombination
② Indirekte Schrankbeleuchtung
③ Schalter für ④
Steckdose in Kombination
④ Deckenleuchte
⑤ Schalter für ④
⑥ Doppelsteckdose
⑦ Deckenleuchte mit veränderbarer Helligkeit
⑧ Doppelsteckdose
⑨ indirekte Beleuchtung (Leuchtstoffleuchten)
Doppelsteckdose
⑩ Strahler
⑪ Doppelsteckdose
⑫ Deckenleuchte
⑬ Doppelsteckdose
⑭ Beleuchtung eines Barfaches

Stromstoßschaltung

In einem großen Flur soll eine Leuchte von fünf Stellen aus geschaltet werden können. Die Installation wird unter Putz ausgeführt, und zwar mit NYM-Leitungen.

Aufbau der Schaltung

Mit drei Kreuzschaltern und zwei Wechselschaltern ist eine solche Schaltung möglich. Da diese Schalter relativ teuer sind, ist eine Schaltung mit einem **Stromstoßschalter** vorgesehen. Er besteht aus einer Spule, die einen Rastschalter betätigt. Bei jedem Stromimpuls (Stromstoß) wird der Kontakt betätigt, und zwar abwechselnd geschlossen oder geöffnet.

> Stromstoßschalter sind elektromagnetische Rastschalter, die mit Tastschaltern gesteuert werden.

Die Kontakte von **Tastschaltern** sind nur solange betätigt,wie mechanische Kraft auf sie wirkt. Wenn diese äußere Betätigungskraft aufhört, gehen die Kontakte wieder in ihre Ruhestellung zurück. Die Schaltzeichen der Tastschalter haben deshalb kein Symbol für das Einrasten wie die Rastschalter (z. B. Seite 5, Abb. 4).

Die Taster steuern die Leuchte nur indirekt, nämlich über den Stromstoßschalter. Man bezeichnet deshalb die Taster nicht mit „Q“, sondern mit „S“ (Steuerschalter).

Bei der Kostenbetrachtung muss auch berücksichtigt werden, dass zum Anschluss der Taster lediglich dreiadrige Leitungen (Außenleiter, Schaltdraht, Schutzleiter) benötigt werden, während bei der Kreuzschaltung auch vieradrige Leitungen zu den Kreuzschaltern geführt werden müssen.

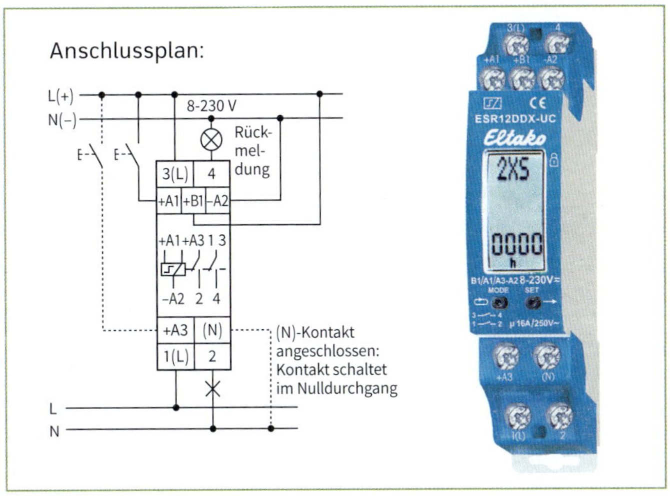

Abb. 2: Stromstoßschalter

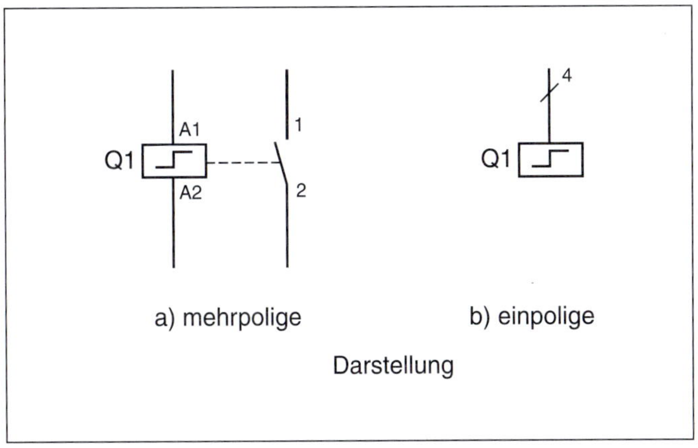

Abb 3: Schaltzeichen für Stromstoßschalter

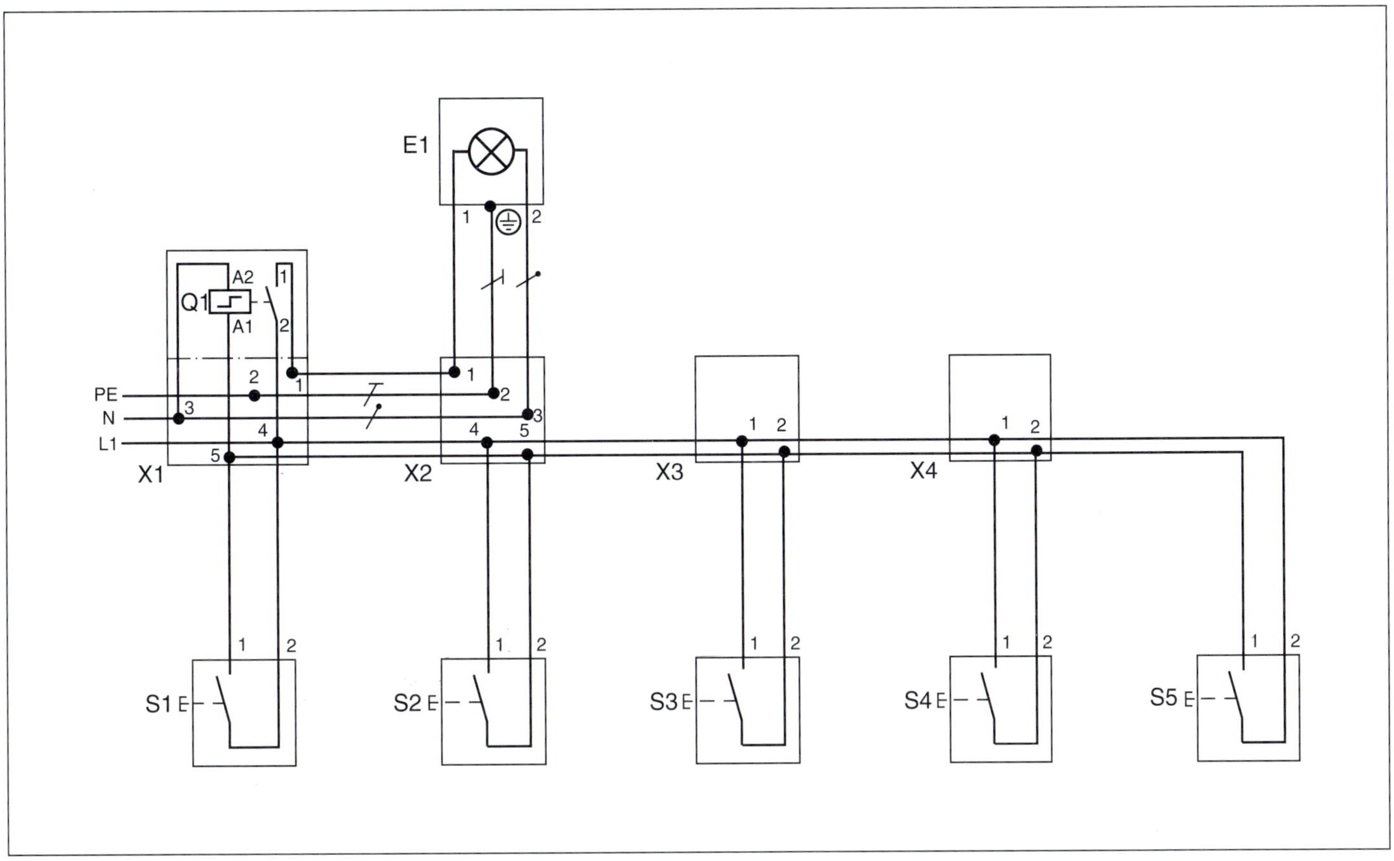

Abb. 1: Stromlaufplan in zusammenhängender Darstellung

Bei der Erläuterung von Schaltungen mit mehreren Stromkreisen (**Strompfade**) verwendet man statt des Stromlaufplanes in zusammenhängender Darstellung den **Stromlaufplan in aufgelöster Darstellung**. Dabei werden die einzelnen Strompfade gradlinig nebeneinander dargestellt (Abb. 1), dadurch ist ein wesentlich besserer Überblick über den Stromverlauf möglich als bei der zusammenhängenden Darstellung.

Bei Stromlaufplänen in aufgelöster Darstellung wird die Schaltung in Strompfade aufgelöst. Diese werden senkrecht nebeneinander gezeichnet und fortlaufend nummeriert (Abb. 1) ②. Dabei unterscheidet man zwischen Hilfsstromkreisen (Strompfade 1 ... 5) und Hauptstromkreisen (Strompfad 6).

Die Verbindungen der Strompfade werden waagerecht dargestellt. Kreuzungen sollen vermieden werden.

Die Forderungen der oben genannten Regeln können nur erfüllt werden, wenn die einzelnen Betriebsmittel nicht als Einheit gezeichnet sind, sondern in getrennten Funktionsteilen, z. B. ① und ③.

Bei der aufgelösten Darstellung werden die Bauelemente der Betriebsmittel den Strompfaden zugeordnet. Alle Teile der Betriebsmittel erhalten die gleiche Kennzeichnung. Auf diese Weise wird ihr mechanischer Zusammenhang hergestellt.

Die Bauelemente müssen in der aufgelösten Darstellung in der gleichen Reihenfolge vom Strom durchflossen werden wie in der zusammenhängenden Darstellung. Dies ist aber nur der Fall, wenn die Klemmenverbindungen übereinstimmen. Dies kann man bei der vorliegenden Schaltung am Vergleich der Taster S1 und S2 erkennen.

- S1:2 ist an X1:4 und damit an L1 angeschlossen (Seite 19, Abb. 1 und Abb. 1 auf dieser Seite)
- S2:1 ist an X2:4 und damit auch an L1 angeschlossen

Gehäuse und Schutzmaßnahmen werden in Stromlaufpläne in aufgelöster Darstellung nicht eingezeichnet.

Funktion der Stromstoßschaltung

Erster Stromstoß

Wird bei ausgeschaltetem Hauptstromkreis ein Taster betätigt, wird für kurze Zeit der Spulenstromkreis des Stromstoßschalters Q1 geschlossen. Dadurch schließt sich der Kontakt Q1 im Strompfad 6. Wegen seiner mechanischen Verriegelung bleibt dieser Kontakt auch geschlossen, wenn der Taster wieder geöffnet und die Spule stromlos wird. Die Lampe bleibt also eingeschaltet.

Zweiter Stromstoß

Wird nach dem Einschalten der Lampe abermals ein Taster betätigt, wiederholt sich der Vorgang, nur dass jetzt der Kontakt Q1 im Strompfad 6 öffnet und die Lampe somit abgeschaltet wird.

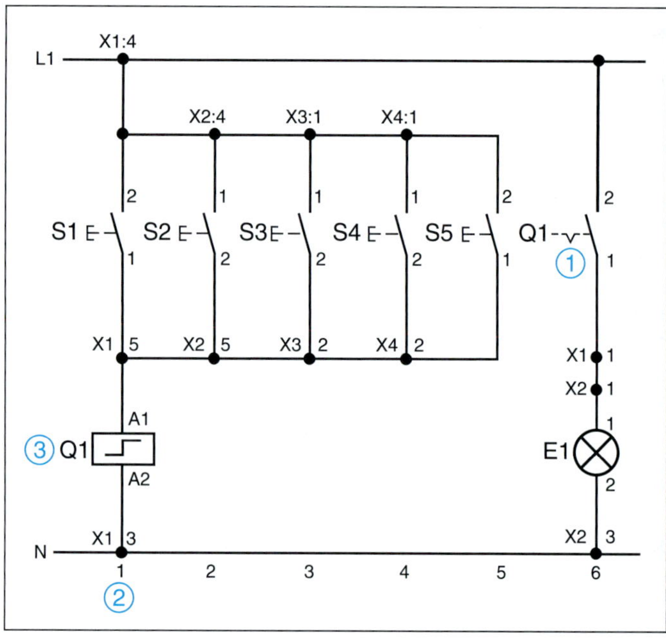

Abb. 1: Stromlaufplan in aufgelöster Darstellung zu Abb. 1 S. 19

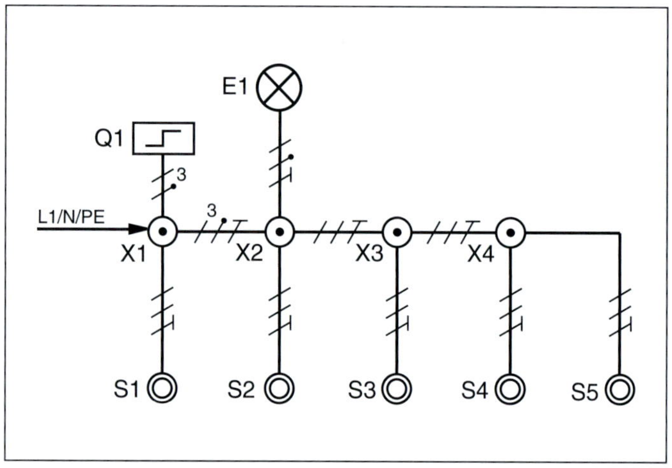

Abb. 2: Übersichtsschaltplan

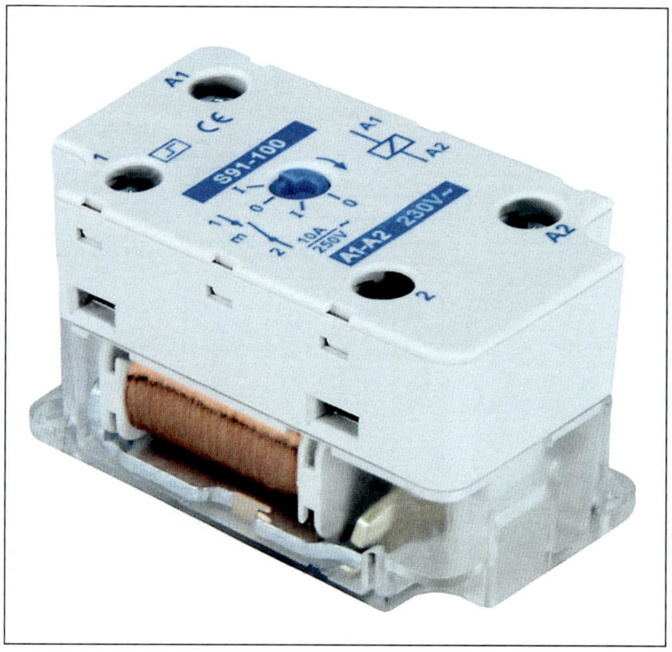

Abb. 3: Stromstoßschalter für Einbau in Abzweigdosen

Zeitschaltung

Die Treppe eines dreistöckigen Hauses soll so beleuchtet werden, dass die Beleuchtung einige Minuten nach dem Einschalten wieder ausgeschaltet wird.

Aufbau der Schaltung

Nach Abb. 5 ist für jedes Stockwerk eine Lampe und ein Taster vorgesehen. Zur Zeitsteuerung dient der **Treppenlichtschalter** ①. Er besteht aus einem Zeitrelais Q2 (Abb. 6 ③) und dem Doppel-Wechselschalter ②. Mit ihm kann entweder „Dauerlicht" oder „Zeitschaltung" gewählt werden.

Funktion der Treppenhausschaltung

Zur Erläuterung wird der Stromlaufplan in aufgelöster Darstellung (Abb. 6) benutzt. Es wurden nur die Klemmen bezeichnet, die für die Erläuterung der Schaltung notwendig sind.

Q1 unbetätigt (Zeitschaltung), S1 betätigt

L1 ⟶ S1 ⟶ Q1:1 (Strompfad 1) ⟶ Q1:2 ⟶ Q2:A1 ⟶ Q2:A2 ⟶ **N**
⇒ Kontakt Q2 schließt ⇒
L1 ⟶ Q1:1 (Strompfad 4) ⟶ Q1:2 ⟶ Q2:1 ⟶ Q2:2 ⟶ E1/E2/E3 ⟶ **N**
⇒ **Lampen leuchten**

Q1 unbetätigt, S1 wieder unbetätigt

Q2 ist wieder stromlos. Durch eine mechanische, pneuma-tische oder andere Verriegelung bleibt der Kontakt des Zeitrelais noch eine gewisse Zeit geschlossen und die Lampen leuchten weiter, bis die eingestellte Zeit abgelaufen ist (**Ausschaltverzögerung**).

> Ausschaltverzögerte Relais ③ schalten beim Erregen der Spule (Strom fließt durch Spule) ihre Kontakte sofort, beim Entregen der Spule (kein Strom in der Spule) erst nach Ablauf der eingestellten Zeit.

Q1 betätigt (Dauerlicht)

L1 ⟶ Q1:1 (Strompfad 4) ⟶ Q1:4 ⟶ E1/E2/E3 ⟶ **N**
⇒ **Lampen leuchten**

Da Q1 in Strompfad 1 den Kontakt geöffnet hat, kann durch Betätigen eines Tasters keine Spannung an Q2 gelegt werden.

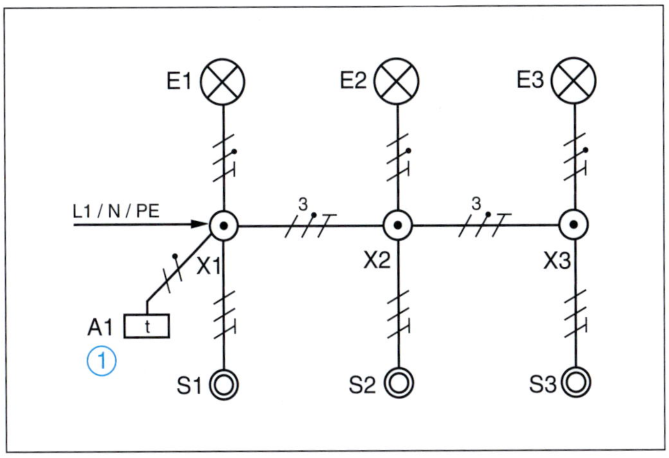

Abb. 5: Übersichtsschaltplan einer Treppenhausschaltung

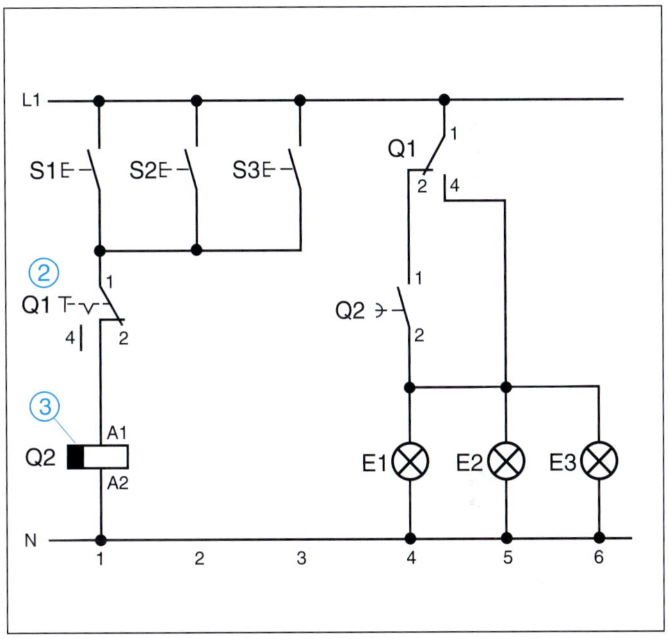

Abb. 6: Stromlaufplan in aufgelöster Darstellung zu Abb. 5

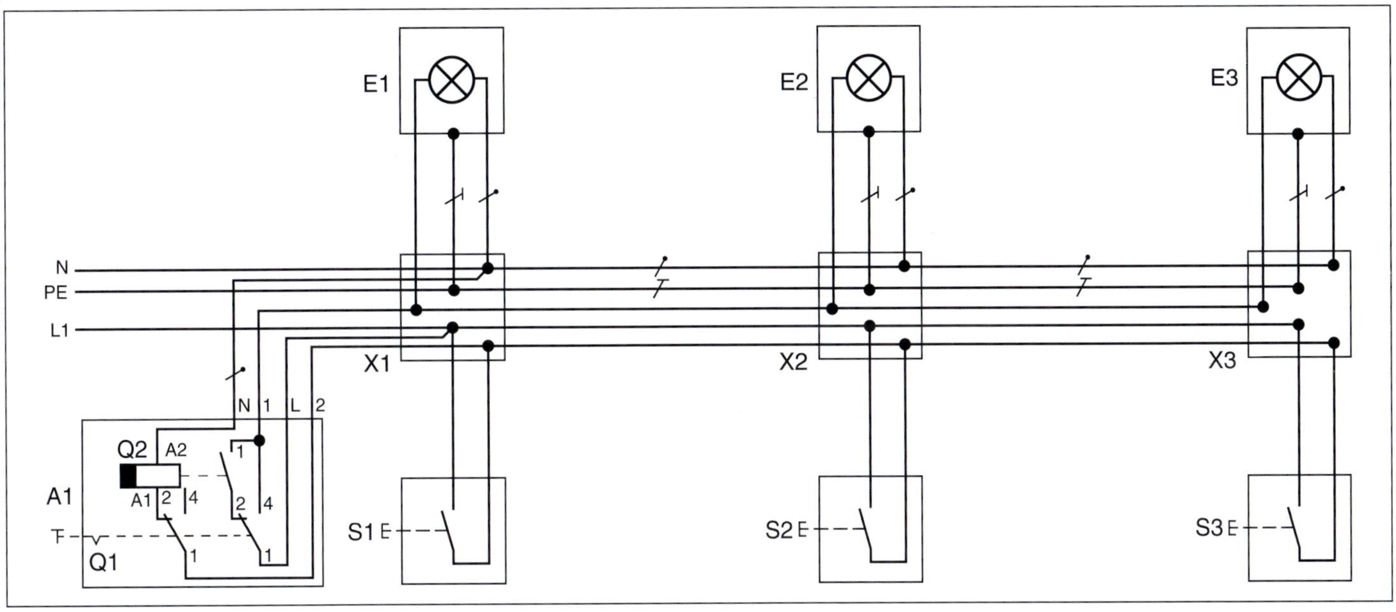

Abb. 4: Stromlaufplan in zusammenhängender Darstellung zu Abb. 5

Schützschaltung

Wenn die Tür oder das Fenster in einer Werkstatt unbefugterweise geöffnet werden, sollen zwei außen angebrachte Scheinwerfer leuchten (Raumschutzanlage).

Aufbau der Schaltung

Die Schaltung wird mit einem Schütz (Abb. 1) und einem Schaltrelais (Abb. 2) realisiert. Beide Betriebsmittel bestehen aus einer Spule und den Kontakten (**Schaltglieder**). Fließt Strom durch die Spule, betätigt ein Anker die Schaltglieder. Diese rasten nicht ein, sondern gehen im stromlosen Zustand wieder in ihre Ruhelage zurück. Die beiden Betriebsmittel unterscheiden sich durch ihren Einsatz und damit auch in ihrer Konstruktion.

Schaltrelais werden nur zum Steuern verwendet, während **Schütze** zum Schalten in Haupt- und Steuerstromkreisen eingesetzt werden.

Man kann an den **Klemmenbezeichnungen** erkennen, ob die Schaltglieder Hilfs- oder Hauptstromkreise schalten. Hauptschaltglieder haben eine Ziffer und Steuerschaltglieder (**Hilfsschaltglieder**) zwei Ziffern.

Die Klemmen von **Hauptschaltgliedern** werden mit einzifferigen Zahlen bezeichnet ①.

Die Klemmen von **Hilfsschaltgliedern** werden mit zwei Ziffern bezeichnet ②. Die 1. Ziffer (Zehnerstelle) ist die Ordnungsziffer und die 2. Ziffer (Einerstelle) ist die Funktionsziffer.

Die **Ordnungsziffer** gibt die örtliche Reihenfolge des Kontaktes an.

Die **Funktionsziffer** gibt die Art des Kontaktes an.

Öffner: 1 und 2 ②
Schließer: 3 und 4 ③
Wechsler: 1 und 2 und 4 ④

Funktion der Schützschaltung

Betriebsbereit

L1 ⟶ Q1:1/2 ⟶ S0:21/22 ⟶ K1:21/22 ⟶ Q2:A1/A2 ⟶ **N**
⇒ Q2 zieht an ⇒ Q2 (Strompfad 4) schließt ⇒
L1 ⟶ Q1 ⟶ Q2:1/2 ⟶ E1/E2 ⟶ **N**
⇒ Scheinwerfer leuchten

Betätigen von S1 (Alarmbereit)

L1 ⟶ Q1 ⟶ S0 ⟶ S1:13/14 ⟶ S2:21/22 ⟶ S3:21/22
⟶ K1:A1/A2 ⟶ **N**
⇒ K1 zieht an ⇒ K1:21/22 (Strompfad 3) öffnet
⇒ Q2 stromlos ⇒ Q2:1/2 (Strompfad 4) öffnet
⇒ Scheinwerfer stromlos und
⇒ K1:13/14 (Strompfad 2) schließt

Da das Schaltglied K1:13/14 den Taster S1 überbrückt, kann dieser geöffnet werden, ohne dass K1 stromlos wird. Solch eine Schaltung heißt **Selbsthaltung**. Zum Ausschalten ist ein in Reihe geschalteter Öffner notwendig. In unserem Beispiel ist es der Taster S0.

Betätigen von S2 oder S3 (Alarm)

⇒ K1 stromlos ⟶ K1:13/14 (Strompfad 2) öffnet und
⟶ K1:21/22 (Strompfad 3) schließt ⇒
L1 ⟶ Q1 ⟶ S0 ⟶ K1:21/22 ⟶ Q2:A1/A2 ⟶ **N**
⇒ Q2 zieht an ⇒ Q2:1/2 (Strompfad 4) schließt ⇒
L1 ⟶ Q1 ⟶ Q2:1/2 ⟶ E1/E2 ⟶ **N**
⇒ Scheinwerfer leuchten

Wird der Taster (S2 bzw. S3) wieder geschlossen, bleibt der Alarm bestehen. K1 ist stromlos, weil die Selbsthaltung über K1:13/14 nicht mehr besteht. K1:21/22 ist daher noch geschlossen und damit bleibt Q2 angezogen.

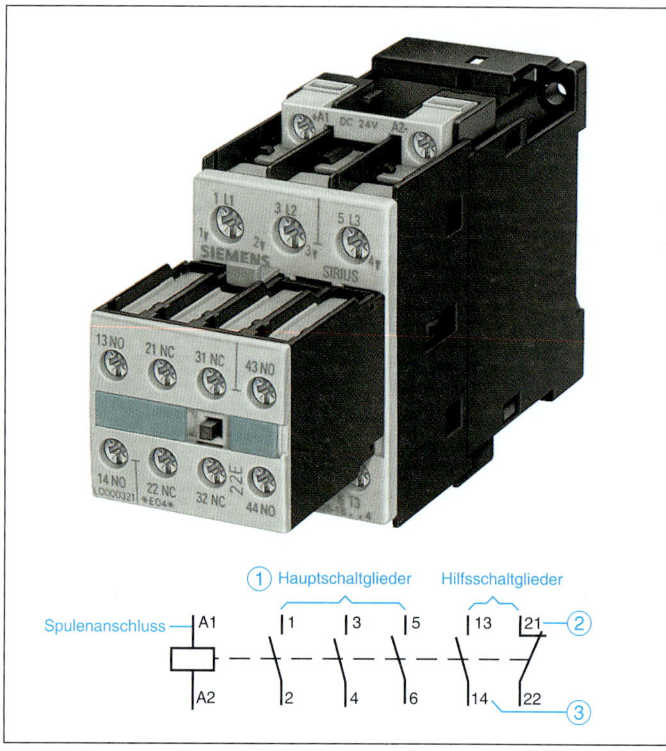

Abb. 1: Hauptschütz mit 3 Hauptschaltgliedern und 2 Hilfsschaltgliedern (1 Schließer, 1 Öffner). Kennzahl 11

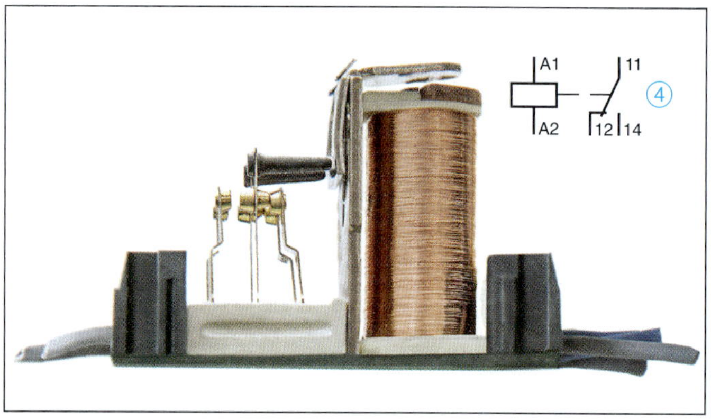

Abb. 2: Schaltrelais mit Wechsler

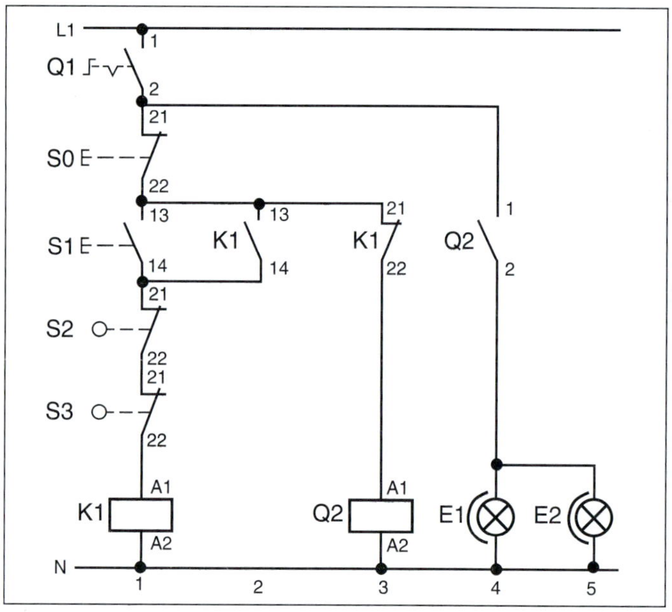

Abb. 3: Alarmschaltung

Aufgaben

1.4.1 Flur

a) Zeichnen Sie den Übersichtsschaltplan.
Hinweise:
- Die Steckdosen sind mit den Tastern kombiniert
- Der Stromstoßschalter befindet sich in der Abzweigdose über S1

b) Zeichnen Sie den Stromlaufplan in zusammenhängender Darstellung.

c) Erstellen Sie eine Stückliste für das benötigte Installationsmaterial.
Hinweise: siehe S. 10, Aufg. 1.2.2

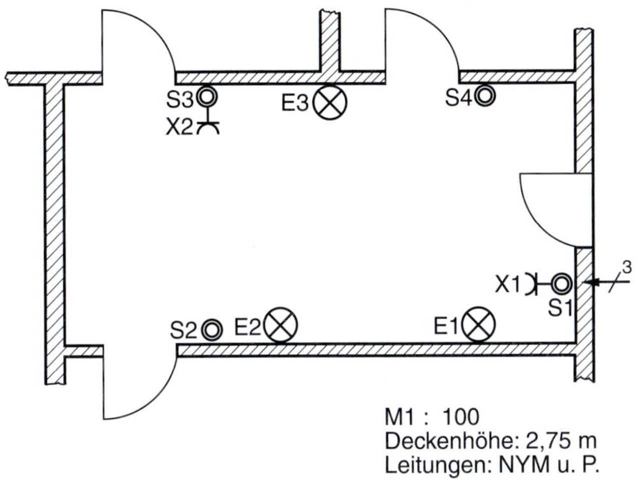

1.4.2 Fehlerhafte Stromstoßschaltung

Der Stromlaufplan enthält mehrere Fehler.

a) Analysieren Sie die fehlerhafte Schaltung, indem Sie folgende Fragen beantworten.
1. Was geschieht, wenn S1 betätigt wird?
2. Was geschieht, wenn S3 betätigt wird?
3. Welcher Schaltfehler wurde in X2 gemacht?
4. Welcher Schaltfehler wurde in X1 gemacht?

b) Zeichnen Sie den Übersichtsschaltplan bei u.P.-Installation mit H07V-U in Rohr.

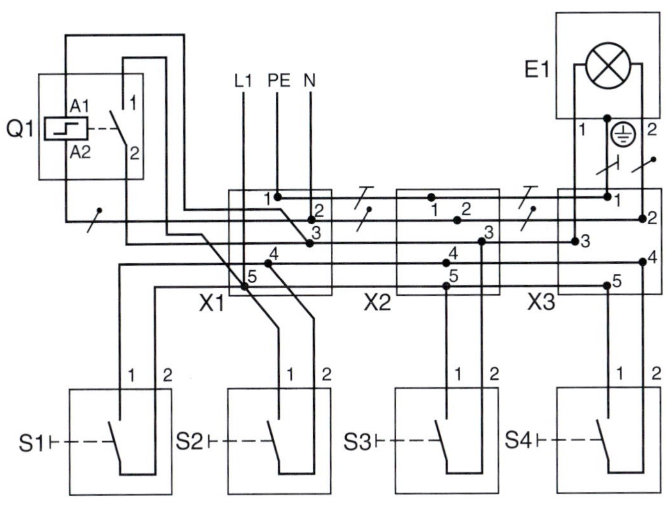

1.4.3 Saalbeleuchtung

Die Deckenbeleuchtung eines Saales soll von acht Stellen aus geschaltet werden können. Der Elektroniker sieht dafür eine Stromstoßschaltung mit beleuchteten Tastern vor. Der Stromstoßschalter wird in die Unterverteilung A0 eingebaut.

a) Es treten hierbei einige Probleme auf, die Sie überdenken sollen.
1. Informieren Sie sich durch Firmenunterlagen, wie groß die Ströme über die Schaltglieder des Stromstoßschalters sein dürfen.
2. Berechnen Sie den Gesamtwiderstand der Glimmlampen (Werte: Seite 10, Aufg. 1.2.4).
   Berechnen Sie den Widerstand der Spule des Stromstoßschalters (230 V/3 W).
   Berechnen Sie die Stromstärke durch die Spule bei unbetätigten Tastern.
   Welche Schlussfolgerungen ziehen Sie daraus für das Ansprechen der Spule des Stromstoßschalters?
   Informieren Sie sich durch Firmenunterlagen, welche Grenzwerte dort angegeben werden.
3. Diese Schaltung hätte auch mit Kreuz- und Wechselschaltern realisiert werden können. Erstellen Sie deshalb eine Übersicht über die Kosten für die Betriebsmittel (ohne Leitungen und Befestigungsmaterial) für beide Möglichkeiten.

b) Zeichnen Sie den Stromlaufplan in zusammenhängender Darstellung für die Abzeigdose X1 mit den Tastern S1 und S2 sowie der Leuchte E1.

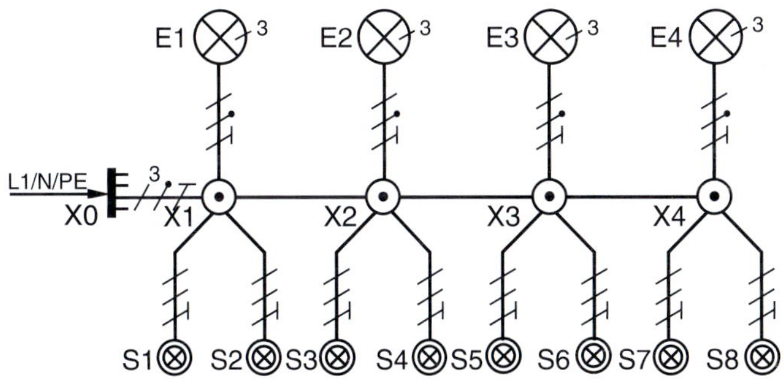

1.4.4 Treppenhaus

Zeichnen Sie den Stromlaufplan in zusammenhängender Darstellung.

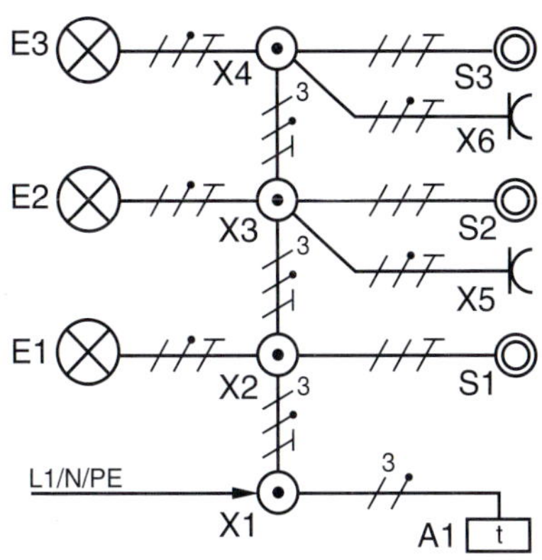

Aufgaben

1.4.5 Fehlerhafte Zeitschaltung

a) Analysieren Sie die fehlerhafte Schaltung, indem Sie folgende Fragen beantworten und die Antworten begründen.
   1. Welche Verzögerungsart ist bei Q2 dargestellt?
   2. Leuchten die Lampen ohne Tasterbetätigung?
   3. Leuchten die Lampen nach Tasterbetätigung?
   4. Welchen Einfluss hat das Umschalten von Q1 in Schaltstellung 4 ohne Tasterbetätigung?
   5. Was geschieht, wenn Q1 in Schaltstellung 4 ist und ein Taster betätigt wird?
   6. An welchen Klemmen von X4 wurden Schaltfehler gemacht?

b) Zeichnen Sie die Abzweigdose X4 mit der richtigen Verschaltung.

c) Zeichnen Sie den Übersichtsschaltplan.

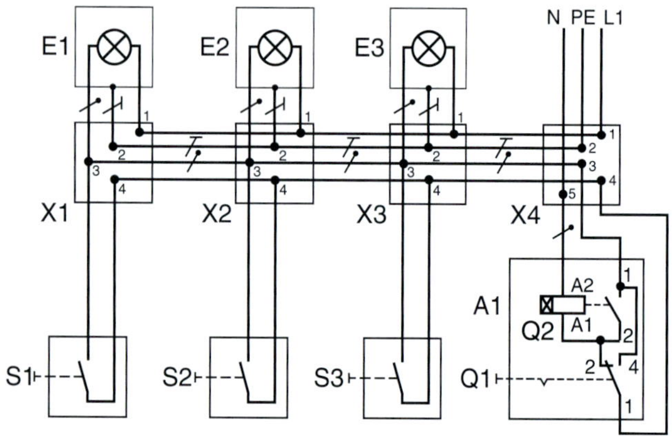

1.4.6 Schaltungsanalyse

a) Schildern Sie den Stromweg für eine Glimmlampe.

b) Analysieren Sie die Schaltung, indem Sie folgende Fragen beantworten.
   1. Um welche Schalterart handelt es sich bei Q1?
   2. Wie ändert sich der Betriebszustand der Schaltung, wenn irgendein Taster betätigt wird? Beschreiben Sie die jeweiligen Stromwege.
   3. Was bedeutet es für die Verzögerungszeit von Q2, wenn diese noch nicht abgelaufen ist und ein Taster wird betätigt?

c) Vergleichen Sie das Verhalten dieses Zeitschalters mit dem des Zeitschalters der Aufg. 1.4.5, wenn Q1 umgeschaltet hat und ein Taster betätigt wird.

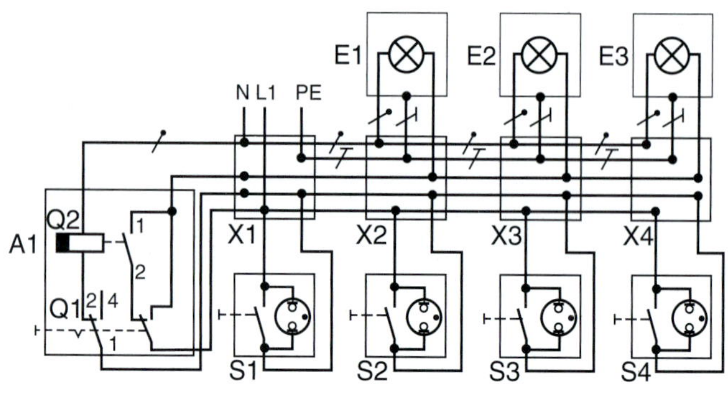

1.4.7 Signalanlage

Eine Signallampe soll von vier Tastern eingeschaltet werden. Zum Ausschalten des Signals soll der Schlüsseltaster S5 verwendet werden. Die Schaltung soll mit Relais realisiert werden.

$U_N = 230\ V\ /\ \sim 50\ Hz$

Zeichnen Sie den Stromlaufplan in aufgelöster Darstellung.

1.4.8 Zimmer-Rufanlage

a) Beschreiben Sie den Aufbau der Anlage.

b) Erläutern Sie die Funktion der Anlage.

c) Zeichnen Sie den Stromlaufplan in zusammenhängender Darstellung.

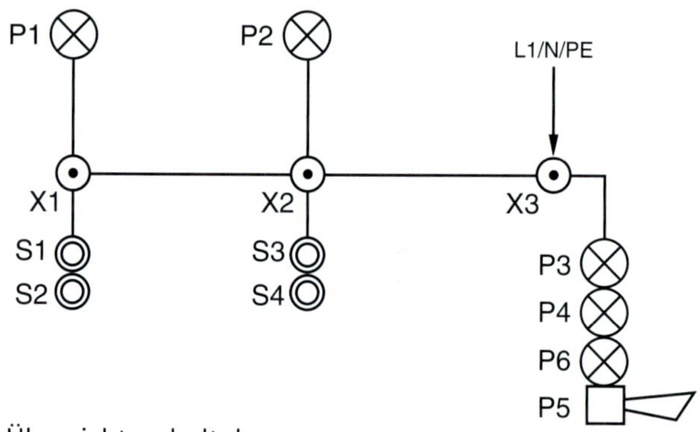

Übersichtsschaltplan

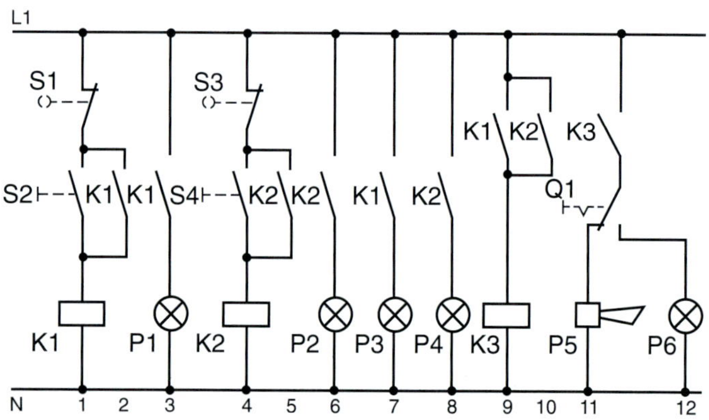

Stromlaufplan in aufgelöster Darstellung

1.4.9 Störmeldung

a) Lösen Sie den Auftrag der Seite 51 mithilfe von Tastern und Schaltrelais einschließlich der Rückstellungen der Meldungen von den einzelnen Plätzen.

b) Ergänzen Sie die Schaltung nach a) wie folgt.
- Parallel zu P3 wird das Relais K4 geschaltet.
- Der Schließer-Kontakt von K4 wird im Stromweg von P3 parallel zum Kontakt von K1 geschaltet.
- In Reihe zu dieser Kombination wird ein Schlüsselschalter S7 mit den Klemmen 21 und 22 gelegt.

c) Erläutern Sie die Funktion der nach b) hinzugekommenen Betriebsmittel.

Verteilungsplan

Die elektrische Anlage einer Wohnung soll mit Einrichtungen versehen werden, die im Fehlerfall die Stromkreise zum Schutz des Menschen und der Betriebsmittel spannungsfrei schalten.

Aufbau der Schaltung

Der **Verteilungsplan** (Abb. 2) ist eine besondere Art des Übersichtsschaltplan. Seine Beschreibung erfolgt in Energieflussrichtung.

- Die Spannungseinspeisung ① erfolgt von der Hauptverteilung X0.3 über eine 5-adrige NYM-J-Leitung (L1, L2, L3, N, PE).
- Die drei Vorsicherungen F0.1, F0.2, F0.3 ② sichern die gesamte Anlage gegen Überlastung (Laststromstärke > 63 A) und bei Kurzschluss ab.
- Der vierpolige (L1, L2, L3, N) **Fehlerstromschutzschalter** (**RCD**[1]) F0.4 ④ ist vor den Stromkreisen 1 und 2 eingebaut. Er kann mit 40 A (Bemessungsstromstärke) belastet werden und löst bei einem Fehlerstromstärke von 30 mA aus.
- Die RCD F0.5 ③ hat ebenfalls eine Bemessungsstromstärke von 40 A und löst auch bei 30 mA Fehlerstromstärke aus.
- Die zweipolige (L3, N) RCD F0.6 ⑦ schützt nur den Stromkreis 7 (Bad). Sie löst bereits bei 30 mA Fehlerstromstärke aus und kann mit 25 A belastet werden.
- Die Stromkreise 1 bis 7 sind jeweils mit **Leitungsschutzschalter** (F1 bis F9) der Charakteristik B ⑤ abgesichert (vgl. S. 27).

Verteilungspläne haben einige Besonderheiten in der Darstellung, die im Folgenden erläutert werden.

- Die Verteilerschienen für N und PE sind mit den Leitungen durch einen kurzen Schrägstrich verbunden ⑥. Von dieser Stelle an wird der entsprechende Leiter mitgeführt (vgl. mehrpolige Darstellung auf der nächsten Seite)
- Die Darstellung ⑧ bedeutet, dass dort ein Leiter abzweigt (hier: PE) und nicht mehr in der Leitung mitgeführt wird.
- Durch die Leiterbezeichnung an der Verteilung ⑦ wird angegeben, an welchen Außenleiter der betreffende Stromkreis angeschlossen ist. Ist keine Bezeichnung ⑤ vorhanden, sind alle drei Außenleiter angelegt.

Funktion der Schaltung

Schutz gegen elektrischen Schlag

> Bei allen elektrischen Anlagen müssen Menschen im Fehlerfall vor elektrischem Schlag geschützt werden.

In der vorliegenden Anlage werden dafür Fehlerstromschutzschalter eingesetzt (Abb. 3). Im Fehlerfall fließt bei Körperschluss der Fehlerstrom über das Gehäuse, den Schutzleiter PE, die Hauptverteilung und über PEN zum Sternpunkt des Transformators. Der Fehlerstrom fließt also nicht über den N-Leiter und damit auch nicht über die RCD zurück. Das Schutzgerät registriert den Unterschied zwischen Stromstärke im Außenleiter (z. B. L1) und im Neutralleiter und schaltet innerhalb von 0,2 s allpolig ab.

Abb. 1: Unterverteilung einer Wohnung

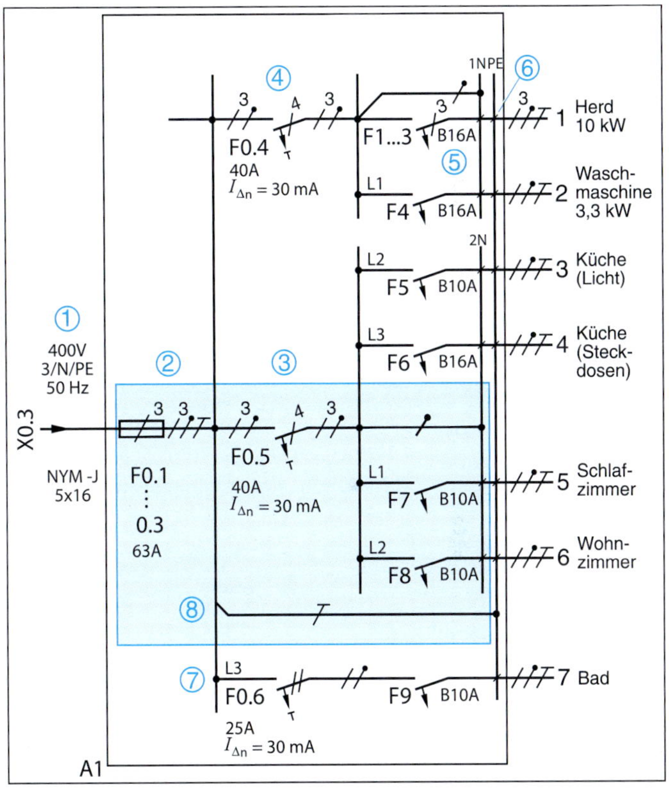

Abb. 2: Verteilungsplan zu Abb. 1

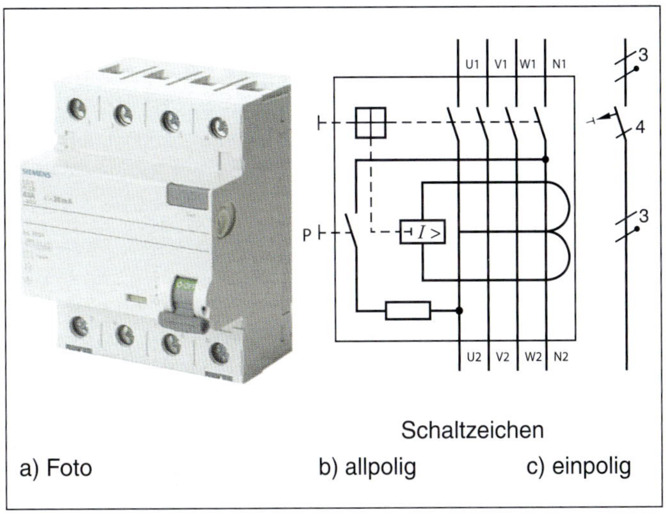

Abb. 3: Fehlerstromschutzschalter, vierpolig

[1] RCD = Residual current protective device

Für die sichere Funktion der Fehlerstrom-Schutzschaltung müssen mindestens folgende Bedingungen erfüllt sein:

- Die leitfähigen Gehäuse der Geräte müssen einwandfrei über den Schutzleiter verbunden sein.
- Der Schutzleiter darf nicht als Nullleiter (PEN) über die RCD geführt werden.

Die 1. Bedingung ist erfüllt, wenn der PE-Leiter

- in seiner gesamten Länge grüngelb gekennzeichnet ist, sodass keine Verwechslungen möglich sind,
- in dem vorgeschriebenen Querschnitt verlegt wird und
- besonders sorgfältig verlegt und verklemmt wird.

Aus dem Verteilungsplan dieser Anlage ist zu erkennen, dass der PE an beiden RCD F0.4 und F0.5 vorbeigeführt wird. Zur Verdeutlichung dieser Maßnahme wurde der unterlegte Ausschnitt des Verteilungsplanes (Seite 25) hier mehrpolig (Abb. 1) dargestellt.

Wie bereits erwähnt, ist die RCD F0.6 nur vor den Stromkreis 7 geschaltet. Nach DIN VDE 0100 ist für Badezimmer eine zusätzliche Schutzmaßnahme vorgeschrieben, weil Menschen dort wegen der Feuchtigkeit des Raumes besonders gefährdet sind. In der Praxis wird hierfür fast ausschließlich eine empfindliche RCD (max. 30 mA) benutzt.

Schutz der Leitung gegen zu hohe Erwärmung

Die **Schmelzsicherungen** und **Leitungsschutz-Schalter**, sollen die Leitungen vor Überlast und bei Kurzschluss schützen. Sie müssen auslösen bevor die Leitungen unzulässig warm werden.

Bei hohen Temperaturen (z.B. bei PVC ab 70 °C) versagen die Isolierungen. Es kommt dadurch zu Kurzschlüssen und u.U. zu Bränden.

Die Erwärmung hängt ab

- von der Stromstärke,
- vom Adernquerschnitt,
- von der Wärmeabfuhr und
- der einwirkenden Zeit.

Die drei ersten Größen wurden von VDE in einer Tabelle zusammengefasst (Abb. 2). Fließt durch eine Leitung mit großem **Querschnitt** die gleiche Stromstärke wie durch eine Leitung mit kleinem Querschnitt, dann erwärmt sich die erstere weniger. Leitungen mit einem größeren Querschnitt können daher unbeschadet von größeren Stromstärken durchflossen werden.

In der Tabelle ist die **Wärmeabfuhr** durch die Einteilung in Verlegungsarten berücksichtigt. Eine frei in Luft verlegte Leitung (Verlegungsart E) wird wegen der besseren Wärmekonvektion nicht so schnell warm wie eine Leitung in einer wärmedämmenden Wand (Verlegungsart A2).

Da sich die Leiter auch gegenseitig erwärmen, muss zwischen **zwei belasteten Adern** (Wechselstromkreise) und **drei belasteten Adern** (Drehstromkreise) unterschieden werden (Abb. 2 ①).

Die **Einwirkungszeit** ist in dieser Tabelle nicht berücksichtigt. Sie ist in die Vorschriften für die Herstellung der Schmelzsicherungen und Leitungsschutzschalter eingearbeitet worden. Diese Schutzeinrichtungen müssen innerhalb vorgeschriebener Zeiten abschalten (vgl. S. 27, Abb. 3 ④ ⑤).

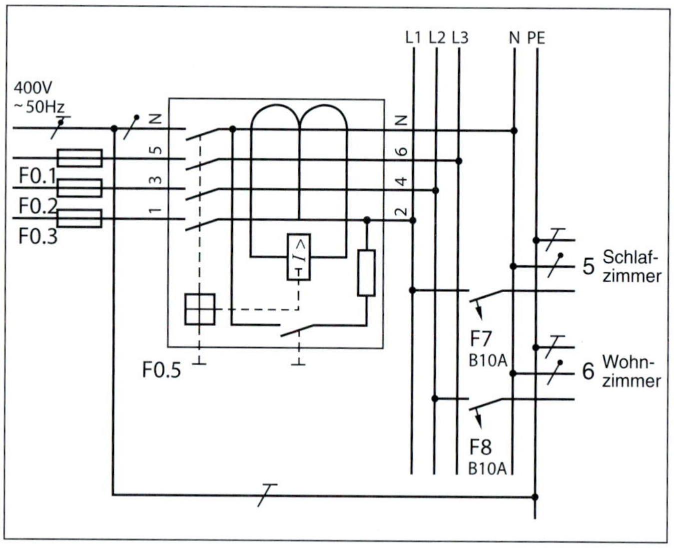

Abb. 1: Mehrpolige Darstellung des markierten Ausschnittes von Seite 51, Abb. 2

Kennbuchstabe	A2		B1		B2		C		E	
Verlegung	in wärmedämmenden Wänden		in Elektroinstallationsrohr oder -kanal				direkt		frei in Luft	
Erläuterungen	• mehradrige Leitungen in Elektroinstallationsrohr		• Aderleitungen auf Wand • Aderleitungen in Wand oder Decke		• mehradrige Leitungen auf Wand oder Fußboden		• Mantelleitungen auf Wand oder Fußboden • mehradrige Leitungen oder Stegleitungen in Wand oder unter Putz ohne Abstand		• mehradrige Leitungen auf Wand mit Abstand	
			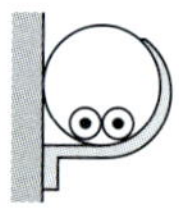						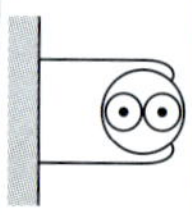	
Leitungsbeispiele	NYM		NYM H07V-U		NYM		NYM, NYIF		NYM, NYMZ	
Zahl der belasteten Adern	2	3	2	3	2	3	2	3	2	3
Bemessungsquerschnitt q_n in mm² für Kupferleiter	① Bemessungsstromstärke I_n der Schutzeinrichtung in A									
1,5	16	13	16	16	16	16	20	16	20	16
2,5	16	16	25	20	20	20	25	25	25	25
4	25	20	32	25	32	25	32	32	35	35
6	32	25	40	35	40	35	40	40	50	40
10	40	40	50	50	50	50	63	50	50	63
16	50	50	80	63	63	63	80	80	80	80
25	80	63	100	80	80	80	100	100	125	100
35	80	80	125	100	100	100	125	125	125	125

Hinweis zu Schutzorganen mit den Nennströmen 13 A, 32 A, 35 A und 40 A:

Wenn es die entsprechenden Schutzorgane nicht gibt, müssen solche mit den nächstniedrigen Nennströmen verwendet werden.

Beispiel:
Es gibt z.Z. keine Schmelzsicherungen für 13 A, also müssen solche für 10 A benutzt werden.

Abb. 2: Zuordnung von Überstrom-Schutzeinrichtungen bei einer Umgebungstemperatur von 25 °C (Auszug DIN VDE 0298-4)

Nach der Tabelle in Abb. 2 muss der **Stromkreis 1** (drei belastete Adern) mit 16 A abgesichert werden, während für alle anderen 20 A-Überstromschutzorgane zugelassen sind. Warum sie trotzdem nur mit 10 A bzw. mit 16 A abgesichert sind, hat folgende Gründe.

Im **Stromkreis 2** (Waschmaschine) ist nur ein Gerät mit einer Stromstarke von 14,3 A angeschlossen. Der LS-Schalter F4 mit 16 A schützt in gewissem Umfang daher auch gleichzeitig die Waschmaschine gegen Überströme >16 A. Das wäre bei einem 20 A-LS-Schalter nicht der Fall.

Die **Stromkreise 3, 5...7** enthalten Installationsschalter, die bauartbedingt nur für 10 A zugelassen sind.

Im **Stromkreis 4** sind Steckdosen vorhanden, die nur für 16 A gebaut sind.

Alle eingesetzten LS-Schalter haben die **Charakteristik B** (Abb. 2 ②), d.h. sie lösen bei (maximal) 5-fachen Bemessungsstrom ④ aus. Für Motoren ist diese Charakteristik nicht geeignet, weil diese Geräte hohe Anlaufströme verursachen. Man verwendet dann LS-Schalter mit Charakteristik C ③, die kurzfristig bis zum 10-fachen Bemessungsstromstärke ⑤ belastet werden können.

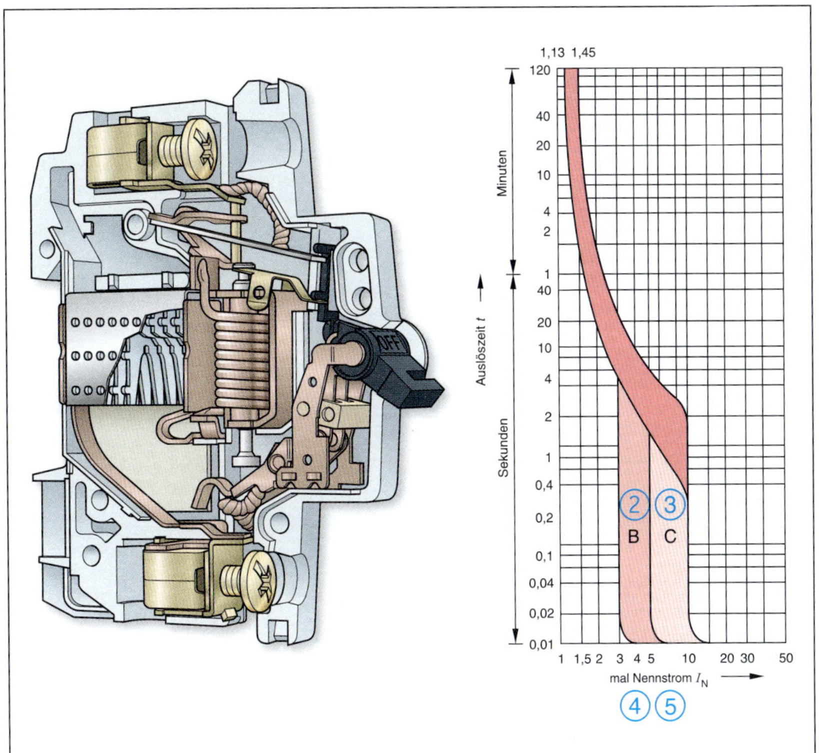

a) Aufbau b) Kennlinien

Abb. 3: Leitungsschutzschalter (DIN VDE 0641)

Aufgaben

1.5.1 Schaltungsanalyse

Der Verteilungsplan zeigt die elektrische Anlage einer Wohnung eines Mehrfamilien-Hauses.

a) Schildern Sie Aufbau und Funktion der Anlage, indem Sie folgende Fragen beantworten.

1. Wie erfolgt die Einspeisung?
2. Welche Daten haben die RCDs?
3. Welche Stromkreise werden durch die RCD-Schalter geschützt?
4. An welche Außenleiter sind die einzelnen Stromkreise angeschlossen?
5. Warum ist F11 ein LS-Schalter mit C-Charakteristik?
6. Sind die Bemessungsströme der LS-Schalter richtig gewählt?
7. Warum besteht die Betriebsmittel-Kennzeichnung des LS-Schalters des Stromkreises 1 nur aus einer Zahl? (Vergleichen Sie hierzu die Darstellung auf Seite 25.)
8. Warum gibt es zwei N-Schienen?

b) Als Vorsicherungen werden üblicherweise Schmelzsicherungen verwendet. Der Bauherr wünscht aber einen dreipoligen LS-Schalter, der die gesamte Anlage absichert. Zeichnen Sie in einen passenden Ausschnitt des Verteilungsplanes den LS-Schalter ein.

c) Zeichnen Sie den Ausschnitt (blau hinterlegt) als Stromlaufplan in zusammenhängender Darstellung (einschließlich der Ergänzung zu b).

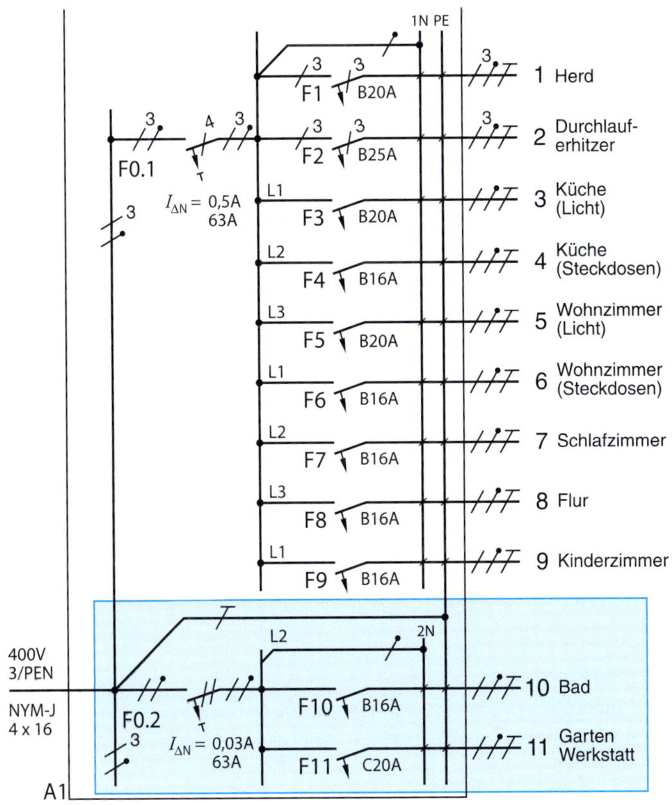

Aufgaben

1.5.2 Wohnungsverteilung

Der untenstehende Verteilungsplan wurde für eine ältere Wohnungsinstallation erstellt. Diese Unterverteilung soll an die neuesten Normen angepasst werden.

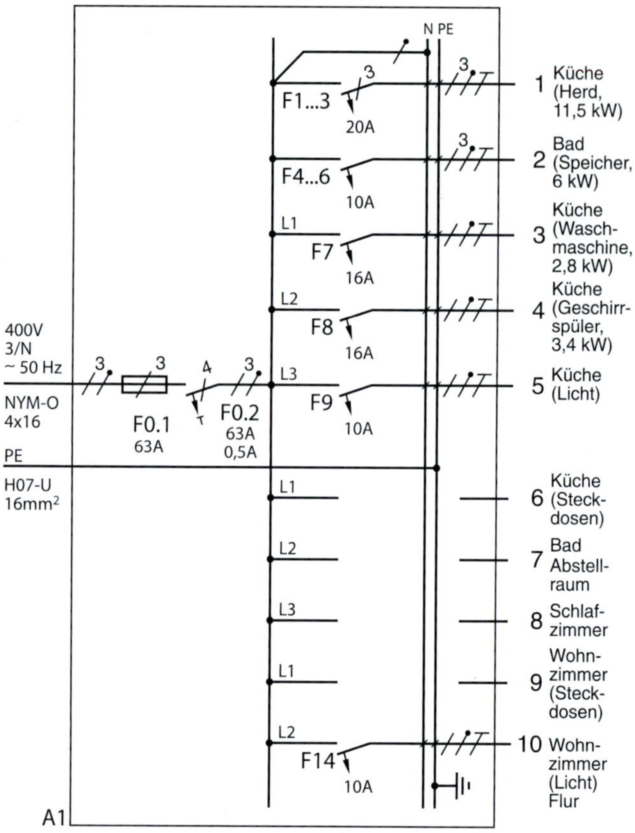

Alle nicht gekennzeichneten Leitungen: 1,5 mm² NYM

a) Schildern Sie den derzeitigen Aufbau der elektrischen Anlage der Wohnung.

b) Geben Sie die Aufgabe folgender Betriebsmittel an. F0.1; F0.2; F12

c) Vergleichen Sie diese Einspeisung mit der Einspeisung der Abb. 2 auf Seite 25.
Nennen Sie den Unterschied.
Beschreiben Sie die sich daraus ergebenden Vor- bzw. Nachteile.

d) Bei den Schutzorganen sind keine Charakteristiken angegeben.
Wählen Sie die Richtigen aus.
Begründen Sie Ihre Entscheidungen.

e) Kontrollieren Sie die Bemessungsstromstärken der Schutzorgane.
Schlagen Sie notwendige Änderungen vor.
Begründen Sie Ihre Entscheidungen.
Hinweise:
- I_{Herd} = 16,6 A
- $I_{Speicher}$ = 8,7 A

f) Nach den heutigen Vorschriften ist für das Bad eine zusätzliche Schutzmaßnahme gegen zu hohen Körperstrom erforderlich.
Geben Sie an, welche Maßnahme angewendet wird.

g) Zeichnen Sie den Verteilungplan neu, indem Sie
- alle Berichtigungen aus d) ... f) verarbeiten und
- den FI-Schalter F0.2 durch zwei FI-Schalter ($I_{\Delta N}$ = 30 mA) ersetzen.

1.5.3 Unterverteilung

Eine Büroetage hat sieben Büros, einen Aufenthaltsraum mit Kochgelegenheit und zwei WCs. Die Installation erfolgt mit NYM in Kanal.

Für je zwei Büros soll ein Steckdosen- (5 kW) und ein Beleuchtungsstromkreis (2 kW) vorgesehen werden. Das siebte Büro hat einen eigenen Stromkreis für Licht und einen für Steckdosen. Für den Aufenthaltsraum und die WCs sind zwei Stromkreise (Licht: 1 kW; Steckdosen: 2,5 kW) gedacht.

Die gemeinsam versorgten sechs Büros sollen über einen dreipoligen Leitungsschutzschalter geschaltet werden.

Als Schutzmaßnahme bei indirektem Berühren wird eine RCD verwendet.

Zeichnen Sie dafür den Verteilungsplan.

1.5.4 Verteilungsplan

Zeichnen Sie für das Haus mit dem dargestellten Grundriss einen Verteilungsplan mit 15 Stromkreisen.

Hinweise:
- Schutz bei indirektem Berühren: RCD
- Eigener Stromkreis für Keller mit Werkstattraum
- Eigener Stromkreis für Garage und Garten mit RCD

Stromkreise:
- 1 Herd: 10 kW; 3x400 V, 14,5 A
- 2 Durchlauferhitzer: 18 kW, 3x400 V, 26,1 A
- 3 Waschmaschine: 3 kW, 230 V
- 4 Geschirrspüler: 3,3 kW, 230 V
- 2 Reserve

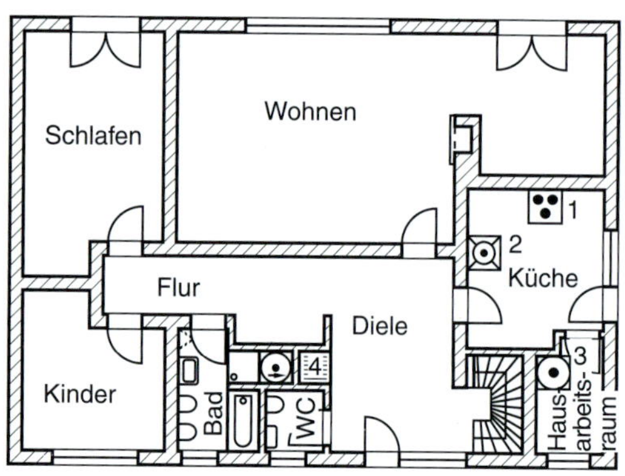

Bauelemente

2.1 Kennlinien

2

Über Eigenschaften und damit über typische Anwendungs-bereiche elektronischer bzw. elektrischer Bauelemente lassen sich nur dann eindeutige Aussagen machen, wenn man weiß, wie die einzelnen Größen des Bauelementes zusammenhängen.

Die grafischen Darstellungen solcher Zusammenhänge bezeichnet man als **Kennlinien**. Sie werden von Herstellern veröffentlicht oder müssen durch Messungen ermittelt wer-den.

Schritte zur Kennlinienaufnahme

1. Messschaltung entwerfen und aufbauen,
2. Messwerte in Tabellenform aufnehmen,
3. Messwerte graphisch darstellen (Kennlinie) und
4. Kennlinie interpretieren.

Wird ein schreibendes Messgerät oder ein Oszilloskop verwendet, dann entfällt der 2. Schritt, da diese Geräte die Kennlinien unmittelbar darstellen können.

Die Abb. 1 und 2 zeigen die drei Schritte zur Ermittlung der Kennlinie eines Widerstandes.

Messschaltung

- Je nach Bauelement erfolgt zunächst die Auswahl der Spannungsquelle, Schalt- und Messgeräte (Abb. 1a).
- Danach folgt die Auswahl der Schaltung, z. B. Strom- oder Spannungsfehlerschaltung (Abb. 1b oder 1c).

In den meisten Fällen genügt es, die Abhängigkeit der Stromstärke von der Spannung zu ermitteln. Bei anderen Abhängigkeiten sind kompliziertere Messaufbauten erforderlich, z. B. wenn man den Widerstand in Abhängigkeit von der Temperatur ermitteln will.

Messwerttabelle

- Die erste Zeile enthält die eingestellte (unabhängig veränderliche) Größe, die Spannung U ①. Damit bei der tabellarischen Schreibweise auf die Einheit für jeden Messwert verzichtet werden kann, gibt man an, in welcher Einheit die Größe gemessen wird. Es gibt die folgenden Schreibweisen: U in V oder $\frac{U}{V}$
- In der zweiten Zeile stehen die Messwerte der abhängig veränderlichen Größe, die Stromstärke I ②.
- Weitere Zeilen können Rechenergebnisse enthalten, z. B. den Widerstand. Sie stellen keine Messwerte dar, sondern sind bereits Auswertungen.

In Messwertetabellen werden die Ergebnisse von Messungen in übersichtlicher Form dargestellt. Sie verdeutlichen, welche Abhängigkeiten zwischen den Größen bestehen. In der Tabelle muss gekennzeichnet werden, in welcher Einheit die Größe gemessen wurde.

- Netzteil mit veränderbarer Spannung
- Stromstärkenmessgerät
- Spannungsmessgerät
- Messleitungen
- Messobjekt

a) Benötigte Geräte

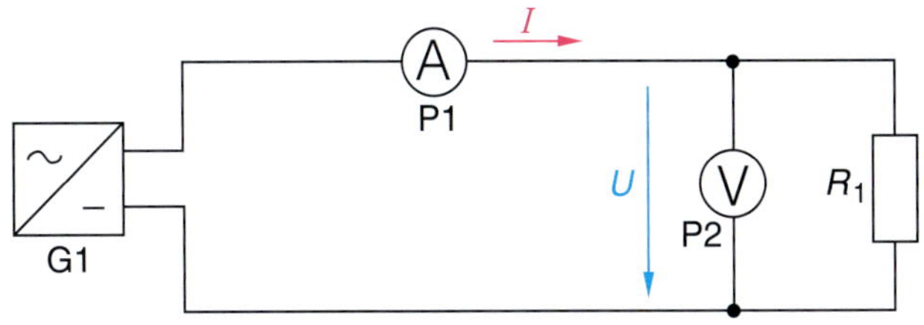

b) Stromfehlerschaltung

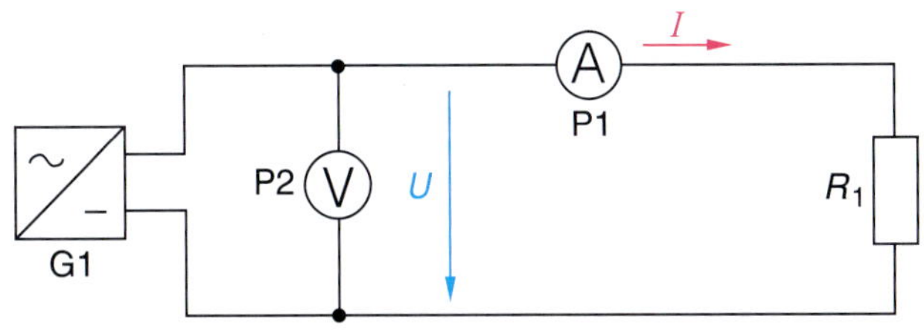

c) Spannungsfehlerschaltung

Abb. 1: Messschaltungen

①	U in V	2	4	6	8	10
②	I in mA	8	18	24	30	40

Abb. 2: Messwertetabelle

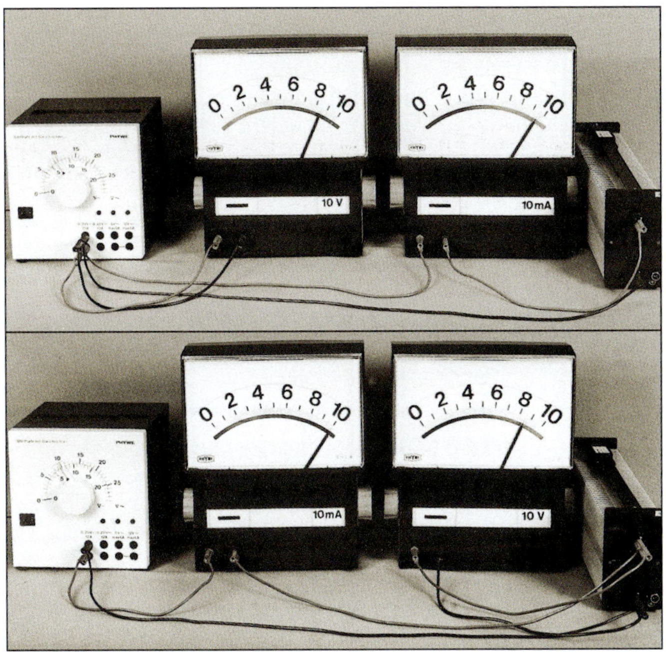

Abb. 3: Versuchsaufbau

Kennlinien erstellen

Zur besseren Auswertung werden die Messwerte graphisch dargestellt. Man trägt sie in ein **Koordinatensystem** ein (kartesisches Koordinatensystem[1])). Die waagerechte (horizontale) Achse wird als Abszisse[2] und die senkrechte (vertikale) Achse als Ordinate[3] bezeichnet. Man nennt diese Darstellungsart **Diagramm**. Die Achsen können linear (Abb. 1) oder logarithmisch geteilt sein. Die Achsen werden direkt (Abb. 2a) oder seitlich mit einem Pfeil versehen (Abb. 2b).

In der Physik und der Technik ist festgelegt worden, dass in **waagerechter** Richtung die **unabhängige** und in **senkrechter** Richtung die **abhängige** Größe aufgetragen wird. Im Beispiel der Abb. 1 ist also die Stromstärke I ① in Abhängigkeit von der Spannung U ② dargestellt worden.

Wenn die Zahlenwerte der Größen positiv sind, kann auf das Pluszeichen verzichtet werden. Negative Zahlenwerte sind stets durch ein Minuszeichen kenntlich zu machen, auch dann, wenn an der Größe ein Minuszeichen steht.

Damit die Zahlenwertangaben an den Achsen eindeutig sind, ist die Angabe der Einheit erforderlich. Verschiedene Kennzeichnungsmöglichkeiten sind in Abb. 3 zu sehen.

Bevor die Messwerte eingetragen werden können, muss der gesamte darzustellende Bereich abgeschätzt und daraus der **Zeichenmaßstab** festgelegt werden. Im Beispiel von Abb. 1 wurde folgender Maßstab festgelegt:

1 V ≙ 1 cm; 10 mA ≙ 2 cm

(1cm ≙ 1 Kasten in der Abbildung).

Der Maßstab soll immer so gewählt werden, dass eine übersichtliche Darstellungsweise möglich wird.

Für die Übertragung der Messwerte von Abb. 2 (S. 29) sind deshalb folgende Handlungsschritte erforderlich:

- Da die Einstellwerte für die Spannung und die Messwerte für die Stromstärke positiv gezählt werden sollen, werden die Werte nach rechts bzw. nach oben aufgetragen.
- Für eine übersichtliche Abbildung wurde Folgendes festgelegt: 1 V ≙ 1 cm; 10 mA ≙ 2 cm (1cm ≙ 1 Kasten).
- Die Wertepaare werden durch Kreuze eingetragen. Messpunkt ③ 10 V und 40 mA in Abb. 1 ist besonders hervorgehoben worden.
- Die Kennlinie wird gezeichnet. Dabei wird deutlich, dass nicht alle Punkte auf einer Geraden liegen (z.B. die Messpunkte bei 4 V und 8 V ④).
- Ursache hierfür sind unvermeidliche Fehler. Deshalb dürfen die Messpunkte nicht einzeln mit einem Lineal verbunden werden, sondern es muss die Kennlinie gezeichnet werden, die der Mehrzahl der Messpunkte „gerecht" wird.

Kennlinien in einem Diagramm verdeutlichen grafisch den Zusammenhang zwischen Größen.

Die Messpunkte werden so verbunden, dass sich der wahrscheinlichste Kurvenverlauf ergibt.

Im Diagramm wird in waagerechter Richtung die unabhängige und in senkrechter Richtung die abhängige Größe aufgetragen. Die jeweiligen Größen müssen durch Formelzeichen und Einheiten angegeben werden.

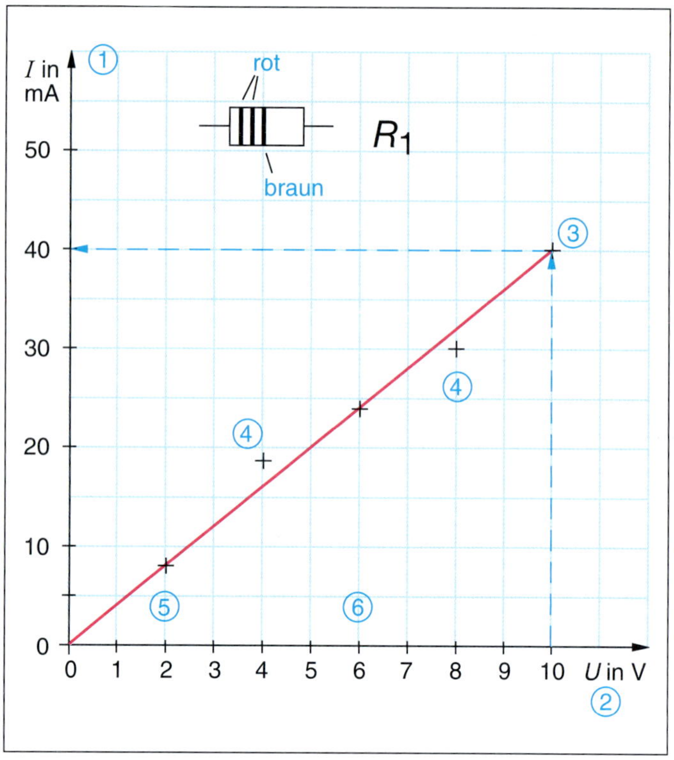

Abb. 1: Kennlinie

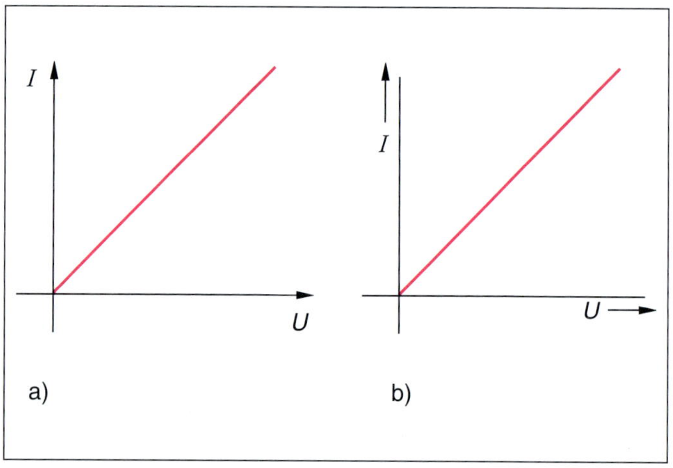

Abb. 2 Pfeile im Koordinatensystem

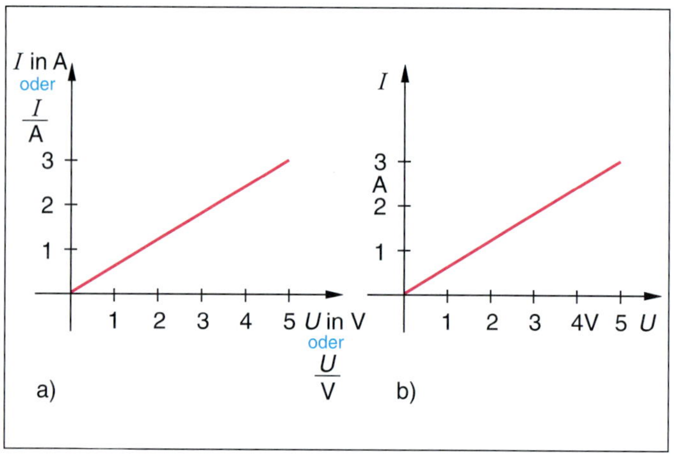

Abb. 3: Kennzeichnungsmöglichkeiten der Achsen mit Größen und Einheiten

1) kartesisch nach dem frz. Philosophen Descartes
2) Abszisse, lat.: Abgeschnittene
3) Ordinate, lat.: Ordnende

Kennlinien interpretieren

Die Kennlinie in Abb. 1 zeigt, dass bei steigender Spannung die Stromstärke zunimmt. Dieses lässt sich in Form einer **Wirkungskette** verkürzt darstellen: $U \uparrow \Rightarrow I \uparrow$

Bei genauerer Betrachtung der Kennlinie erkennt man, dass die Stromstärke im gleichen Verhältnis zunimmt wie die Spannung.

Z. B.: $U_1 = 2\text{ V}$; $I_1 = 8\text{ mA}$ ⑤

$U_2 = 6\text{ V}$; $I_2 = 24\text{ mA}$ ⑥

Das Verhältnis von Spannung zu Stromstärke ist in jedem Punkt gleich groß. Man spricht hierbei von einem **pro-portionalen Zusammenhang**.

Kurzform: $I \sim U$ (I proportional U)

⑤ $\frac{U_1}{I_1} = \frac{2\text{ V}}{8\text{ mA}} = 250\ \Omega$

⑥ $\frac{U_2}{I_2} = \frac{6\text{ V}}{24\text{ mA}} = 250\ \Omega$

Kennlinien mit diesem Verhalten bezeichnet man als **lineare Kennlinien**.

Der untersuchte Widerstand hatte die Farbringe rot, rot und braun (Bemessungswert 220 Ω). Da kein vierter Farbring vorhanden ist, besitzt er eine **Toleranz** von ± 20 %. Der tatsächliche Wert konnte deshalb zwischen den Werten 176 Ω und 264 Ω liegen. Der ermittelte Wert von 250 Ω liegt also noch innerhalb der Toleranz.

Die durch die Toleranz vorgegebenen Grenzen können zusätzlich in das messtechnisch ermittelte Diagramm eingezeichnet werden, indem man für die Extremfälle (176 Ω und 264 Ω) z. B. bei einer Spannung von 10 V die Stromstärke ermittelt (Abb. 4).

⑦ $I_1 = \frac{10\text{ V}}{176\ \Omega}$; $I_1 = 56{,}8\text{ mA}$

⑧ $I_2 = \frac{10\text{ V}}{264\ \Omega}$; $I_2 = 37{,}9\text{ mA}$

Diese Werte werden als Punkte in das Diagramm eingetragen (Abb. 4) und mit dem Nullpunkt durch eine gestrichelte Linie verbunden. Auf diese Weise erhält man einen Toleranzbereich ⑨, in dem die Widerstände mit dem Bemessungswert 220 Ω und 20%iger Toleranz liegen können. Der messtechnisch untersuchte Widerstand liegt im unteren Bereich des Toleranzfeldes.

In einem Diagramm können mehrere Kennlinien eingetragen werden (Abb. 5). Die Beziehungen zwischen diesen als Kennlinien dargestellten Bauteile lassen sich dabei ablesen, ohne dass genaue Berechnungen durchgeführt werden. Z. B. ist in Abb. 5 erkennbar, dass der Widerstand R_1 einen kleineren Wert als R_2 hat. Er verursacht bei der gleichen Spannung ⑩ eine größere Stromstärke (blaue Linien in Abb. 5). Diese Aussage lässt sich auch aus der Steilheit der Kennlinie entnehmen. Zu einer größeren Steilheit gehört der kleinere Widerstand.

Aus Kennlinien lassen sich Beziehungen zwischen Größen in Form von
- sprachlichen Aussagen (größer, kleiner, steiler, ...),
- Wirkungsketten ($U \uparrow \Rightarrow I$) oder
- mathematischen Aussagen ($I \sim U$) ermitteln.

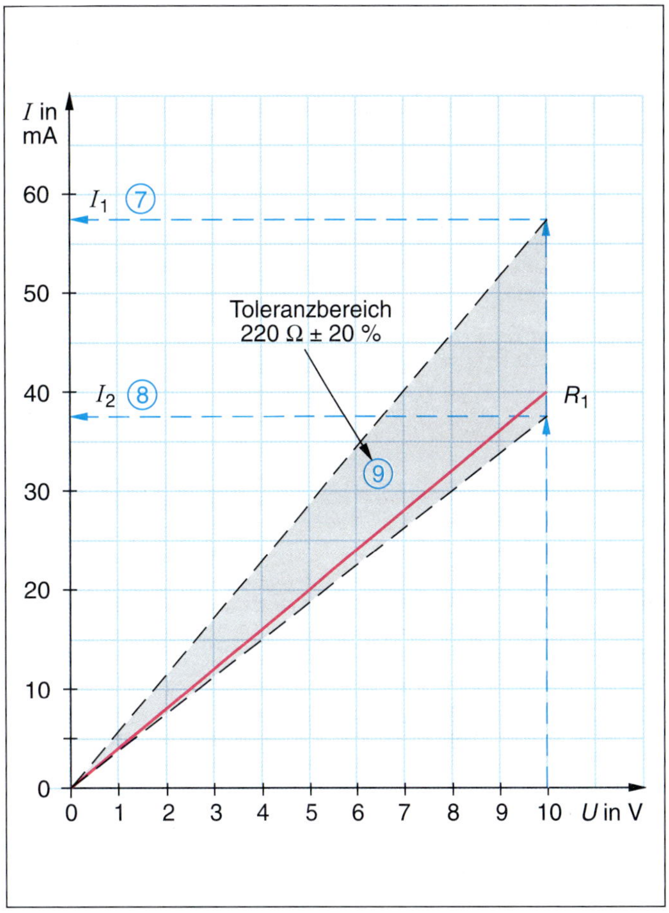

Abb. 4: Widerstandskennlinie mit Toleranzbereich

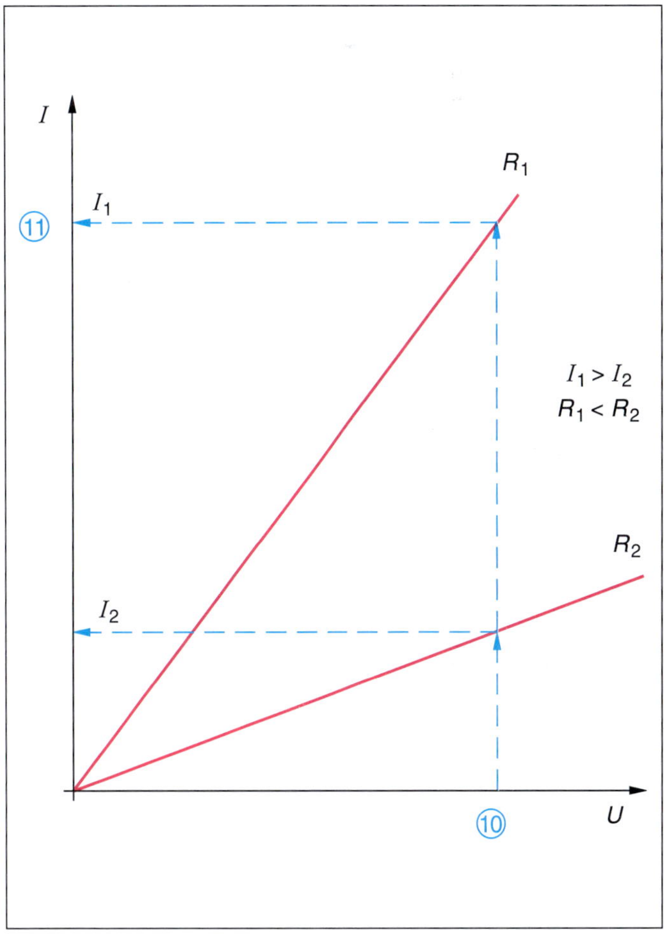

Abb. 5: Mehrere Kennlinien in einem Diagramm

Aufgaben

2.2.1 Widerstandskennlinie

Die Stromstärke in Abhängigkeit von der Spannung bei einem Widerstand wurde wie folgt ermittelt:

U in V	1	2	3	4	5	6	7	8	9	10
I in mA	11	21	33	40	52	64	71	84	95	105

a) Zeichnen Sie die Kennlinie für die Stromstärke in Abhängig keit von der Spannung.
b) Ermitteln Sie den Widerstand aus der Kennlinie, indem Sie das Verhältnis $\frac{U}{I}$ bilden.
c) Welchen Bemessungswert besitzt der Widerstand, wenn eine Toleranz von ±10 % zugrunde gelegt wird?
d) Zeichnen Sie in das Diagramm den Toleranzbereich des Widerstandes ein (Maximal- und Minimalwert).

2.1.2 Kennlinie in zwei Quadranten

Die Abbildung zeigt die Kennlinie eines einzelnen Bauteils.
a) Geben Sie an, um welches Bauteil es sich dabei handelt?
b) Durch welche schaltungstechnische Maßnahmen erhält man die Kennlinie im III. Quadranten?

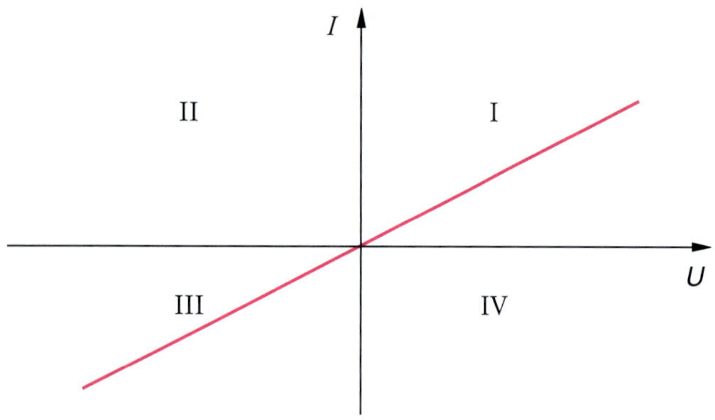

2.1.3 Kennlinie ohne „Nullpunkt"

Die Kennlinie zeigt die Abhängigkeit zwischen zwei Größen bei einem Bauteil.
a) Welche Beziehungen werden durch das Diagramm dargestellt?
b) Die Kennlinie geht nicht durch den Nullpunkt des Koordinatensystems. Erläutern Sie diese Darstellungsweise.
c) Die Ordinate ist unterbrochen. Was bedeutet dieses?
d) Wie verhält sich der Widerstand zwischen 0 °C und 55 °C?

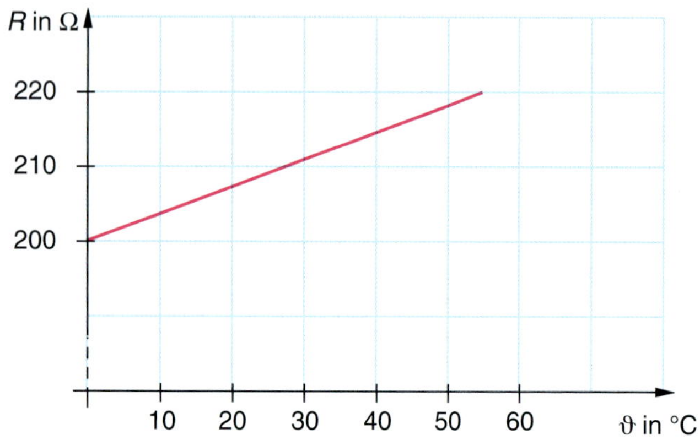

2.1.4 Unvollständiges Diagramm

An dem Diagramm sind die Achsen unvollständig beschriftet.
a) Geben Sie die fehlenden Zahlenwerte an der Abszisse und an der Ordinate an.
b) Wie groß ist der Widerstand?

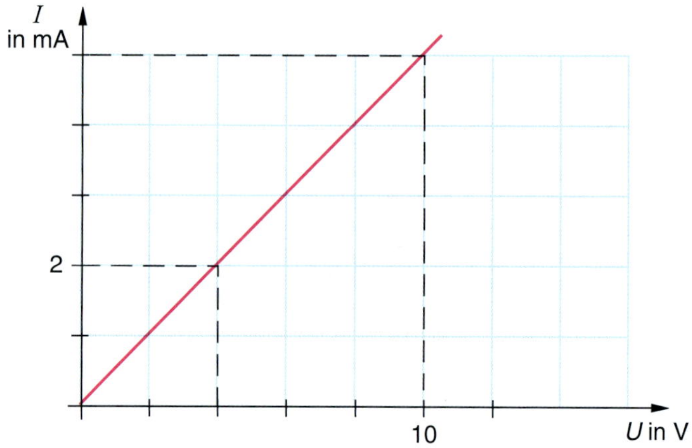

2.1.5 Kennlinienschar

In dem Diagramm befinden sich die Kennlinien von vier Widerständen.
a) Welcher Widerstand hat den größten und welcher den kleinsten Wert?
b) Die Achsen sind mit einer linearen Teilung versehen, allerdings ohne Angabe von Zahlenwerten.
c) Ermitteln Sie die Widerstände R_2, R_3 und R_4, wenn $R_1 = 5\ \Omega$ groß ist.

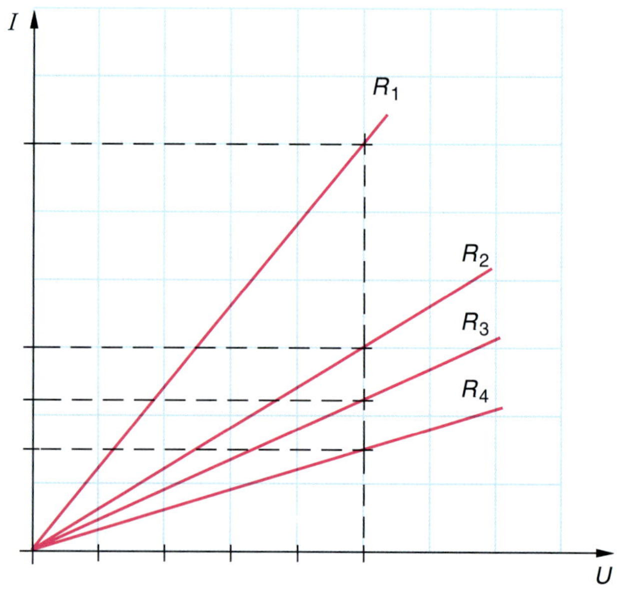

2.1.6 Widerstand und Temperatur

Zeichnen Sie die Kennlinie eines Widerstandes entsprechend der Formel $R_T = R_{20}\,(1 + \Delta T \cdot \alpha)$ für ΔT von 0…200 K bei einem $R_{20} = 100\ \Omega$ und einem Temperaturbeiwert von $\alpha = 0{,}004 \cdot \frac{1}{K}$

Reihenschaltung

Zwei Widerstände mit $R_1 = 100\ \Omega$ und $R_2 = 150\ \Omega$ (Abb. 1a) werden als Spannungsteiler in Reihe geschaltet. Es soll die Spannungsaufteilung (U_1 und U_2) und die Stromstärke ermittelt werden, wenn der Spannungsteiler von einem 60 V-Netzgerät (stabilisiert) gespeist wird.

Für diesen Auftrag bieten sich folgende Möglichkeiten an:

- mathematische,
- messtechnische oder
- zeichnerische Lösung.

Die mathematische Lösung lässt sich nur bei linearen Widerständen anwenden. Befinden sich in Reihenschaltungen nichtlineare Widerstände (vgl. Kap. 2.3 bis 2.5), kann nur noch die **zeichnerische Lösung** angewendet werden. Deshalb soll dieses Verfahren ausführlich erläutert werden.

Ausgegangen wird von der Kennlinie für R_1 in Abb. 1b. Die Kennlinie lässt sich zeichnen, indem man für eine beliebig angenommene Spannung die Stromstärke berechnet. In diesem Fall wurde für $U_1 = U_B = 60$ V ① angenommen. Es ergibt sich eine Stromstärke von 0,6 A ②. Der so ermittelte Schnittpunkt wird mit dem Nullpunkt des Koordinatensystems verbunden.

Die Kennlinie des Widerstandes R_2 befindet sich in Abb. 1c, allerdings im II. Quadranten. Die Spannung wird also nicht wie bei R_1 positiv, sondern negativ gezählt. Begründen lässt sich diese Darstellungsweise mithilfe der in Abb. 1b und 1c befindlichen Spannungsmessgeräte, die die Richtung der Spannungen verdeutlichen sollen. Betrachtet man die Spannung U_1 und U_2 von der Verbindungsstelle der Widerstände aus, dann ist U_1 positiv ③ (in Richtung Pluspol der Spannungsquelle) und U_2 negativ ④ (in Richtung Minuspol der Spannungsquelle).

Für die Lösung des Auftrags müssen die beiden Diagramme zusammengefasst werden. Dazu wird die Kennlinie für R_2 nach rechts in den ersten Quadranten bis zur Gesamtspannung von 60 V „verschoben". Es ergibt sich jetzt ein Schnittpunkt ⑤ beider Kennlinien, der auf der U-Achse die einzelnen Spannungen U_1 und U_2 ⑥ sowie auf der I-Achse die Stromstärke I_{12} durch beide Widerstände festlegt.

Aus dem letzten Diagramm lassen sich somit die folgenden Werte ablesen:

$U_1 = 24$ V $\quad U_2 = 36$ V $\quad I_{12} = 0{,}24$ A

Wenn man weitere Aufgaben dieser Art lösen will, sind nicht alle hier beschriebenen Schritte erforderlich. Es genügt, wenn ein Diagramm entsprechend der Abb. 1d gezeichnet wird. Dabei muss wie folgt vorgegangen werden:

Zeichnerische Lösung einer Reihenschaltung

1. Achsenkreuz mit dem zu erwartenden Spannungs- und Stromstärkenbereich zeichnen und Maßstab wählen.
2. Stromstarke durch R_1 für eine beliebige Spannung berechnen und diesen Koordinatenpunkt mit dem Nullpunkt verbinden (Kennlinie für R_1).
3. Stromstärke durch R_2 für eine beliebige Spannung berechnen und diesen Koordinatenpunkt mit dem Wert für die Gesamtspannung auf der U-Achse verbinden (Kennlinie für R_2).
4. An der I-Achse die Stromstärke der Reihenschaltung ablesen (Schnittpunkt).
5. An der U-Achse die Teilspannungen ablesen (Schnittpunkt).

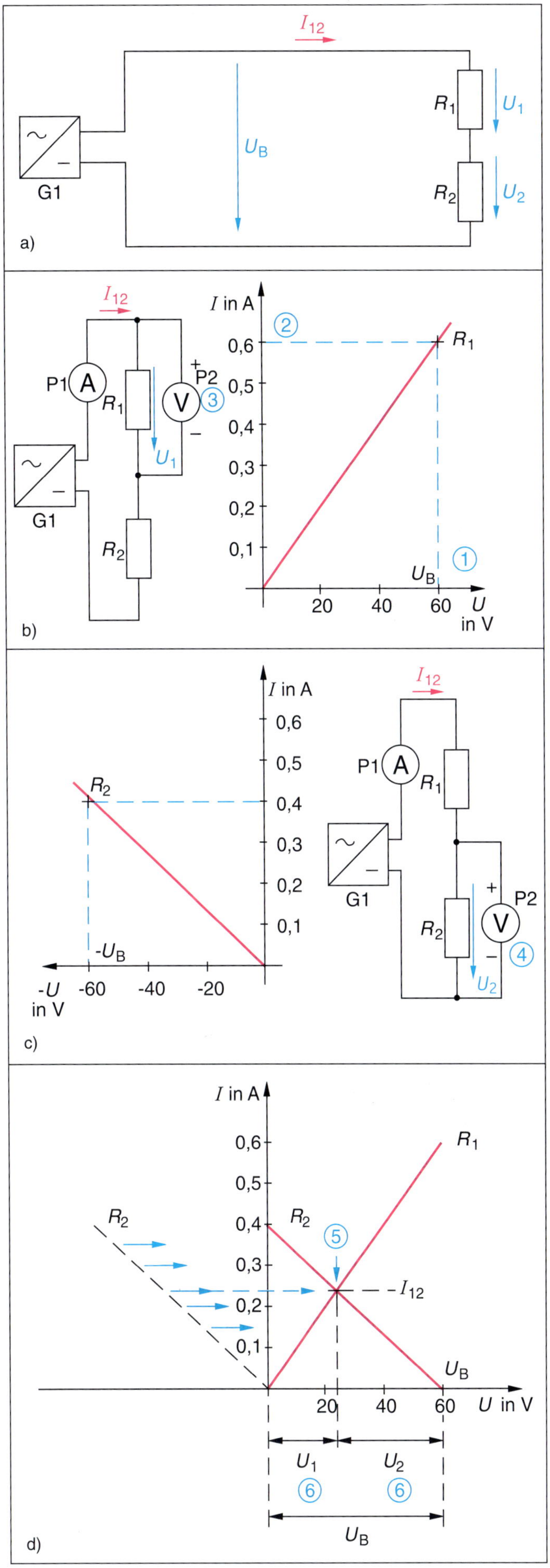

Abb. 1: Reihenschaltung von Widerständen

Widerstand und Temperatur

Der in Abb. 1a auf S. 33 dargestellte Spannungsteiler ist für eine maximale Umgebungstemperatur von 40 °C dimensioniert worden.

Es soll überprüft werden, ob er auch bis 80 °C eingesetzt werden kann. Es gilt die Belastungskennlinie von Abb. 1.

Aus der Kennlinie in Abb. 1 kann man entnehmen, dass von 0 °C bis 40 °C Außentemperatur die Belastbarkeit 10 W betragen darf ①. Bei 80 °C dagegen darf im Widerstand nur eine Leistung von 4 W ② in Wärme umgesetzt werden, da durch die erhöhte Umgebungstemperatur weniger Wärme an die Umgebung abgegeben werden kann.

Zur Klärung der Frage bieten sich wieder eine mathematische und eine zeichnerische Lösung an. Da die zeichnerische Lösung besonders für die Reihenschaltung mit nichtlinearen Widerständen von Bedeutung ist, soll dieses Lösungsverfahren hier verwendet werden.

Bevor die Frage der Einsetzbarkeit des Spannungsteilers bei 80 °C eingegangen wird, soll zur Verdeutlichung der Zusammenhänge in das Diagramm für die Reihenschaltung die Kennlinie für die Leistung $P_1 = 10$ W eingezeichnet werden. Dazu wird mithilfe der Leistungsformel $P = U \cdot I$ für einzelne Spannungen die Stromstärke errechnet und in eine Tabelle eingetragen.

$P_1 = 10$ W						
U in V	10	20	30	40	50	60
I in A	1	0,5	0,33	0,25	0,20	0,17

Trägt man jetzt diese Wertpaare in das Diagramm für die Wiederstandskennlinien ein, dann ergibt sich ein gekrümmter Kurvenverlauf (Abb. 2). Die Kurve kommt von hohen Stromwerten und geht in Richtung hoher Spannungen. Man nennt diesen Verlauf Hyperbel (**Leistungshyperbel**) ③.

Will man jetzt eine Aussage hinsichtlich der Leistung in der Reihenschaltung treffen, muss man den Schnittpunkt ④ (Fachwort: **Arbeitspunkt**) aus den beiden Widerstandsgeraden betrachten. In diesem Fall liegt er unterhalb der Leistungshyperbel. Das Produkt aus Stromstärke und Spannung U_1 ist kleiner als 10 W. Der Widerstand R_1 wird nicht überlastet.

Bei der Umgebungstemperatur von 80 °C darf laut Belastungskennlinie (Abb. 1) die Leistung nur 4 W betragen. Es ergibt sich somit die folgende Tabelle:

$P_2 = 4$ W							
U in V	5	10	20	30	40	50	60
I in A	0,8	0,40	0,20	0,13	0,10	0,80	0,067

Trägt man diese Werte in das Diagramm von Abb. 2 ein, dann ergibt sich eine zweite Leistungshyperbel ⑤ für $P_2 = 4$ W. Der Schnittpunkt der Widerstandsgeraden A liegt diesmal oberhalb der Leistungshyperbel. Es findet eine Überlastung des Widerstandes R_1 statt. Die folgende Berechnung belegt dies:

$P = U_1 \cdot I_{12}$ $P = 24\ \text{V} \cdot 0{,}24\ \text{A}$ $P = 5{,}76\ \text{Wa}$

Die Leistungshyperbel markiert den Grenzbereich für die Belastbarkeit eines Bauteils.

Liegt der Schnittpunkt der Widerstandskennlinien (Arbeitspunkt) oberhalb der Leistungshyperbel, findet eine Überlastung des Widerstandes statt, dessen Kennlinie vom Nullpunkt ausgeht.

Liegt der Arbeitspunkt unterhalb, findet keine Überlastung statt.

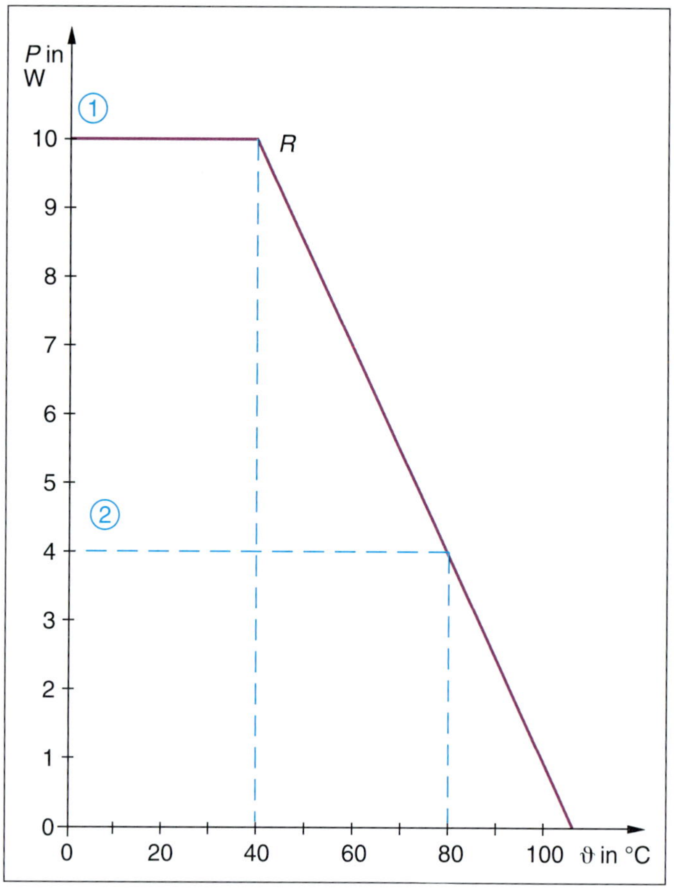

Abb. 1: Belastbarkeit in Abhängigkeit von der Umgebungstemperatur bei einem Widerstand

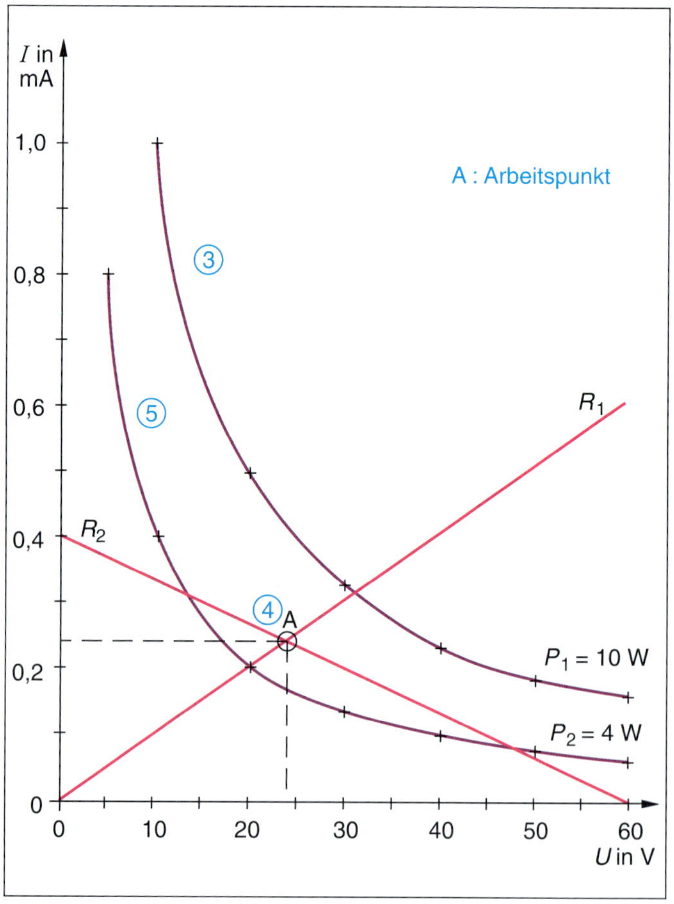

Abb. 2: Leistungshyperbeln in einer Reihenschaltung von linearen Widerständen

Aufgaben

2.2.1 Stufig einstellbarer Widerstand

Ein Spannungsteiler besteht aus den Widerständen $R_1 = 220\ \Omega$ und $R_2 = 100\ \Omega$. Der Widerstand R_2 kann in Stufen von $20\ \Omega$ von $0\ \Omega$ bis $100\ \Omega$ verändert werden. Die Gesamtspannung beträgt 50 V.

Ermitteln Sie die Spannungen am Widerstand R_2 für jede Widerstandseinstellung.

a) Zeichnerische Lösung (Maßstab: 0,1 A ≙ 5 cm; 10 V ≙ 2 cm).

b) Mathematische Lösung.

c) Wie groß muss R_2 gewählt werden, damit die Spannung $U_2 = 30$ V groß wird?
Hinweis: Kennlinie für R_2 in das Diagramm von Teil a) einzeichnen und aus den Diagrammwerten den Widerstand ermitteln.

2.2.2 Widerstände mit Toleranzen

Ein Spannungsteiler aus den Widerständen $R_1 = 470\ \Omega$ und $R_2 = 330\ \Omega$ wird an 60 V betrieben. Die Widerstände besitzen eine Toleranz von ± 20 %.

a) Ermitteln Sie grafisch den Toleranzbereich der Ausgangsspannung (U_{2max} und U_{2min}).
Maßstab: 10 V ≙ 2 cm; 20 mA ≙ 2 cm

b) Überprüfen Sie die grafisch ermittelten Werte rechnerisch.

2.2.6 Toleranzbedingung für Ausgangsspannung

Durch die Toleranz von ± 20 % der Widerstände aus Aufgabe 2.2.2 ergibt sich ein zu großer Toleranzbereich für die Ausgangsspannung U_2.

a) Ermitteln Sie den Toleranzbereich der Ausgangsspannung (U_{2max} und U_{2min}), wenn Widerstände mit ± 10 %iger Toleranz verwendet werden ($R_1 = 470\ \Omega$, $R_2 = 330\ \Omega$).

b) Überprüfen Sie die grafisch ermittelten Werte rechnerisch.

c) Um wie viel % kann durch die Verwendung von Widerständen mit 10 %iger Toleranz die Ausgangsspannung U_2 vom Bemessungswert 24 V abweichen?

d) Die Ausgangsspannung soll lediglich um ± 10 % vom Bemessungswert abweichen.
Welche Toleranzen würden Sie für die Widerstände R_1 und R_2 wählen?
Beweisen Sie ihre Wahl auf grafischem und rechnerischem Wege.

2.2.4 Spannungsteiler mit Leistungshyperbel

Ein Spannungsteiler mit den Widerständen $R_1 = 220\ \Omega$ und $R_2 = 560\ \Omega$ wird mit einer Gesamtspannung von 24 V betrieben. Die Belastbarkeit des Widerstandes R_1 darf 0,5 W nicht überschreiten.

a) Zeichnen Sie die Widerstandskennlinien in ein Diagramm und ermitteln Sie die Stromstärke sowie die Spannungen U_1 und U_2.
(Maßstab: 2 V ≙ 1 cm; 5 mA ≙ 1 cm)

b) Zeichnen Sie in das Diagramm die Leistungshyperbel für $P = 0{,}5$ W ein.
Wird R_1 überlastet?

c) Wie groß darf die Belastbarkeit für R_1 gewählt werden?

2.2.5 Parallele Widerstandskennlinien

Die grafische Lösung einer Reihenschaltung von zwei Widerständen ist im Diagramm zu sehen.

a) Zeichnen Sie den dazugehörigen Stromlaufplan und tragen Sie darin die aus dem Diagramm ermittelbaren Werte ein.

b) Welche Bedeutung haben die parallel und gestrichelt gezeichneten Linien zu R_2?

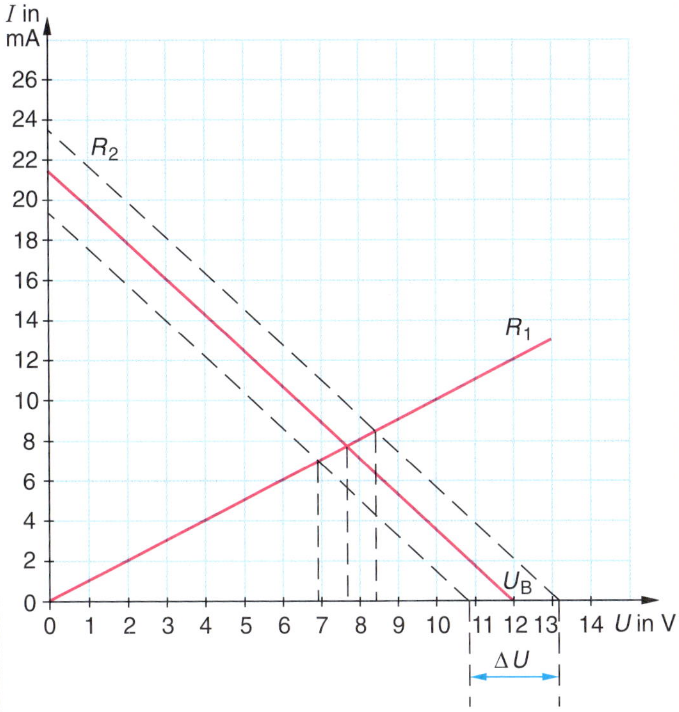

2.2.6 Spannungsleiter mit drei Widerständen

Der Spannungsteiler mit drei Widerständen ist ursprünglich für eine maximale Umgebungstemperatur von + 60 °C dimensioniert worden. Die Belastbarkeit von R_1 in Abhängigkeit von der Umgebungstemperatur kann dem Diagramm entnommen werden.

Der Spannungsteiler soll jetzt bis zu einer Umgebungstemperatur von + 100 °C eingesetzt werden. Überprüfen Sie zeichnerisch, ob dieses möglich ist.

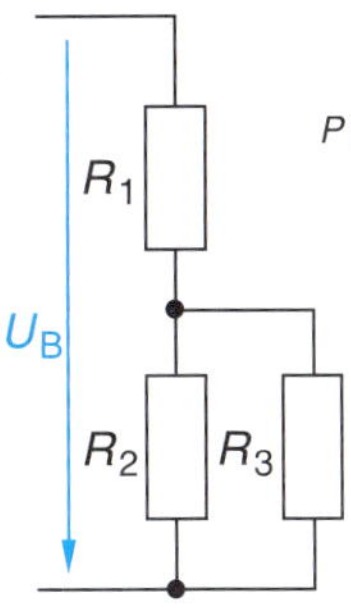

$R_1 = 100\ \Omega$
$R_2 = 220\ \Omega$
$R_3 = 330\ \Omega$
$U_B = 10$ V

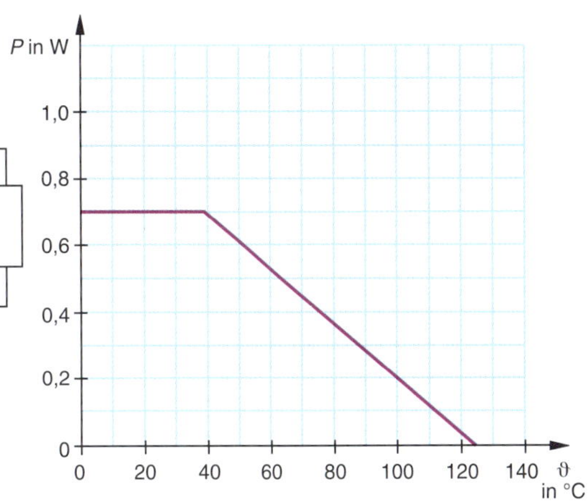

In Abb. 1 sind Bauformen von spannungsabhängigen Widerständen (**Varistoren, VDR**) und das Schaltzeichen zu sehen. Das Symbol verdeutlicht bereits das Verhalten des Bauteils im Stromkreis.

/: Veränderbarkeit   ⌐/: nichtlineare Veränderbarkeit

$U\uparrow\downarrow$: Die Widerstandsänderung ist **gegensinnig** der Spannungsänderung.

Ein spannungsabhängiger Widerstand (Varistor, VDR) ist ein Bauteil, dessen Widerstand sich bei linearer Spannungsänderung nichtlinear und gegensinnig verändert.

In Abb. 2 ist die *I*-*U*-Kennlinie eines Varistors dargestellt. Aus den Achseneinteilungen erkennt man, dass sie im Gegensatz zu den bisher behandelten Diagrammen nichtlinear sind. Man nennt diese Einteilung **logarithmisch**.

Bei logarithmischen Achsenteilungen sind die Abstände zwischen zwei Zehnerpotenzen gleich ①, ②. Im Diagramm gibt es keinen Nullpunkt ③.

Der Vorteil solcher Diagramme liegt darin, dass große Bereiche dargestellt werden können. Der Spannungsbereich in Abb. 2 geht z. B. von 10 V bis 1000 V und der Stromstärkenbereich von 1 mA bis 10 A.

Logarithmische Teilung

Eine Strecke von 10 cm soll logarithmisch geteilt werden. Wie ist dabei zu verfahren?

Als Erklärungshilfe dient Abb. 3a. Die Strecke von 10 cm wird als **Zeicheneinheit** (**ZE**) bezeichnet ④.

Die logarithmische Einteilung erhält man jetzt, indem man mit dem Taschenrechner den **Logarithmus** der Ziffern zwischen 1 und 10 ermittelt (Ziffer eingeben, Logarithmus-Taste drücken) und den angezeigten Wert auf der Achse abträgt.

Beispiel:

Eingabe	Anzeige
2	2
log	.301

Die Ziffer 2 entspricht dabei dem Wert 0,301 (oder 30,1 %) ⑤ von der Zeicheneinheit ZE = 10 cm usw. (Abb. 3b).

Kennlinie

Das Verhalten des spannungsabhängigen Widerstandes, dessen Kennlinie in Abb. 2 abgebildet ist, soll interpretiert werden. Dazu sollen Werte abgelesen und dann in ein Diagramm mit linearer Achseneinteilung eingezeichnet werden.

Unproblematisch ist das Ablesen, wenn die Kennlinie durch horizontale und vertikale Linien geht (Abb. 3c).

Beispiel:

5. Linie auf der *U*-Achse: $5 \cdot 10^1\ \text{V} = 50\ \text{V}$ ⑥

5. Linie auf der *I*-Achse: $5 \cdot 10^{-3}\ \text{A} = 50\ \text{mA}$ ⑦

Schwierig wird das Ablesen von Werten, die zwischen den Linien liegen, da die Abstände dazwischen ebenfalls logarithmisch geteilt sind. Der Wert kann geschätzt oder wie folgt ermittelt werden.

Da in dem Diagramm von Abb. 2 die Zeicheneinheit ZE' ⑧ nicht 10 cm, sondern nur 3 cm beträgt, ist zum genauen Ablesen eine Umrechnung erforderlich. Als Beispiel soll bei 30 V ⑨ die Stromstärke abgelesen werden (Abb. 3c).

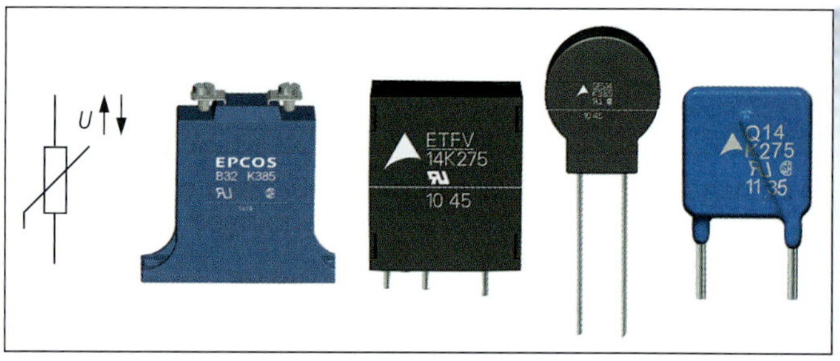

Abb. 1: Spannungsabhängige Widerstände

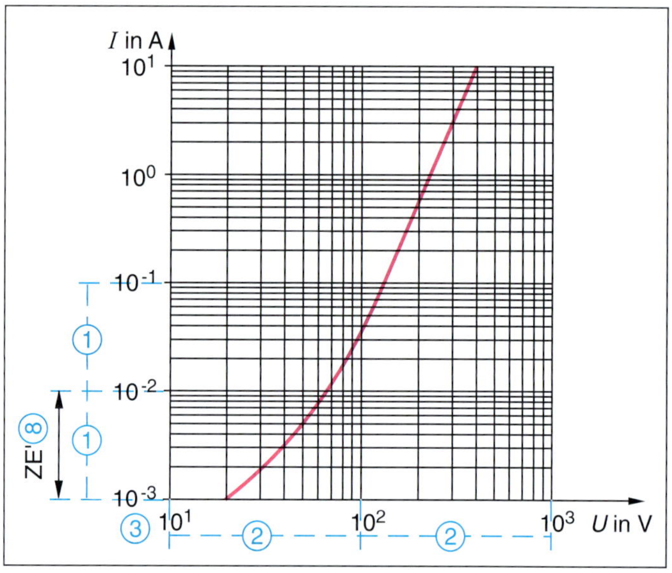

Abb. 2: Strom-Spannungskennlinie eines Varistors

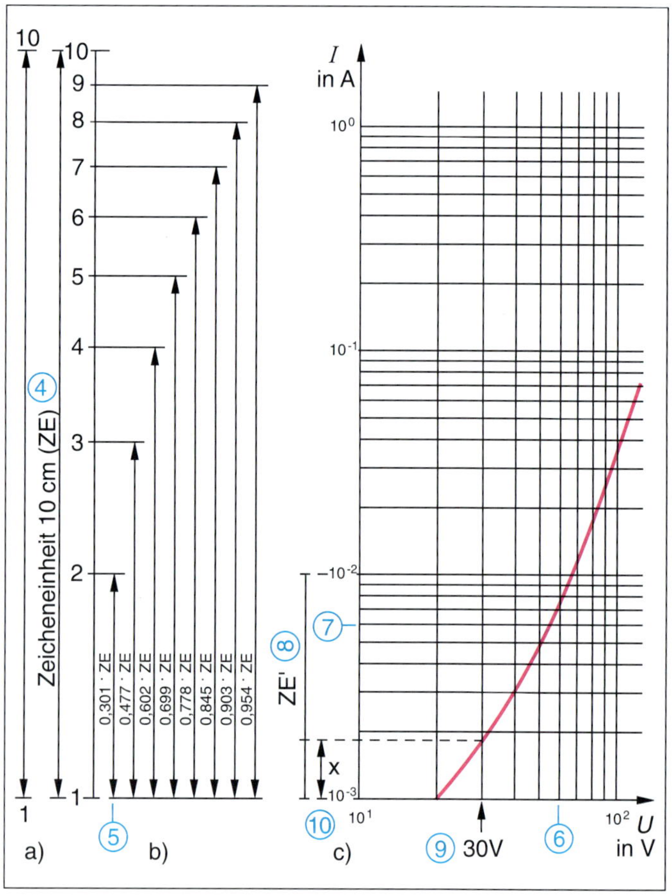

Abb. 3: Logarithmische Achseneinteilung und Ableseverfahren

Mit einem linear geteilten Maßstab (Lineal) wird zunächst für den abzulesenden Wert eine Strecke von x = 7,5 mm abgelesen ⑩. Dieser Wert muss jetzt auf die Zeicheneinheit von 3 cm (30 mm) nach folgender Rechenvorschrift bezogen werden:

Erklärung	Eingabe	Ausgabe
abgelesene Strecke in mm	7,5	7.5
dividiert durch	÷	7.5
Zeicheneinheit in mm	30	30
Anteil der abgelesenen Strecke von der Zeicheneinheit	=	0.25

Das Endergebnis verdeutlicht, dass die abgelesene Strecke von 7,5 mm 25 % (0,25) von der Zeicheneinheit 3 cm entspricht. Die genaue Stromstärke I_1 erhält man jetzt, indem man ein Verfahren anwendet, mit dem man das Logarithmieren umkehrt. Je nach Taschenrechner müssen verschiedene Eingaben vorgenommen werden.

Beispiele:

Eingabe	Anzeige
0,25	0.25
INV	0.25
log	1.778

Eingabe	Anzeige
10	10
y^x	10
0,25	0.25
=	1.778

Das Endergebnis muss noch mit der Einheit vervollständigt werden: $I_1 = 1{,}778 \cdot 10^{-3}$ A

Zusammenfassend ergeben sich die folgenden Schritte beim **Ablesen von** beliebigen **Werten** einer logarithmischen Achseneinteilung:

1. Zeicheneinheit ermitteln (Abstand zwischen zwei Zehnerpotenzen in mm oder cm).
2. Anteil des abgelesenen Wertes von der Zeicheneinheit ermitteln (in mm oder cm).
3. Ablesewert durch Umkehrung des Logarithmierens ermitteln.

Mit dieser Rechenvorschrift ergeben sich zu den gewählten Spannungen die folgenden Stromstärken:

U in V	30	40	50	60	70	80	90	100	200	300	400
I in mA	1,78	3,4	5,0	7,1	10,8	15.8	23,3	36,9	582	3414	10000

Trägt man jetzt die Tabellenwerte in ein Diagramm mit linear (arithmetisch) geteilten Achsen ein, ergibt sich der gekrümmte Kurvenverlauf von Abb. 4. Die Nichtlinearität der Kennlinie wird deutlicher.

Allerdings erkennt man auch, dass nur zwischen 100 V und 300 V die dazugehörigen Stromstärken sinnvoll eingetragen bzw. abgelesen werden können. Für den Bereich bis 100 V ist ein zweites Diagramm mit verändertem Maßstab (Abb. 5 „Lupe") sinnvoll, wenn diese Werte übersichtlich dargestellt werden sollen.

Abschließend soll der Widerstand in Abhängigkeit von der Spannung in einem Diagramm mit logarithmischer Achseneinteilung dargestellt werden. Die Berechnung ergibt folgende Tabelle:

U in V	30	40	50	60	70	80	90	100	200	300	400
R in kΩ	16,9	11,8	10	8,5	6,5	5,1	3,9	2,7	0,356	0,088	0,04

Aus der Tabelle erkennt man, dass in dem Diagramm die Widerstandswerte von 40 Ω bis ca. 17 kΩ abgebildet werden müssen. Die logarithmische Achseneinteilung muss sich also über vier Zehnerpotenzen erstrecken.

Trägt man die ermittelten Werte in ein Diagramm ein, ergibt sich der Verlauf von Abb. 6. Aus ihr erkennt man deutlich die Spannungsabhängigkeit des Bauteils.

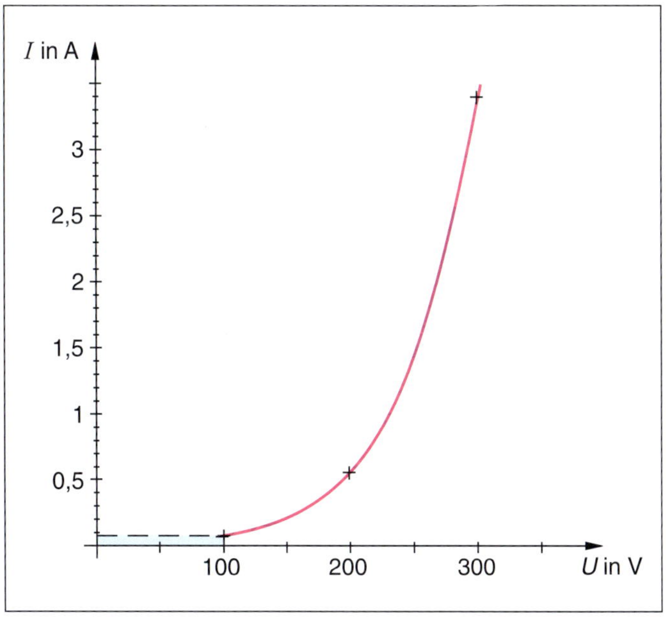

Abb. 4: Varistorkennlinie mit linearer Achseneinteilung

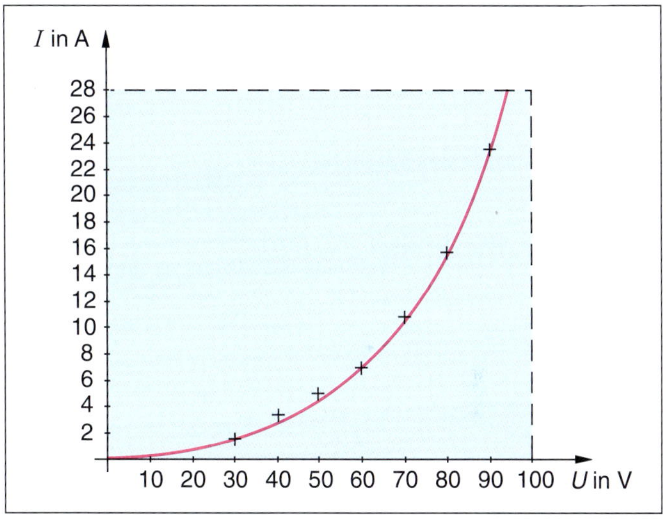

Abb. 5: Varistorkennline mit linearer Achseneinteilung

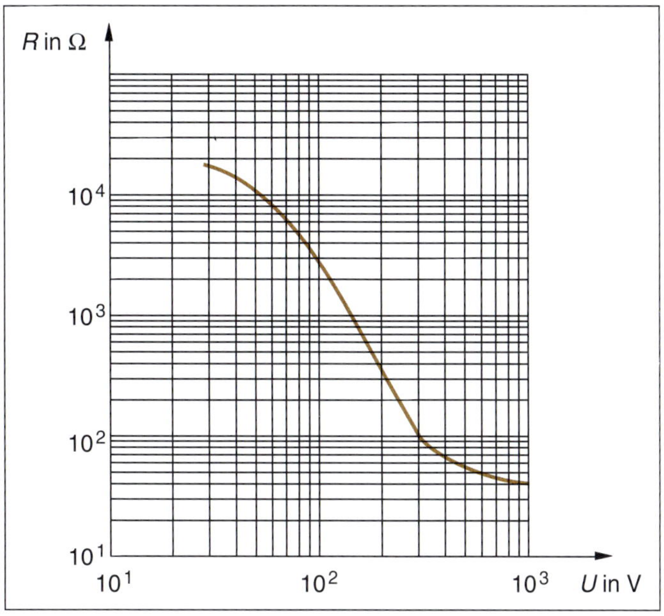

Abb. 6: Widerstand in Abhängigkeit von der Spannung beim Varistor

Reihenschaltung mit einem linearen Widerstand

Ein Widerstand mit einer linearen Kennlinie (Wirkwiderstand 2,2 kΩ) und ein Varistor mit einer nichtlinearen Kennlinie sind in Reihe geschaltet (Abb. 1). Sie liegen an einer Gesamtspannung von U_B = 20 V. Die Spannungsaufteilung (U_1 und U_2) sowie die Stromstärke sollen ermittelt werden.
Eine mathematische Lösung ist in diesem Fall nicht möglich, da der Varistor kein linearer Widerstand ist. Es muss deshalb ein grafisches Verfahren angewendet werden.

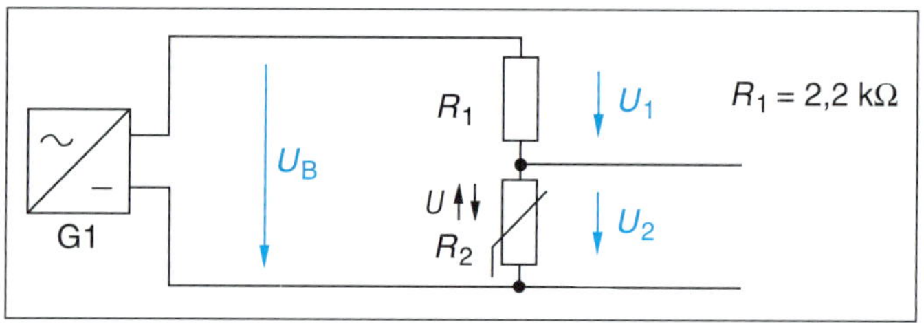

Abb. 1: Reihenschaltung aus Wirkwiderstand und Varistor

> Bei Reihenschaltungen von Bauteilen mit nichtlinearen Kennlinien kann zur Ermittlung der Spannungsaufteilung und der Stromstärke nur ein grafisches Verfahren angewendet werden.

Ausgegangen wird von der Kennlinie des Varistors in Abb. 2 ①. Die Achsen des Diagramms sind linear geteilt. Die Kennlinie des linearen Widerstandes R_1 wird von der Betriebsspannung ② (in diesem Fall U_B = 20 V) aus eingezeichnet. Der Schnittpunkt ③ beider Kennlinien gibt jetzt die Stromstärke sowie die Spannungsaufteilung an.

I_{12} = 2,7 mA U_1 = 5,4 V U_2 = 14,6 V

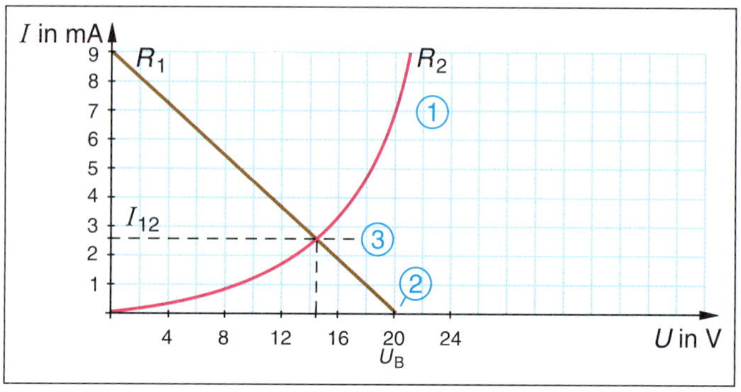

Abb. 2: Reihenschaltung aus Wirkwiderstand und Varistor

Die Reihenschaltung aus einem Varistor mit einem Wirkwiderstand lässt sich als **Spannungsstabilisator** verwenden. Mit Abb. 3 wird dieses verdeutlicht.
Da die Betriebsspannung vom Mittelwert aus abweichen kann, müssen für diese Maximal- und Minimalspannungen die Widerstandskennlinien zusätzlich eingezeichnet werden ④. Es ergeben sich somit mit der Varistorkennlinie zwei extreme Schnittpunkte ⑤, die zu entsprechenden Spannungsaufteilungen führen. Vergleicht man jetzt die Änderung von U_2 (ΔU_2) mit der Änderung der Betriebsspannung (ΔU_B), dann erkennt man, daß ΔU_2 kleiner als ΔU_B ist. Es hat eine Stabilisierung stattgefunden. Sie ist um so größer, je steiler die Kennlinie des Varistors ist.

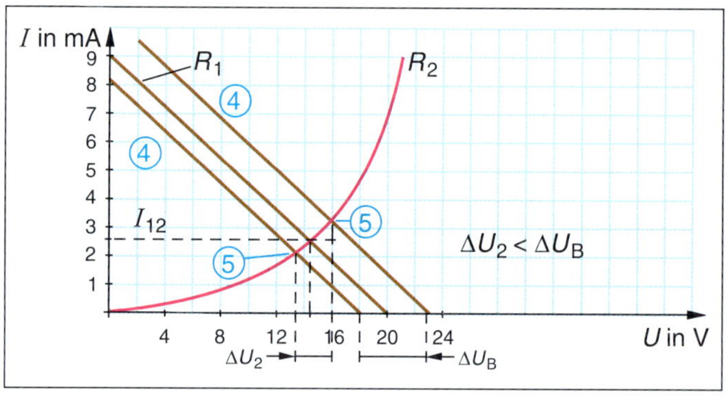

Abb. 3: Spannungsstabilisierung mit Varistor

> Eine Reihenschaltung aus einem Wirkwiderstand und einem Varistor kann zur Spannungsstabilisierung verwendet werden.

Aufgaben

2.3.1 Varistoren aus unterschiedlichen Materialien

Die Abbildung zeigt die Kennlinien von zwei aus unterschiedlichen Materialien aufgebauten Varistoren (Silicium-Carbid und Zinkoxid).

a) Wie sind die Achsen geteilt?

b) Wie groß sind die Widerstände der Varistoren A und B bei + 0,5 A und – 0,5 A?

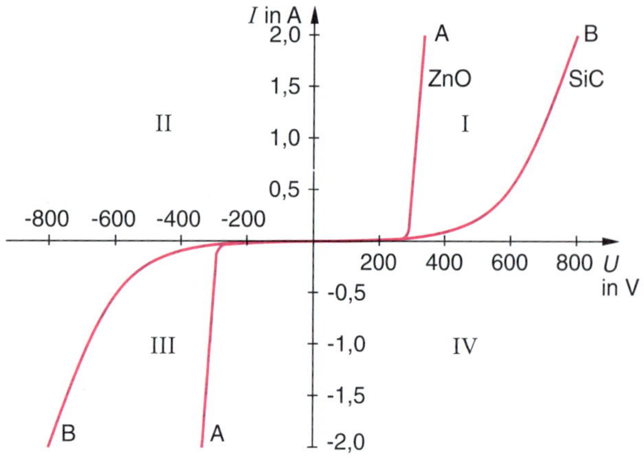

2.3.2 Messtechnische Untersuchung

Das Verhalten eines Varistors im Stromkreis wird untersucht. Dabei sind bestimmte Schritte eingehalten worden. Führen Sie die folgenden Schritte aus bzw. vollziehen Sie diese nach.

a) Zeichnen Sie eine Messschaltung zur Untersuchung des Strom- und Spannungsverhaltens beim Varistor.

b) Es wurden folgende Messwerte aufgenommen:

U in V	2	4	6	8	10	12
I in mA	0,5	1	2	3	5	7

U in V	14	16	18	20	22	24
I in mA	12	16	23	31	42	54

Zeichnen Sie die Strom-Spannungs-Kennlinie in ein Diagramm.
Maßstab: 10 mA ≙ 2 cm; 2 V ≙ 1 cm

Aufgaben

2.3.3 Widerstandskennlinie eines Varistors

a) Wie sind die Widerstands- und Spannungsachsen geteilt?

b) Ermitteln Sie die Widerstände für 20 V, 30 V, 50 V, 80 V, 100 V und 150 V.

c) Ermitteln Sie die Widerstandsänderung zwischen 50 V und 100 V sowie zwischen 100 V und 150 V.

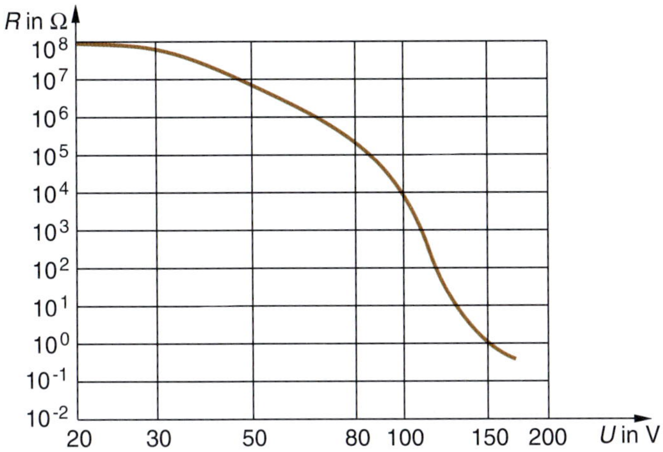

2.3.4 Strom-Spannungs-Kennlinie (VDR)

Zeichnen Sie die Kennlinie um, indem Sie für die Stromstärken-Achse eine logarithmische Teilung verwenden.

Maßstab: 0,1 A ... 1 A ≙ 5,9 cm
1 A ... 10 A ≙ 5,9 cm

Für die Spannungsachse soll weiterhin eine lineare Teilung verwendet werden.

Maßstab: 10 V ≙ 1 cm

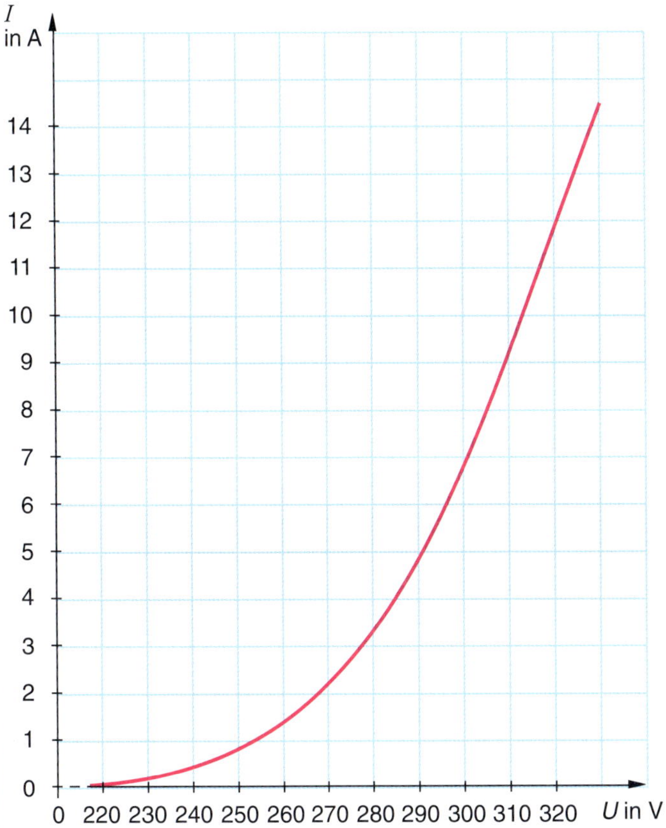

2.3.5 Reihenschaltung mit einem Varistor

a) Der Varistor von Aufgabe 2.3.2 befindet sich in einer Reihenschaltung mit einem Wirkwiderstand von 20 Ω. Die Betriebsspannung beträgt 24 V. Ermitteln Sie grafisch die Spannungsänderung in Prozent am Varistor, wenn sich die Betriebsspannung um ± 10 % ändert.

b) Vergleichen Sie die prozentualen Änderungen der Spannungen und beurteilen Sie das Ergebnis.

2.3.6 Kennlinienschar von Varistoren

Die Abbildung zeigt Kennlinien von verschiedenen Varistoren. Es soll eine Reihenschaltung aus einem Wirkwiderstand mit einem Varistor aufgebaut werden. Die Betriebsspannung beträgt 300 V. Als Vorwiderstand wurden 1,5 kΩ gewählt.

Welcher Varistor ist zu wählen, wenn an ihm eine Spannung von etwa 150 V abfallen soll?

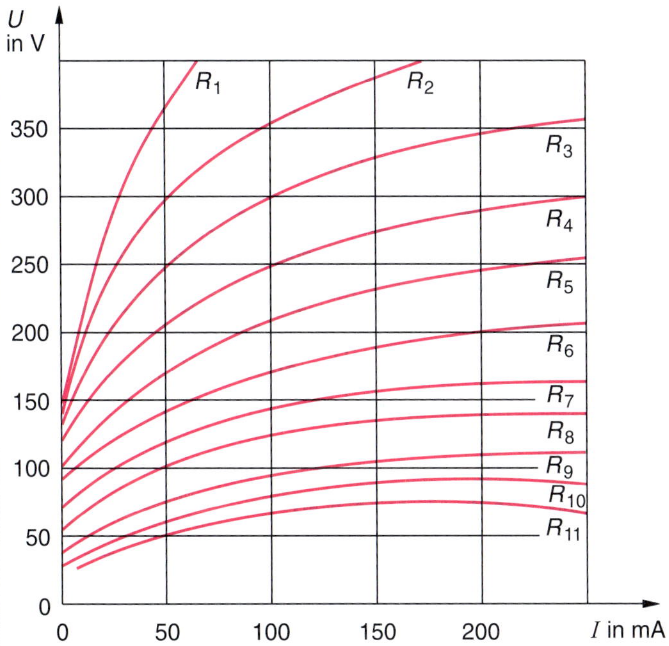

2.3.7 Anwendungsbeispiele von Varistoren

a) Beschreiben Sie die Funktion des Varistors in den Schaltungen 1) und 2), wenn der Schalter geöffnet wird.

b) Welche Rolle spielt der Varistor in den Schaltungen 3) bis 5), wenn Spannungsspitzen auftreten?

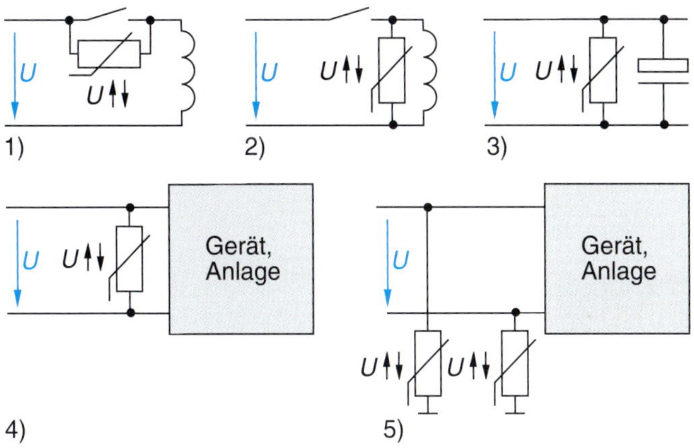

2.4 Heißleiter

Heißleiter haben einen negativen Temperaturkoeffizienten (**NTC**), d.h., mit zunehmender Temperatur sinkt der Widerstandswert. Dieses Verhalten drückt sich im Schaltzeichen aus (Abb. 1). Das Formelzeichen ϑ (Temperatur) gibt die Größe an, die die Widerstandsänderung verursacht. Die gegensinnigen Pfeile ① verdeutlichen, dass mit zunehmender Temperatur der Widerstand sinkt und umgekehrt.

> Bei Heißleitern verhalten sich Widerstand und Temperatur gegensinnig zueinander.

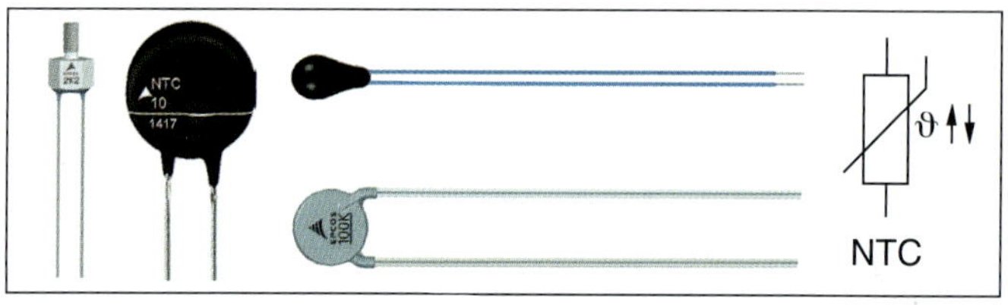

Abb. 1: Heißleiter

Heißleiter werden in vielfältiger Weise in der Elektronik verwendet. Sie werden z.B. zur Temperaturmessung, Temperaturregelung bzw. -überwachung, Temperaturkompensation, Relaisverzögerung oder als Begrenzer von Einschaltströmen verwendet.

Temperaturmessschaltung

Die in Abb. 2a dargestellte einfache Temperaturmessschaltung war zur Temperaturüberwachung in einem Temperiergerät eingesetzt. In ihm konnten Temperaturen von +75 °C bis +100 °C erzeugt werden. Das Strommessgerät hat dabei die Temperatur als entsprechenden Zeigerausschlag angezeigt. Die Skala ist in °C geeicht (Abb. 2b). Die Temperaturmessschaltung soll jetzt in einem anderen Temperiergerät eingesetzt werden, dessen Temperatur von 0 °C bis +100 °C eingestellt werden kann. Es soll nun überprüft werden, ob die Messeinrichtung lediglich durch eine veränderte Skala weiterverwendbar ist.

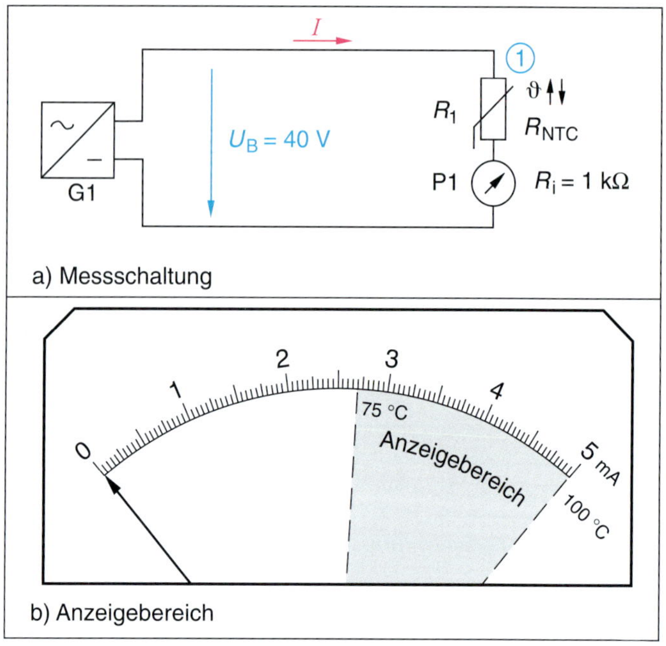

Abb. 2: Temperaturmessung mit Heißleiter

Einige **Kenndaten** des verwendeten Heißleiters sind aus der folgenden Übersicht zu entnehmen:

	100 kΩ	1 MΩ	Einheit
Belastbarkeit bei 25 °C P_{25}	290	290	mW
bei 100 °C P_{100}	270	270	mW
Bemessungstemperatur ϑ_N	25	25	°C
Bemessungswiderstand R_N	0,1	1	MΩ
Toleranz ΔR_N	±20	±20	%
Wärmeleitwert in Luft G_{thu}	0,7	0,7	mW/K
Abkühlzeitkonstante τ_{th}	5	5	s
Wärmekapazität C_{th}	3,5	3,5	mJ/K

Verwendet wird der Heißleiter mit dem **Bemessungswiderstand** R_N = 100 kΩ ② (bei 25 °C). Seine Widerstands-Temperatur-Kennlinie und die Abmessungen sind in Abb. 3 zu sehen.

Der Zeigerausschlag des Messgerätes ist proportional zur Stromstärke. Bei 5 mA besitzt das Messgerät seinen Vollausschlag (Innenwiderstand R_i = 1 kΩ). Es ergibt sich der in Abb. 2b dargestellte Anzeigebereich.

Aus der Kennlinie (Abb. 3b) können die Widerstände des Heißleiters für verschiedene Temperaturen entnommen werden:

ϑ in °C	0	+25	+50	+75	+100
R_{NTC} in kΩ	400	100	40	14	7

Da auch für den neuen Anwendungsfall (0 °C ... +100 °C) bei 100 °C der Vollausschlag liegen soll, ergeben sich zwischen der Temperatur und der Stromstärke mit der Auswerteformel

$I = \frac{U_B}{R_i + R_{NTC}}$ die folgenden Werte:

ϑ in °C	0	+25	+50	+75	+100
I in mA	0,1	0,4	0,98	2,7	5,0

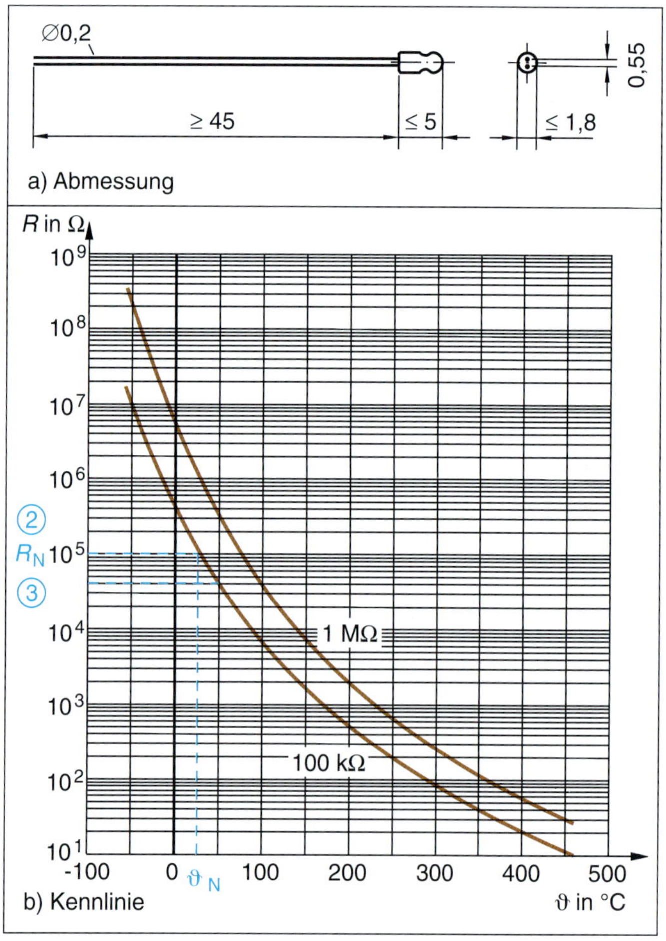

Abb. 3: Heißleiter zur Temperaturmessung

Trägt man die Stromstärke in Abhängigkeit von der Temperatur in ein Diagramm ein, dann zeigt die Kennlinie, dass unterhalb von +25 °C das genaue Ablesen schwierig ist (Abb. 4, Kennlinie und Skala). Die bisherige Messschaltung ist also für den Auftrag ungeeignet.

Eine **Linearisierung der Kennlinie** und damit eine Verbesserung der Ablesbarkeit lässt sich erreichen, wenn der Heißleiter mit einem Vorwiderstand betrieben wird (Abb. 5). Einen günstigen Verlauf der Kennlinie erzielt man, wenn der Vorwiderstand etwa so groß gewählt wird, wie der Heißleiterwiderstand bei mittleren Temperaturen, die angezeigt werden sollen. Da die mittlere Temperatur +50 °C beträgt, wird R_V mit 40 kΩ gewählt (Abb. 3) ③.

Damit bei +100 °C wieder der Vollausschlag erreicht wird, muss für die Reihenschaltung eine höhere Betriebsspannung verwendet werden. Diese lässt sich wie folgt berechnen:

$U_B = I_{max} \cdot R_{min}$

$U_B = 5\text{ mA} \cdot 48\text{ k}\Omega$

$U_B = 240\text{ V}$

$R_{min} = R_{NTCmin} + R_V + R_i$

$R_{min} = 40\text{ k}\Omega + 7\text{ k}\Omega + 1\text{ k}\Omega$

Die Stromstärken für die verschiedenen Temperaturbereiche lassen sich mit der folgenden Formel berechnen:

$$I = \frac{U_B}{R_{NTC} + R_v + R_i}$$

Die berechneten Werte befinden sich in der Tabelle:

ϑ in °C	0	+25	+50	+75	+100
R_{NTC} in kΩ	400	100	40	14	7
I in mA	0,54	1,7	3,0	4,4	5,0

Stellt man diesen Zusammenhang wieder grafisch dar (Abb. 6), erkennt man deutlich, dass über dem gesamten gewünschten Temperaturbereich ohne Schwierigkeiten abgelesen werden kann.

Anstelle der Reihenschaltung kann auch die Parallelschaltung zur Linearisierung von Heißleiterkennlinien verwendet werden. Üblich sind auch Kombinationen aus Reihen- und Parallelschaltungen.

Heißleiterkennlinien lassen sich durch zusätzliche Widerstände linearisieren.

Vorwiderstände sollten so groß sein wie der Heißleiter-Widerstand im mittleren Temperaturbereich und Parallelwiderstände etwa 10 mal so groß.

Das Verhalten von Heißleitern wurde bisher mithilfe der Widerstands-Temperatur-Kennlinie beschrieben (Abb. 3b). Zur vollständigen Interpretation ist auch das Strom-Spannungs-Verhalten von Interesse. Wenn man diese Abhängigkeiten jedoch untersuchen will, muss beachtet werden, dass durch Erwärmung der Widerstand so stark sinken kann, dass eine Zerstörung eintritt. Man ermittelt deshalb nicht wie bei Wirkwiderständen die Stromstärke in Abhängigkeit von der Spannung mit einer Konstantspannungsquelle, sondern die Abhängigkeit der Spannung von der Stromstärke mithilfe einer **Konstantstromquelle** (Abb. 7) ④.

Das Ergebnis der messtechnischen Untersuchung ist in Form einer Kennlinie in Abb. 1 auf S. 42 dargestellt. Es handelt sich um eine Originaldarstellung aus einem Datenbuch.

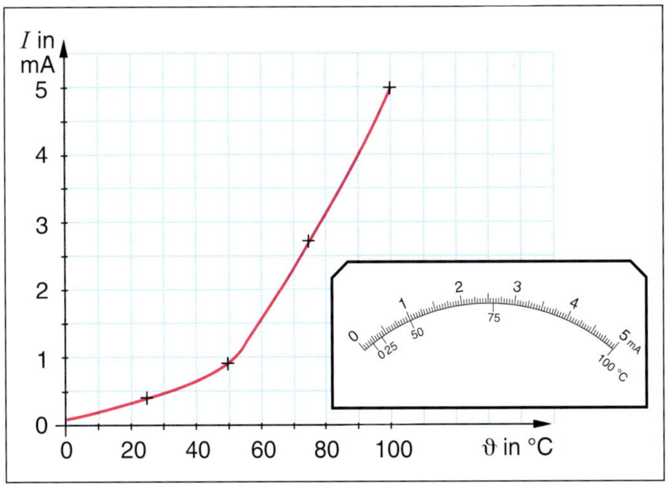

Abb. 4: Stromstärke in Abhängigkeit von der Temperatur beim NTC

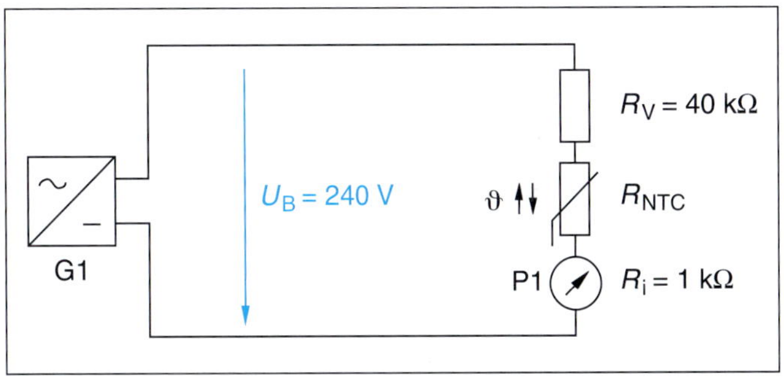

Abb. 5: Temperaturmessschaltung mit NTC und Vorwiderstand

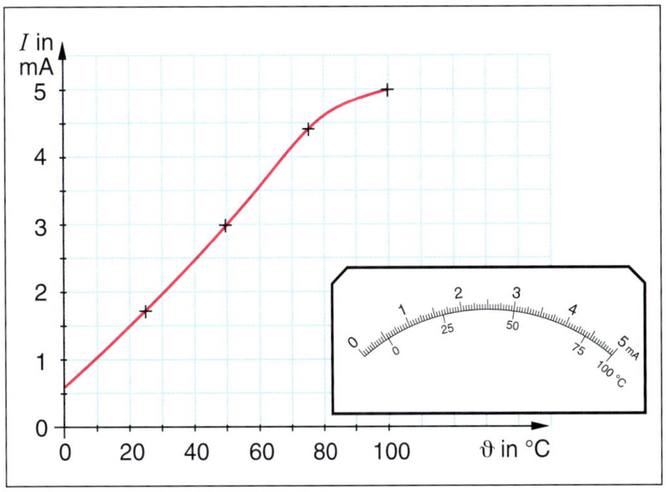

Abb. 6: Stromstärke in Abhängigkeit von der Temperatur

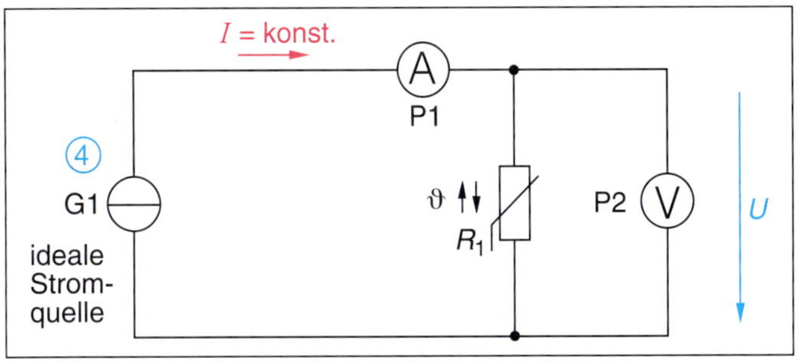

Abb. 7: Messschaltung zur Ermittlung der Spannung in Abhängigkeit von der Stromstärke

Spannungs-Stromstärken-Kennlinie

Die Abb. 1 zeigt, welche Abhängigkeit bei einem Heißleiter zwischen der Spannung und der Stromstärke besteht.

- Der Spannungsbereich geht von etwa 0,5 V bis 4,5 V und der Strombereich von 0,1 mA bis 30 mA.
- Beide Achsen sind logarithmisch geteilt.
- Im Diagramm sind Linien eingetragen. Sie enthalten Widerstands- bzw. Leistungsangaben.
- Die Leistungsangabe an einer Linie bedeutet, dass alle Punkte auf dieser Linie diese Leistung besitzen.
  Z. B. „Linie 1 mW“ bedeutet:
  $10\ \text{V} \cdot 10^{-1}\ \text{mA} = 1\ \text{mW}$ ①;
  $10^0\ \text{V} \cdot 10^0\ \text{mA} = 1\ \text{mW}$ ③ usw.
  Die Schnittpunkte ② dieser Geraden mit der Heißleiter-Kennlinie kennzeichnen also bestimmte Leistungen (100 εW, 1 mW, 10 mW) des Heißleiters. Zwischenwerte können durch parallele Linien abgelesen werden (logarithmische Teilung beachten).
- Die Widerstandsangaben an den Geraden bedeuten entsprechendes. Jeder Schnittpunkt der Geraden mit der Heißleiterkennlinie bedeutet, dass an dieser Stelle der Heißleiter den Widerstand besitzt, der an der jeweiligen Geraden steht.

> In doppelt-logarithmischen Darstellungen von Strom-Spannungs-Diagrammen geben Linien konstante Leistungen bzw. konstante Widerstände an. Der Schnittpunkt mit der Kennlinie kennzeichnet den Wert, der an der Geraden steht.

Zur weiteren Interpretation soll jetzt die Kennlinie in ein Diagramm mit linearer Achseneinteilung umgezeichnet werden. Vorgegangen wird wie in der in Kapitel 2.2 beschriebenen Weise. Da mit einer linearen Teilung lediglich bestimmte Teile des Diagramms darstellbar sind, wurde der Strombereich von 0,5 mA bis 10 mA gewählt. Das Ergebnis ist in Abb. 2 zu sehen.

Die Kennlinie besitzt folgende Merkmale:

- Im geradlinigen Teil (Anfangsteil ④) ist die in Wärme umgesetzte Leistung so gering, dass keine entscheidende Eigenerwärmung entsteht.
- Die Kurve weist ein ausgeprägtes Maximum ⑤ auf. In diesem Bereich ändert sich die Spannung am Heißleiter nur wenig.
- Im abfallenden Teil ⑥ sinkt die Spannung, obwohl die Stromstärke zunimmt.

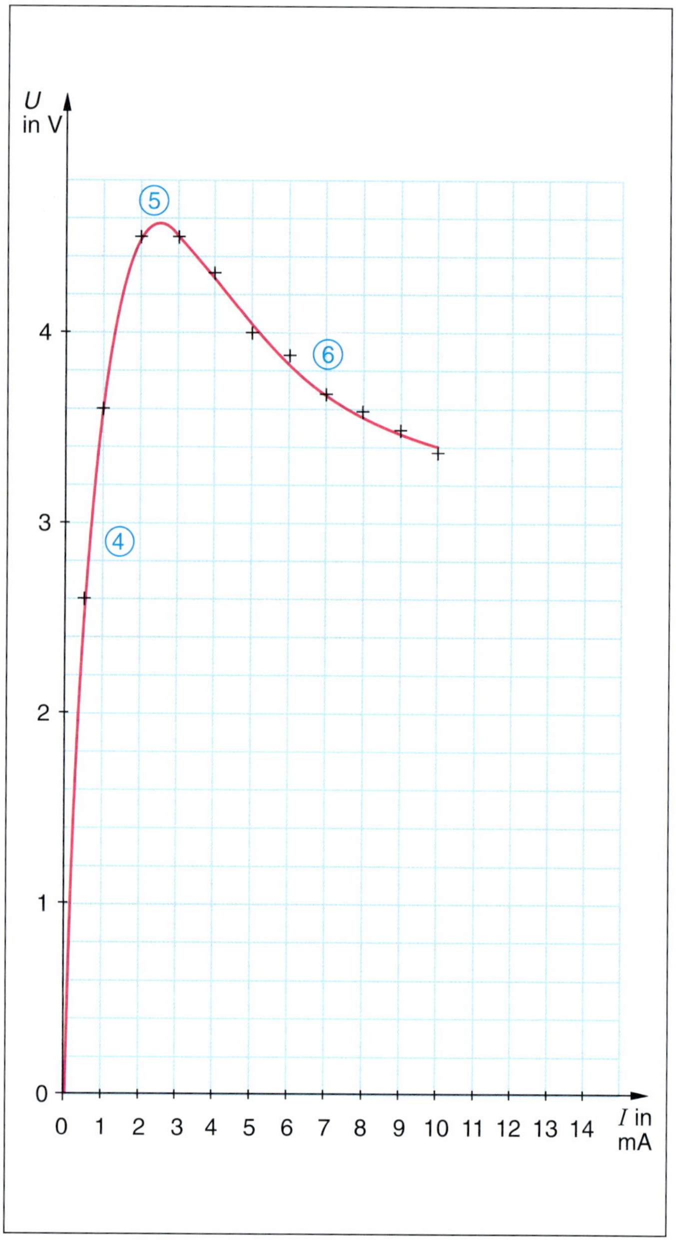

Abb. 2: Spannung in Abhängigkeit von der Stromstärke bei einem Heißleiter

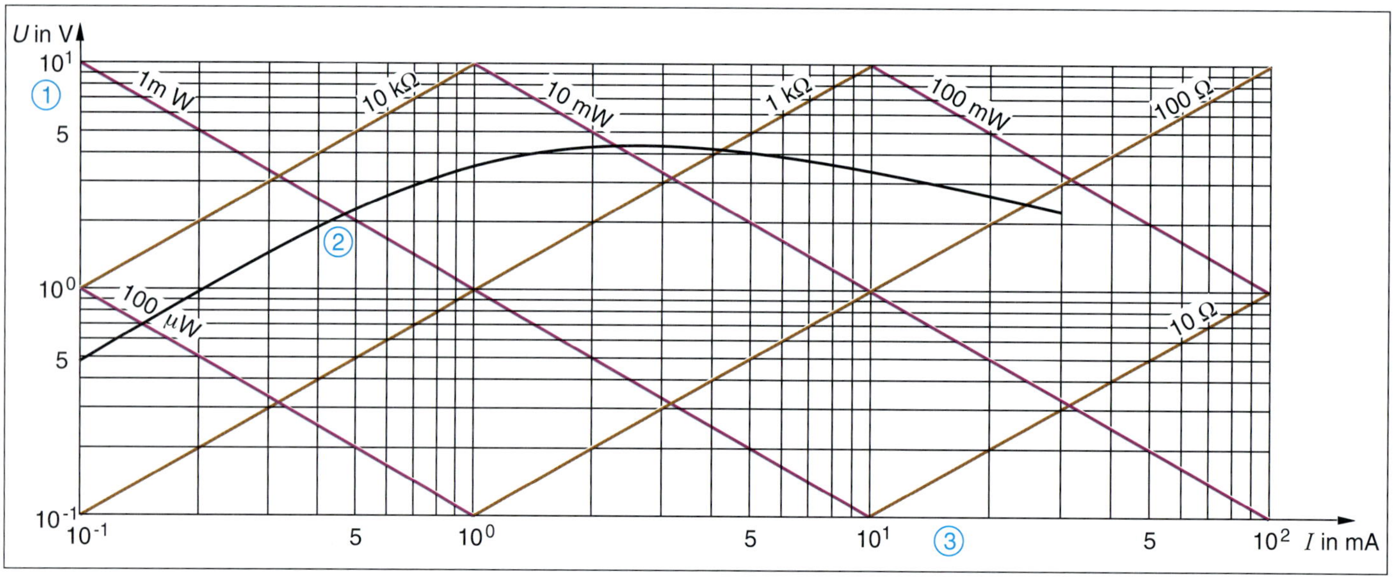

Abb. 1: Spannung in Abhängigkeit von der Stromstärke bei einem Heißleiter

Aufgaben

2.4.1 Kennlinieninterpretation

Die Abbildung 3b auf S. 40 enthält eine Widerstands-Temperatur-Kennlinie eines Heißleiters mit $R_N = 1\ \text{M}\Omega$.

a) Ermitteln Sie aus der Kennlinie die Widerstände des Heißleiters von 0 °C bis 400 °C in 50 °C-Schritten.

b) Bei welchen Temperaturen werden die Widerstände 10^7, 10^6, 10^5, 10^4, 10^3 und $10^2\ \Omega$ groß?

c) Wie groß ist die Temperatur gewesen, wenn der Heißleiter die folgenden Widerstände besaß: 140 Ω; 1,25 kΩ; 45 kΩ; 150 kΩ; 1,75 MΩ?

2.4.2 Widerstandskennlinie

Für einen Miniatur-Heißleiter mit 30 kΩ Bemessungswert wurden folgende Zusammenhänge zwischen Widerstand und Temperatur ermittelt:

ϑ in °C	– 40	– 30	– 20	– 10	0	+10	+ 20	+ 30
R in kΩ	890	480	270	160	95	58	37	24

ϑ in °C	+40	+50	+60	+70	+80	+90	+100
R in kΩ	16	11	8,0	5,3	3,8	2,8	2,1

Zeichnen Sie die Kennlinie und verwenden Sie für die Widerstandsachse einen logarithmischen Maßstab mit der Zeicheneinheit ZE von 6,2 cm (1...10...100...1000 kΩ).

Für die Temperaturachse soll ein Maßstab von 10 °C ≙ 1 cm gewählt werden.

Widerstandswert	30 kΩ
Anwendung	Miniatur-Heißleiter für genaue Temperaturmessung im Bereich von – 40 °C bis + 120 °C
Ausführung	Heißleiter mit Epoxidharz beschichtet
Anschlüsse	Anschlußdrähte Ø 0,25 mm, Nickeldraht mit Teflonumhüllung
Qualitätsmerkmale	Hohe Stabilität durch spezielle Alterung, Spannungsfestigkeit: 200 V Gleichspannung

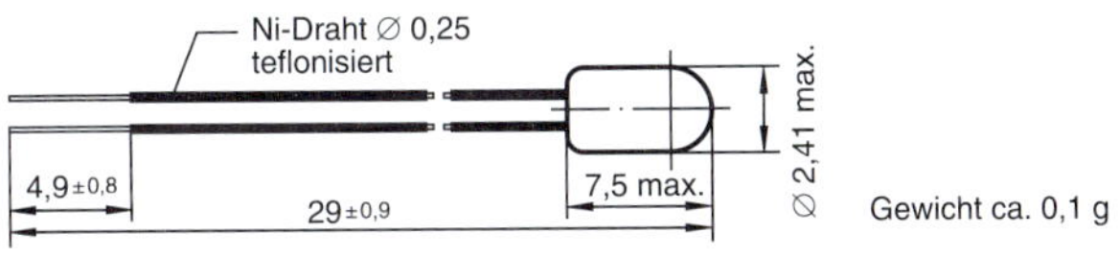

Anwendungsklasse	G K C
Untere Grenztemperatur	G - 40 °C
Obere Grenztemperatur	K + 125 °C

Kenndaten		
Belastbarkeit bei 25 °C	P_{25}	140 mW
Bemessungstemperatur	ϑ_N	25 °C
Bemessungswiderstand	R_N	30 kΩ
Toleranz	ΔR_N	±5 %
Wärmeleitwert in Luft	G_{thu}	1,4 mW/K
Thermische Zeitkonstante	τ_{th}	< 20 s

2.4.3 Heißleiter mit Vorwiderstand

a) Der abgebildete Spannungsteiler liegt an einer **Konstantspannungsquelle**.
Wie verändern sich die Größen R_{NTC}, R_{ges}, I, U_1, und U_2, wenn sich die Temperatur vergrößert?

b) Durch den Spannungsteiler fließt ein Strom konstanter Stärke aus einer **Konstantstromquelle**.
Wie verhalten sich bei einer Temperaturvergrößerung R_{NTC}, R_{ges}, U_1, U_2 und U?

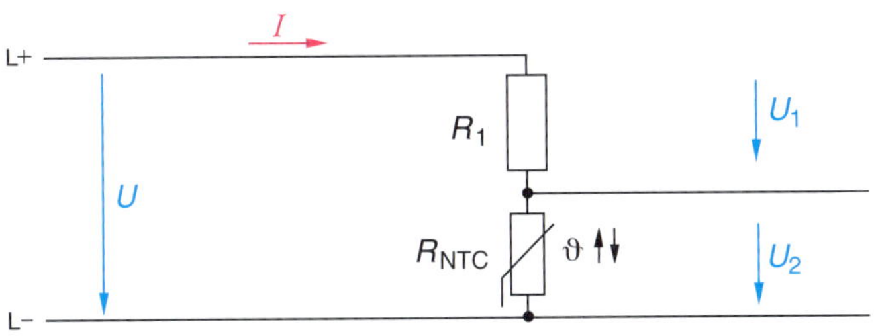

2.4.4 Spannungsteiler mit Heißleiter

Der abgebildete Spannungsteiler wird zur Arbeitspunktstabilisierung einer Transistorendstufe verwendet. Die anliegende Gesamtspannung U ist konstant.

Welche Änderungen treten für R_{NTC}, R_{ges}, I_1, I_2, I_3, U_1 und U_2 ein, wenn sich

a) die Temperatur vergrößert bzw.

b) die Temperatur verringert?

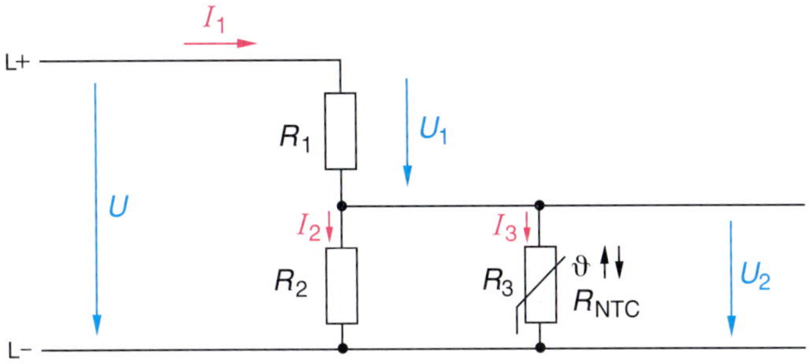

2.4.5 Brückenschaltung

Die Brückenschaltung ist für die Bemessungstemperatur von + 25 °C abgeglichen worden. Der Heißleiter befindet sich am Ort der Temperaturmessung. Die Kennlinie befindet sich in Abb. 3b auf S. 40.

Wie verändert sich die Spannung U_{AB}, wenn sich die Temperatur von – 25 °C bis + 100 °C verändert?

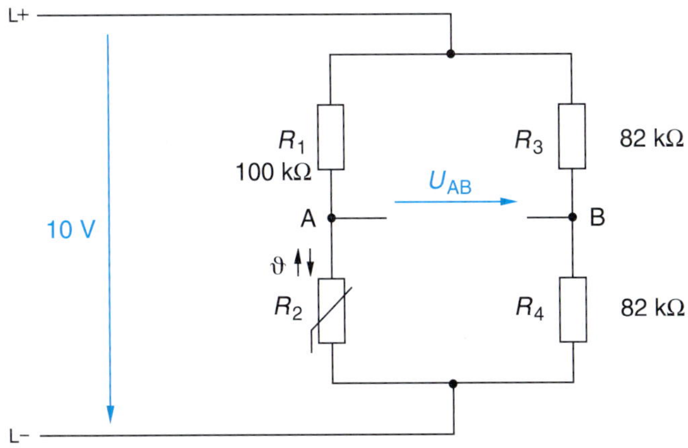

2.4.6 Einschaltverzögerung

In der Abbildung ist eine Schaltung zur Einschaltverzögerung eines Relais zu sehen. Erklären Sie die grundsätzliche Arbeitsweise.

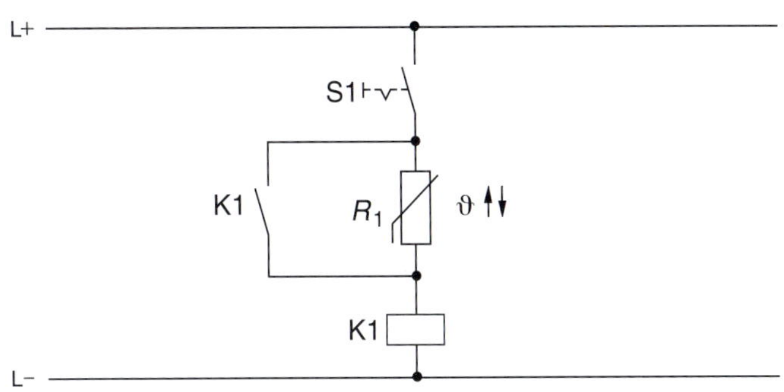

Aufgaben

2.4.7 Linearisierung durch Reihenschaltung

Zeichnen Sie die linearisierte Widerstandskennlinie für die Reihenschaltung eines Heißleiters mit einem Wirkwiderstand für einen Temperaturbereich von 0 °C bis 90 °C.

Die mittlere Temperatur beträgt 40 °C.

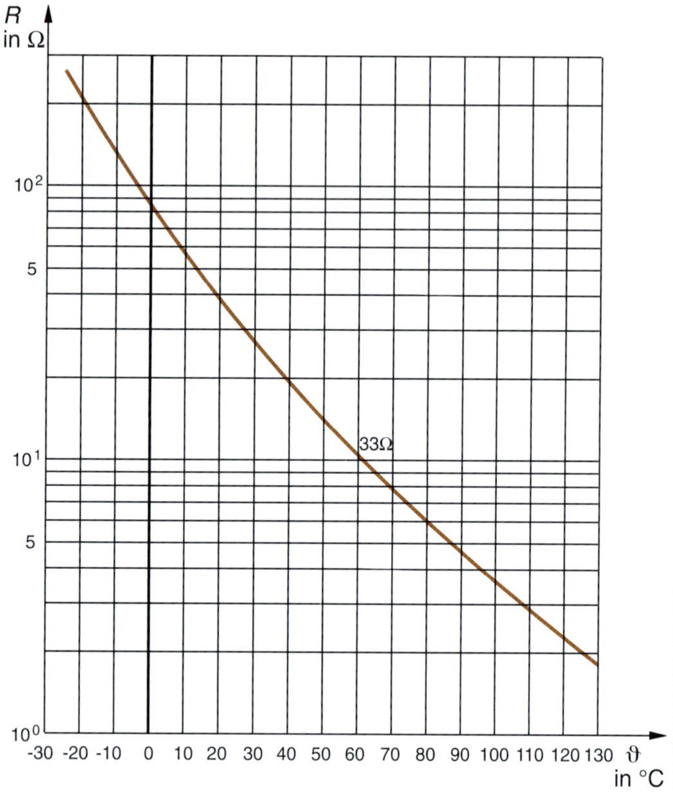

2.4.9 Einschaltstrombegrenzung

Heißleiter können zur Einschaltstrombegrenzung (z. B. bei Glühlampen) verwendet werden. In der Abbildung sind Abmessungen und Kenndaten eines derartigen Heißleiters aufgeführt.

Begründen Sie, weshalb mit Heißleitern diese Funktion erzielt werden kann.

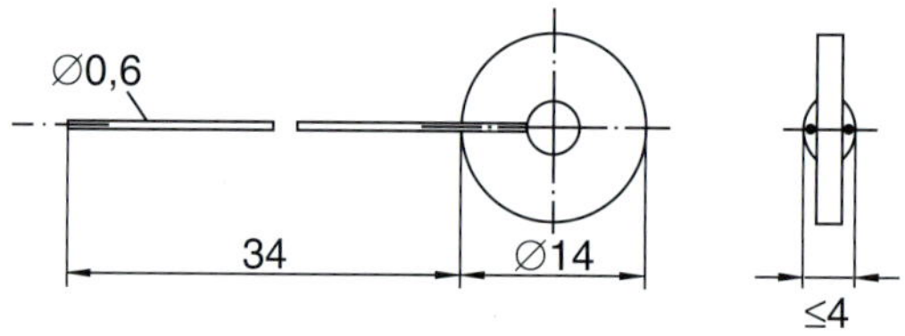

Bemessungswiderstand R_N in Ω	Toleranz ΔR_N in %	Belastbarkeit P_{25} in mW ($T_u = 25\,°C$)	Bemessungstemperatur T_N in °C	Temperaturbereich nach DIN 40040 in °C	Thermische Abkühlzeitkonstante τ_{th} in s
33	+ 20	2000	25	– 55 bis + 200	90

2.4.10 Spannungs-Strom-Abhängigkeit

In Abb. 1 auf S. 42 ist die Spannung in Abhängigkeit von der Stromstärke bei einem Heißleiter dargestellt worden.

a) Wie groß sind die Spannungen und Stromstärken bei folgenden Leistungen: 100 μW; 10 mW?

b) Wie groß sind Spannungen und Stromstärken bei folgenden Widerständen: 1 kΩ; 100 Ω?

2.4.8 Spannungs-Strom-Kennlinie eines Heißleiters

Zeichnen Sie für die Heißleiterkennlinie in doppelt-logarithmischer Darstellungsweise eine Kennlinie mit linearer Achseneinteilung.

Maßstab: 1 mA ≙ 1 cm
5 V ≙ 2 cm

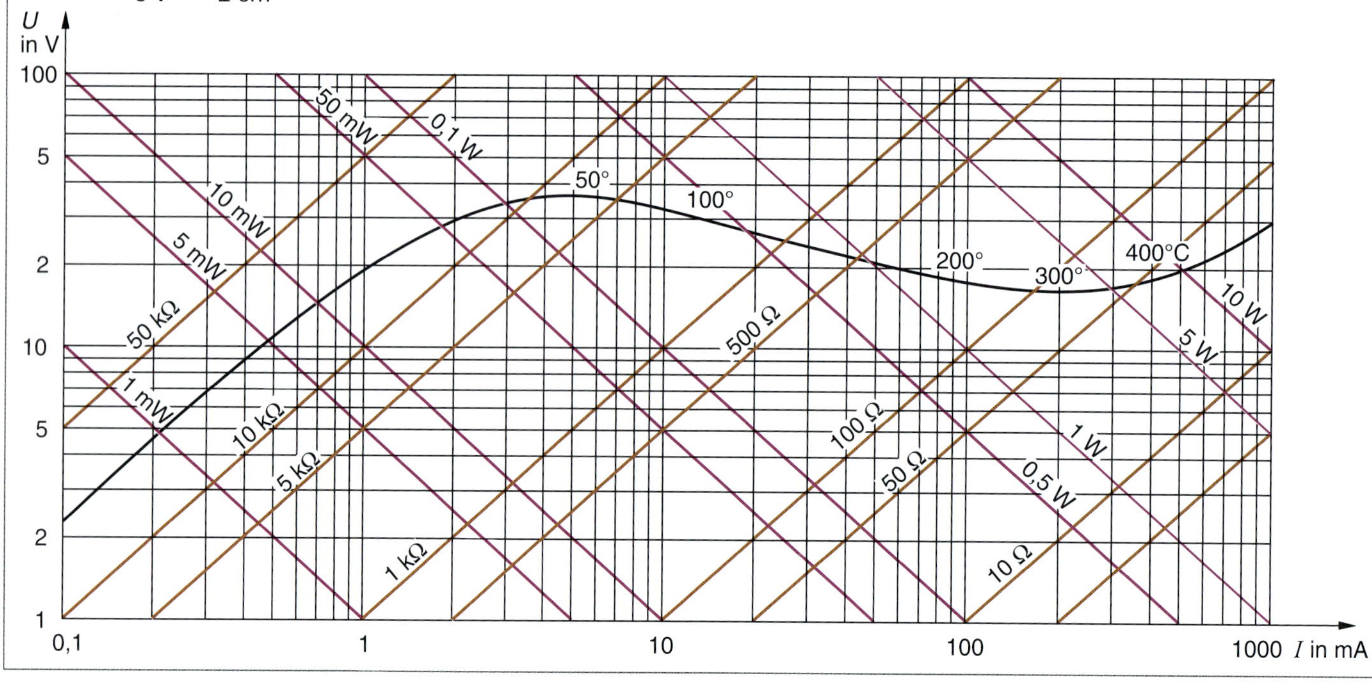

Kaltleiter (**PTC**) sind temperaturabhängige Widerstände. Das Symbol verdeutlicht die Temperaturabhängigkeit (Abb. 1).

Kaltleiter sind Bauelemente, deren Widerstand sich gleichsinnig zur Temperaturänderung verhält.

Kennlinie

In Abb. 2 ist in einem Diagramm der Widerstand in Abhängigkeit von der Temperatur zu sehen. Mit dieser Kennlinie soll das Verhalten des Bauteils erklärt werden.

Die Kennlinie lässt sich grob in vier Bereiche unterteilen:

- Bis zur Temperatur ϑ_A sinkt der Widerstand ①. Der Temperaturkoeffizient ist negativ. Bei ϑ_A hat der Kaltleiter seinen niedrigsten Wert R_{min} ②.
- Von ϑ_A bis ϑ_N ist der Temperaturkoeffizient positiv ③. ϑ_N ist die Bemessungstemperatur und R_N der Bemessungswiderstand. $R_N = 2 \cdot R_{min}$ ④
- Von ϑ_N bis ϑ_E steigt die Kurve sehr steil an ⑤. Der Temperaturkoeffizient ist positiv. Dieser steile Widerstandsanstieg ist für Anwendungsaufgaben der wichtigste Teil. Innerhalb eines kleinen Temperaturbereichs ändert sich der Widerstand so stark, dass mit diesem Bauteil direkt geschaltet werden kann.

Durch das stark nichtlineare Verhalten können Kaltleiter mit geringem Schaltungsaufwand Mess- und Regelungsaufgaben direkt übernehmen. Der Kaltleiter steht hierbei mit dem zu überwachenden Bauteil oder Gerät in einem thermischen Kontakt. Wird der vorgegebene Grenzwert überschritten, wird der Kaltleiter sprungartig hochohmig und schützt so das Gerät.

Obwohl die bisher in den einzelnen Kapiteln besprochenen Kennlinien unterschiedlich waren, erfolgte die Interpretation schrittweise und ähnlich. Es lassen sich deshalb folgende allgemeine Fragen aufstellen:

Kennlinieninterpretation

- Welche Größen stehen an den Achsen?
- Wie sind die Achsen geteilt?
- Welche Größenbereiche werden dargestellt?
- Ist der Verlauf linear oder nichtlinear?
- Lässt sich die Kennlinie in Bereiche aufteilen, die unterschiedlich interpretiert werden müssen?
- Gibt es Maximal- und Minimalwerte? Welche Bedeutung haben sie?
- Gibt es Grenzwerte, die eingehalten werden müssen?
- Wie steil ist die Kennlinie oder sind Teilbereiche?
- Steht an der Kennlinie eine weitere Größe (z. B. Temperatur als Parameter)?
- Lässt sich mithilfe der Kennlinie etwas über das Verhalten des Bauteils und deren Anwendungsbereiche aussagen?
- Kann durch Umzeichnen (z. B. logarithmisch in linear) eine klarere Aussage über das Bauteil gemacht werden?

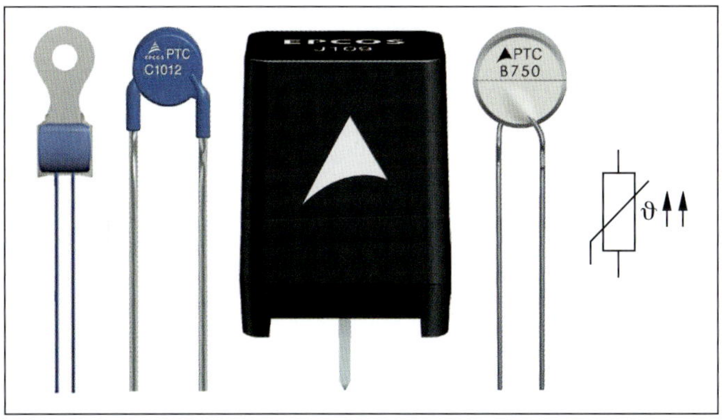

Abb. 1: Kaltleiter

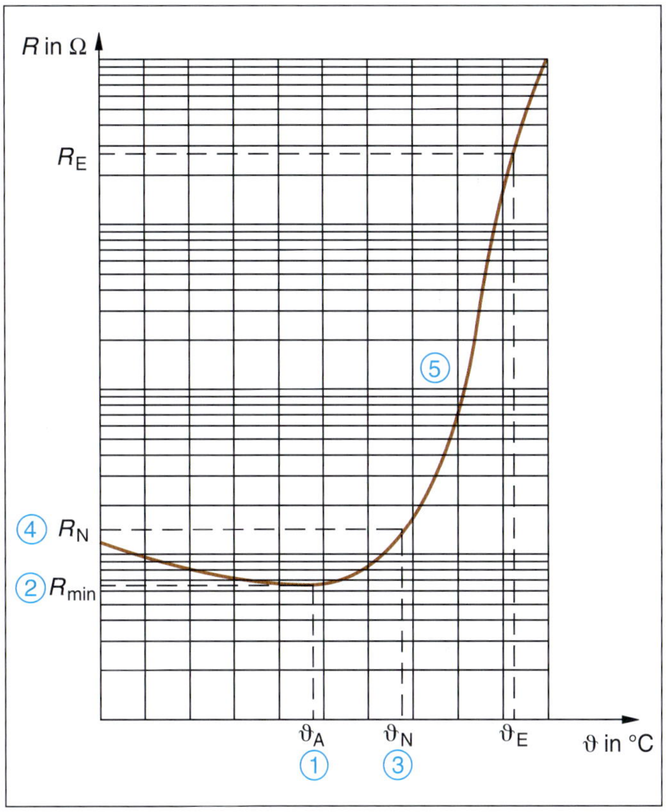

Abb. 2: Widerstand-Temperatur-Kennlinie eines Kaltleiters

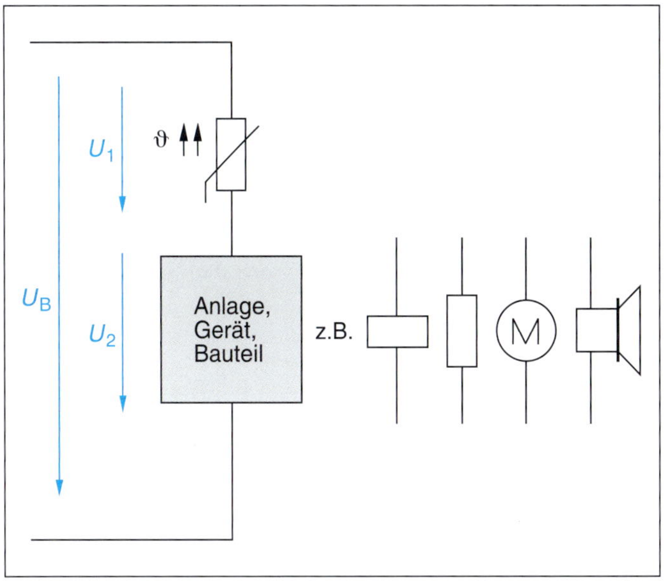

Abb. 3: Überlastschutz mit Kaltleiter (PTC)

Überlastungschutz

Die grundsätzliche Schaltung eines Überlastschutzes mit einem Kaltleiter ist in Abb. 3 auf S. 45 zu sehen. Kaltleiter und zu schützendes Gerät oder Bauteil liegen in Reihe.

Es wird folgender Fall angenommen:

Die Betriebsspannung U_B beträgt 100 V und das zu schützende Gerät hat bei normalem Betrieb einen Widerstand von 5 kΩ. Für den Störfall wird ein Widerstand von 200 Ω angenommen. Zur Klärung der Zusammenhänge (Spannungsaufteilung im Normal- und Störfall) steht die Strom-Spannungs-Kennlinie von Abb. 1 zur Verfügung.

Die Kennlinie in dem Diagramm mit logarithmischer Achseneinteilung wird in ein Diagramm mit linearer Achseneinteilung umgezeichnet. Auf der Spannungsachse werden von 2 V bis 100 V Stromstärken abgelesen und in das neue Diagramm (Abb. 2) übertragen.

Man erkennt zunächst einen linearen Anfangsbereich ①. Hier verhält sich der Kaltleiter wie ein temperaturunabhängiger Wirkwiderstand. Es ist auch noch keine entscheidende Eigenerwärmung vorhanden und der Widerstand ist konstant. In diesen Bereich wird auch der Arbeitspunkt für den Normalbetrieb gelegt, wenn das Bauteil als Überlastschutz eingesetzt werden soll (A_1).

Zeichnet man die Widerstandsgerade für den Normalbetrieb (hier mit 5 kΩ festgelegt) ein, stellt man fest, dass am Kaltleiter nur die geringe Spannung U_1 = 2 V ② liegt. Der größere Teil U_2 = 98 V liegt an dem zu schützenden Bauteil.

Verringert sich jetzt der Widerstand des Verbrauchers (200 Ω angenommen), wird die Widerstandsgerade steiler ③, der Kippstrom I_K ④ wird überschritten, der Kaltleiter erwärmt sich, vergrößert seinen Widerstand und der Arbeitspunkt wandert in Richtung A_2. Der größte Teil der Betriebsspannung liegt jetzt am Kaltleiter (U_1) und an dem zu schützenden Verbraucher nur eine geringe Spannung U_2 ⑤. Die Schutzfunktion ist gewährleistet (U_1 = 97 V, U_2 = 3 V).

Wenn man jetzt die Betriebsspannung abschaltet oder die Überlastung des Verbrauchers (z. B. Motor) zurücknimmt, verringert sich die Temperatur des Kaltleiters und es stellt sich der ursprüngliche Arbeitspunkt A_1 wieder ein.

Neben Kennlinien werden von Herstellern wichtige **Kenndaten** veröffentlicht (Beispiel s. unten).

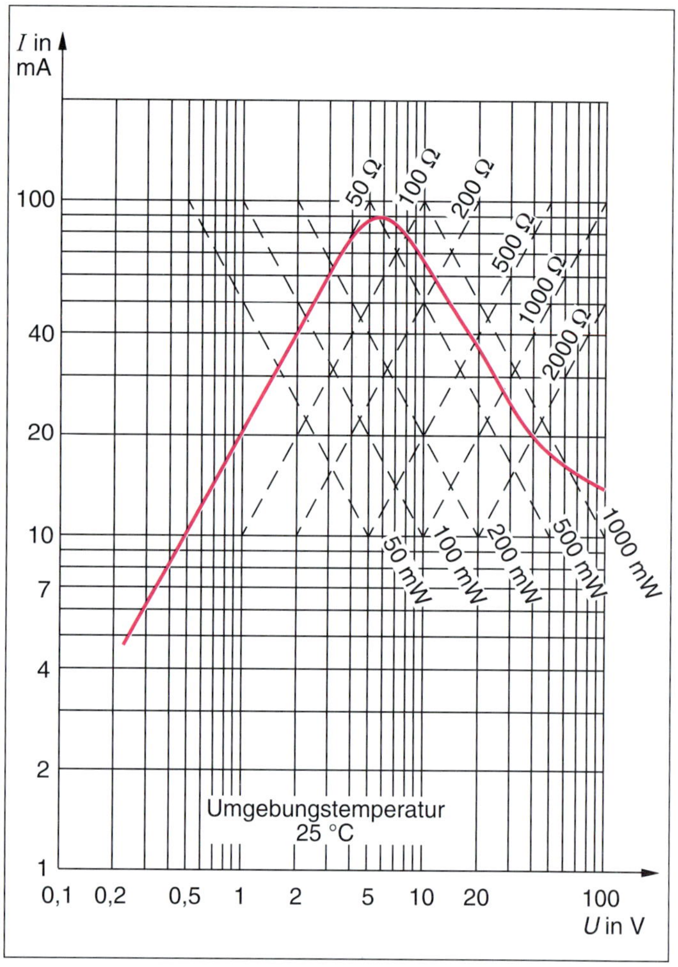

Abb. 1: Strom-Spannungs-Kennlinie eines Kaltleiters (logarithmische Achseneinteilung)

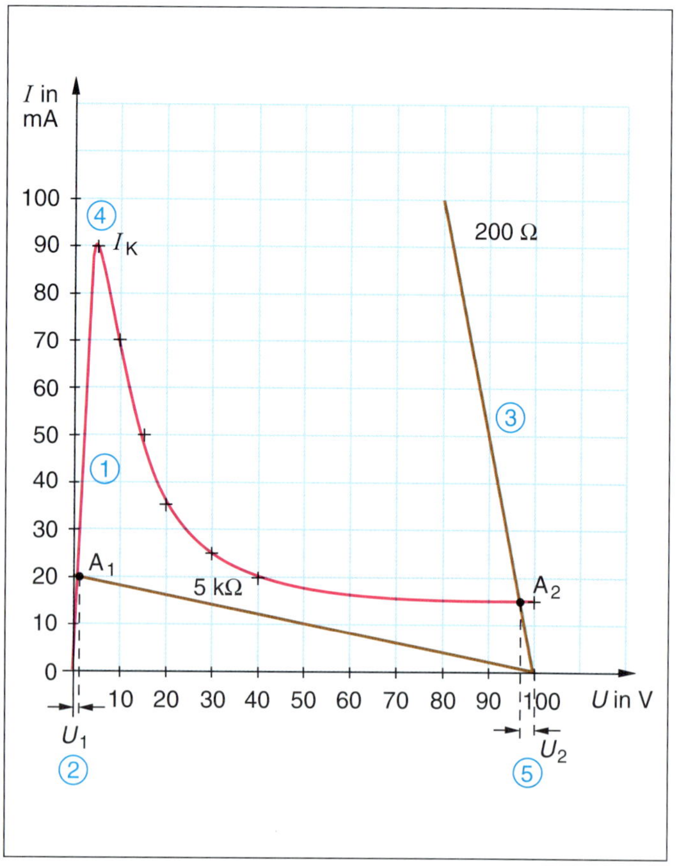

Abb. 2: Normalbetrieb und Störfall

Ausführung (Beispiel)

Kaltleiter mit Kunststoffumhüllung und radialen Anschlussdrähten, gesickt, im Rastermaß 5 mm.

	–C810	–C860	–C886	Einheit
Betriebsspannung bei ϑ_u = 25 °C U_N	220	220	500	V
Max. Betriebsspannung bei ϑ_u = 25 °C $U_{max.eff.}$	265	265	550	V
Widerstand bei ϑ_u = 25 °C R_{25}	2,6	15,0	1500	Ω
Widerstandstoleranz ΔP_{25}	±25	±25	±25	%
Kleinster Vorwiderstand bei U_{max} R_{Vmin}	25	165	4000	Ω
Nennstrom[1] I_N	650	140	10	mA
Kippstrom I_K	945	205	14	mA
Schaltstrom[2] I_S	1300	280	19	mA
Wärmeleitwert (typ.) G_{th}	36	13	10	mW/K
Wärmekapazität (typ.) C_{th}	4,9	0,65	0,25	J/K
Abmessungen D_{max}	26,0	11,5	6,5	mm
d_{max}	5,0	5,0	5,0	mm
Anschlussdrähte Ø	0,8	0,6	0,6	mm
Gewicht m	≈ 8	≈ 1,5	≈ 0,6	g

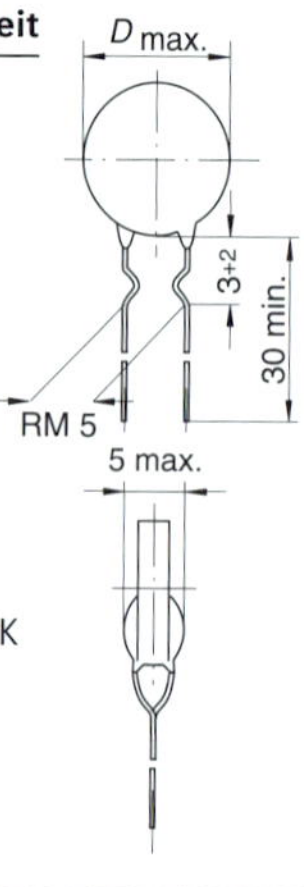

[1] Bei Strömen ≤ I_N bleibt der Kaltleiter mit Sicherheit niederomig.
[2] Bei Strömen ≥ I_S wird der Kaltleiter mit Sicherheit hochohmig.

Aufgaben

2.5.1 Widerstands-Temperatur-Kennlinien

a) Ermitteln Sie für den P 390-C13 R_{min} und R_N.

b) Wie groß ist die Widerstandsänderung des P 390-C13 zwischen 130 °C und 150 °C?

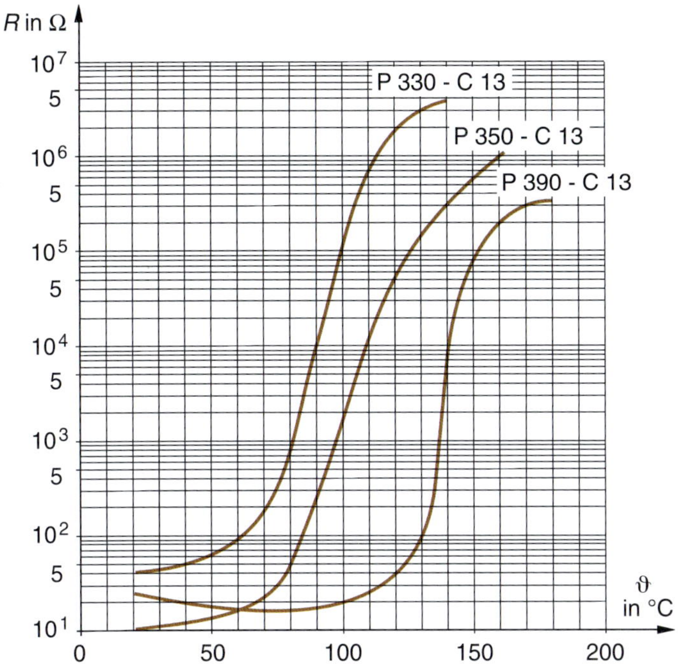

2.5.2 Strom-Spannungs-Kennlinie (PTC)

In der Abbildung ist in doppelt-logarithmischer Darstellung die Strom-Spannungs-Kennlinie eines Kaltleiters zu sehen.

a) Zeichnen Sie die Strom-Spannungs-Kennlinie bis 0,7 V mit linearer Achsenteilung, (Maßstab: 1 mA ≙ 1 cm; 0,1 V ≙ 1 cm). Ermitteln Sie für diesen Bereich den mittleren Widerstand.

b) Zeichnen Sie die Strom-Spannungs-Kennlinie bis 40 mA und 100 V (Maßstab: 10 mA ≙ 2,5 cm; 10 V ≙ 1 cm).

c) Der Kaltleiter wird zum Schutz eines Kleingerätes eingesetzt. Die Betriebsspannung beträgt 100 V. Es fließt dabei ein Strom von 20 mA. Ermitteln Sie mit der in Teil b) entwickelten Kennlinie die Spannung an den jeweiligen Bauteilen und berechnen Sie die jeweils vorherrschenden Widerstände. Wie groß ist die Spannungsaufteilung, wenn das Gerät durch Überlastung einen Widerstand von 250 Ω besitzt?

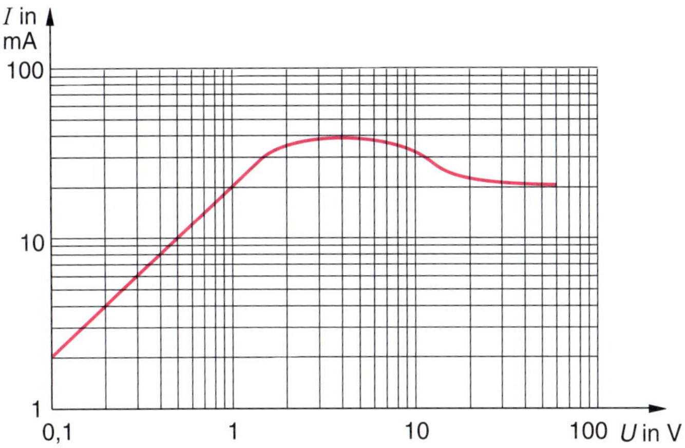

2.5.3 Überlastschutz

In der Abbildung ist die lineare Darstellung der Strom-Spannungs-Kennlinie eines Kaltleiters zu sehen.

a) Ermitteln Sie den Widerstand bis 25 V.

b) In der Abbildung befinden sich vier Kennlinien für vier verschiedene Umgebungstemperaturen. Welche Temperatur ist die größte?

Der Kaltleiter wird als Überlastschutz bei ϑ_1 eingesetzt. Die Betriebsspannung beträgt 300 V. Im Normalbetrieb besitzt das zu schützende Gerät einen Widerstand von 12 kΩ. Im Störfall kann sich der Widerstand auf 170 Ω verringern.
Wie groß ist dann die Stromstärke und die Spannungsaufteilung?

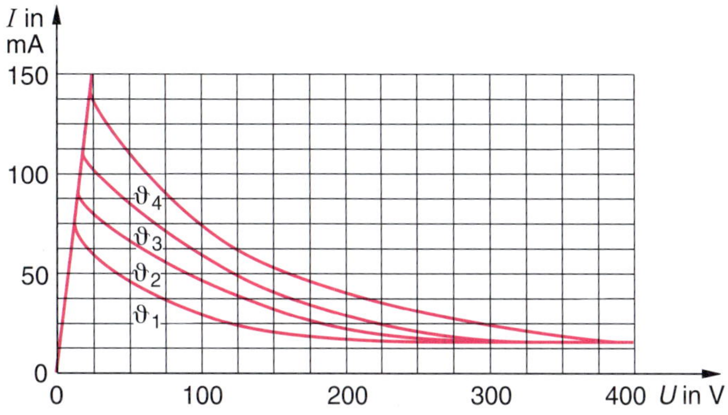

2.5.4 Füllstandsregelung

Kaltleiter lassen sich direkt zur Regelung oder als Schalter einsetzen. Die Abbildung zeigt die Strom-Spannungs-Kennlinie eines Kaltleiters, der sich zur Füllstandsmessung in einem Öltank befindet. Der Kaltleiter wird mit 20 V betrieben, er ist also auf eine bestimmte Temperatur aufgeheizt.

a) Erklären Sie die Wirkungsweise.

b) Zeichnen Sie einen Stromlaufplan mit einer einfachen Signalanzeige, wenn der Öltank gefüllt ist (Kaltleiter, Spannungsquelle, Relais, Signallampe).

c) Um wie viel mA ändert sich die Stromstärke im Relais von Teil b) dieser Aufgabe ($R_{Rel} << R_{PTC}$)?

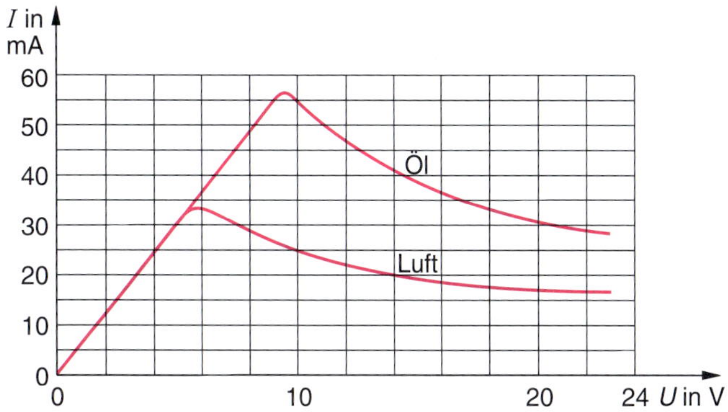

2.5.5 Kaltleiter als Heizungsregler

Kaltleiter eignen sich als Heizung für KFZ-Außenspiegel. Es befinden sich keine zusätzlichen Regelungselemente im Stromkreis.

Erklären Sie die grundsätzliche Wirkungsweise mithilfe einer Widerstands-Temperatur-Kennlinie.

> Der Widerstandswert eines Fotowiderstandes (LDR) wird bei zunehmender Beleuchtungsstärke geringer.

Die Pfeile am Schaltzeichen kennzeichnen den Lichteinfall ①. Das Bauteil lässt sich direkt zur Relaissteuerung oder in Reihe mit Signallampen schalten.

Abb. 1: Lichtabhängige Widerstände (LDR)

Lampenschaltung mit LDR

Mit einem Fotowiderstand soll eine lichtabhängige Schaltung aufgebaut werden, die bei einem bestimmten Minimum an Beleuchtungsstärke die Lampe an der Eingangstür eines Hauses einschaltet. Die Lampe soll man zusätzlich mit einem Schalter ausschalten können. Zur Lösung der Aufgabe sollen ein Fotowiderstand, ein Relais, eine Glühlampe und ein Schalter verwendet werden. Für den Stromkreis steht eine Gleichspannungsquelle zur Verfügung.

Schaltungsaufbau

Der Fotowiderstand wird in Reihe mit dem Relais K1 geschaltet (Abb. 2). Bei Dunkelheit ist R_1 groß (geringe Beleuchtungsstärke, vgl. Kennlinie in Aufgabe 2.6.1) und K1 hat nicht angezogen. Die Lampe E1 leuchtet. Wenn eine bestimmte Helligkeit erreicht ist, schaltet K1 und der Lampenstromkreis wird unterbrochen.

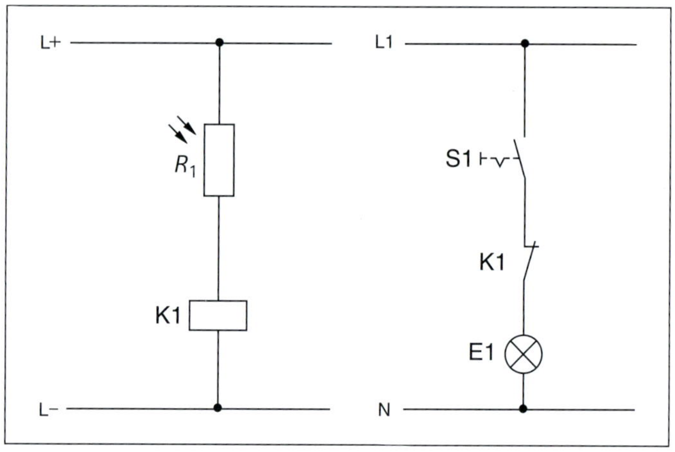

Abb. 2: Schaltung mit LDR

Aufgaben

2.6.1 Widerstands-Beleuchtungsstärke-Kennlinie

In der Abbildung ist in einem Diagramm der Widerstand eines LDR in Abhängigkeit von der Beleuchtungsstärke E dargestellt. Die Beleuchtungsstärke wird in Lux (lx) gemessen.

Ermitteln Sie aus dem Diagramm die Widerstandsänderung, wenn sich die Beleuchtungsstärke von 10 lx bis 10^3 lx verändert.

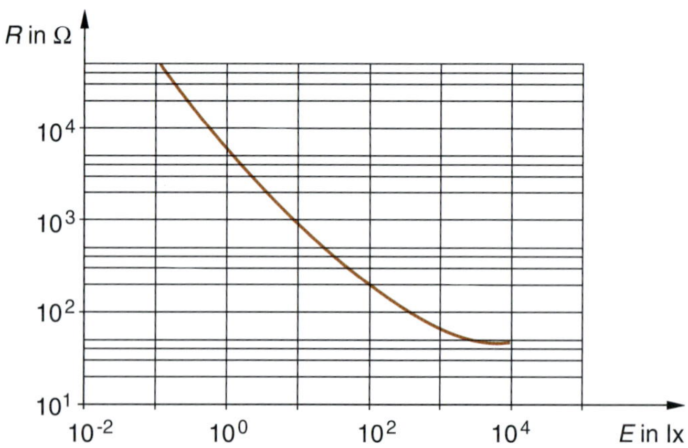

2.6.2 LDR im Spannungsteiler, Spannungsänderung

Ein Spannungsteiler enthält einen Wirkwiderstand und einen lichtabhängigen Widerstand. Die Betriebsspannung ist konstant.

Wie verändern sich R_{LDR}, I, die Einzelspannungen U_{LDR} und U_R, wenn die Beleuchtungsstärke steigt?

2.6.3 Stromstärke-Spannungs-Kennlinie (LDR)

Auch bei lichtabhängigen Widerständen kann mit einer Kennlinie die Stromstärke in Abhängigkeit von der Spannung dargestellt werden. Je nach Beleuchtungsstärke ergibt sich eine andere Kennlinie.

a) Ermitteln Sie für alle Kennlinien den Widerstand bei 10 V.

b) Wie verhält sich der Widerstand des LDR im Vergleich zu einem linearen Widerstand?

c) Die Verlustleistung des LDR beträgt 100 mW.
   Bis zu welcher Spannung darf der Widerstand für die verschiedenen Beleuchtungsstärken betrieben werden?

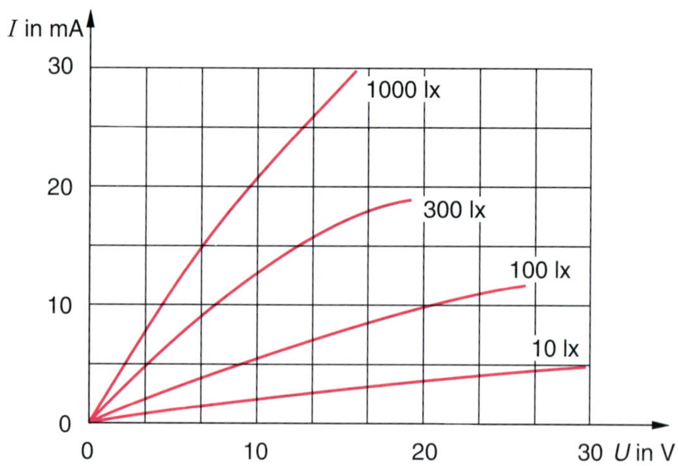

Aufgaben

2.6.4 LDR im Spannungsteiler, Spannungsaufteilung

Ein LDR und ein Wirkwiderstand von 1 kΩ liegen in Reihe an einer Betriebsspannung von 30 V. Die Kennlinie des LDR befindet sich in Aufgabe 2.6.3.

Ermitteln Sie die Spannungsaufteilung sowie die Stromstärken bei den Beleuchtungsstärken 1000 lx, 300 lx, 100 lx und 10 lx.

2.6.5 Lampenüberwachungsanlage

Die Abbildung zeigt eine Lampenüberwachungsanlage. E1 beleuchtet R_1 und E2 beleuchtet R_2.

Erklären Sie die Funktion der Schaltung, wenn E1 und E2 ausfallen.

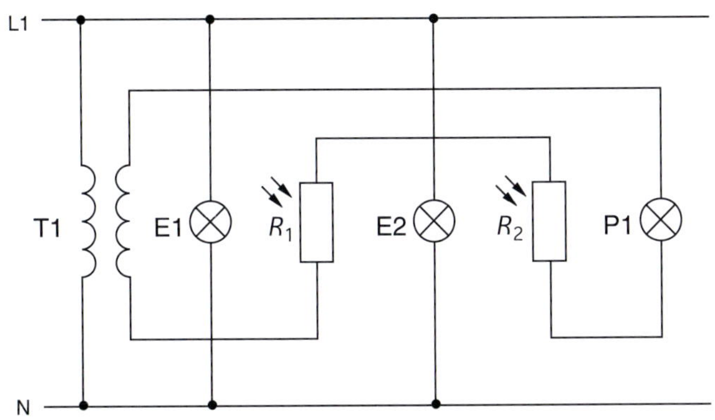

2.6.6 Messung der Beleuchtungsstärke

Fotowiderstände lassen sich zur Messung der Beleuchtungsstärke verwenden. Zeichnen Sie den Stromlaufplan nach folgenden Bedingungen:

- Elektrochemische Spannungsversorgung,
- Stromstärkenmessgerät als Anzeigeninstrument,
- Fotowiderstand,
- Widerstand zur Kontrolle der Spannungsquelle und
- Umschalter mit folgender Funktion:
- Betriebsspannungskontrolle oder Beleuchtungsstärke.

2.6.7 Rufanlage mit Speicherung

In der Abbildung ist eine einfache Rufanlage mit Rufspeicherung zu sehen. Die Signallampe ist so angeordnet, dass sie den LDR beleuchten kann.

Erklären Sie die Funktion der Schaltung.

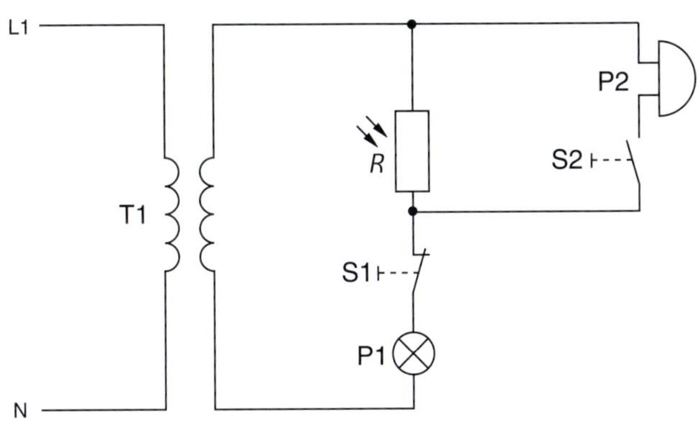

2.6.8 Optische Signalanzeige

Von einem Krankenzimmer aus soll ein Wecker im Raum der Stationsschwester betätigt werden. Gleichzeitig soll dieses akustische Signal optisch durch eine Lampe angezeigt werden. Die Lampe soll auch dann leuchten, wenn der Patient den Taster nicht mehr betätigt. Durch einen Taster bei der Stationsschwester soll die Lampe wieder gelöscht werden können.

Der Auftrag soll mit einem lichtabhängigen Widerstand gelöst werden. Die Anlage wird über einen Kleintransformator mit Wechselspannung betrieben.

Zeichnen Sie den Stromlaufplan.

2.6.9 Überwachung der Beleuchtungsstärke

Die Signallampe P1 soll dann aufleuchten, wenn eine bestimmte Beleuchtungsstärke überschritten wird.

a) Bei welcher Beleuchtungsstärke ist das der Fall, wenn der Widerstand des Relais 140 Ω beträgt und die Anzugsstromstärke 0,1 A groß ist?

b) Bei welcher Beleuchtungsstärke verlischt P1 wieder, wenn K1 einen Haltestrom von 50 mA benötigt?

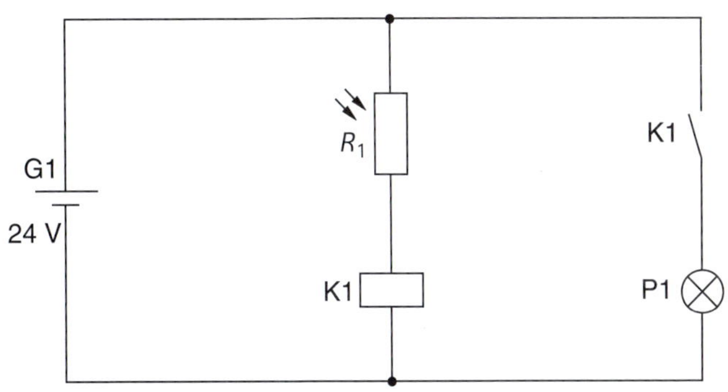

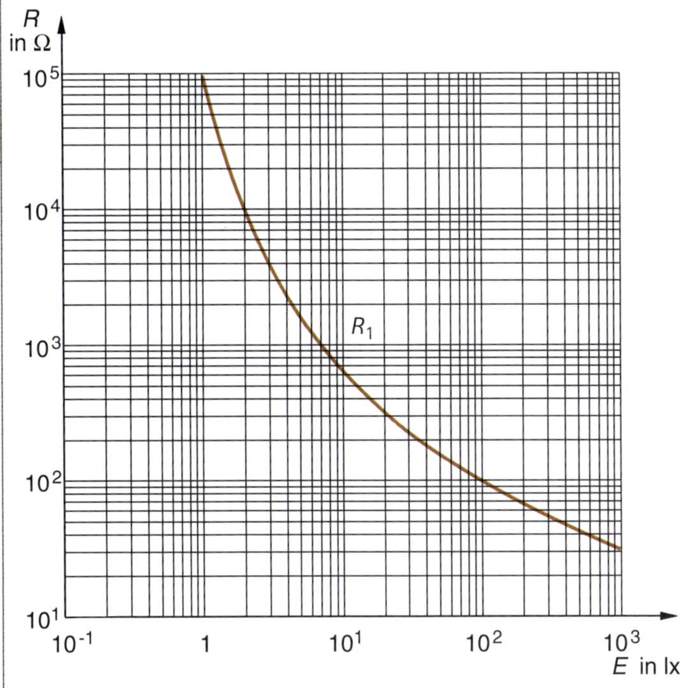

Aus der Strom-Spannungs-Kennlinie einer Diode von Abb. 2 kann man entnehmen, dass die Kennlinienteile im I. und III. Quadranten nicht gleich sind. Im I. Quadranten steigt die Kennlinie ab etwa 0,7 V steil an (**Durchlassbereich**), während sie im III. Quadranten zunächst fast waagerecht verläuft (**Sperrbereich**) und erst bei höheren Spannungen ansteigt. Die Kennlinie ist also unsymmetrisch und verdeutlicht, dass das Verhalten der Diode von der jeweiligen Polarität der angelegten Spannung abhängig ist.

Abb. 1: Dioden

Kennlinie

Das Widerstandsverhalten einer Diode im Durchlass- und im Sperrbereich soll ermittelt werden (Abb. 2).

Gewählte Spannungen:

$U_{F1} = 0{,}5\ V$ $U_{F2} = 0{,}9\ V$ $U_{R1} = -300\ V$

Der Widerstand eines Bauteils kann ermittelt werden, indem man die gewählte Spannung durch die dazugehörige Stromstärke dividiert. Dieser Widerstand wird als **Gleichstromwiderstand *R*** bezeichnet.

Durchlassbereich: $R_{F1} = \frac{0{,}5\ V}{12\ mA}$ $R_{F1} = 42\ \Omega$ ①

$R_{F2} = \frac{0{,}9\ V}{55\ mA}$ $R_{F2} = 16{,}4\ \Omega$ ②

Sperrbereich: $R_{R1} = \frac{300\ V}{80\ \varepsilon A}$ $R_{R1} = 38\ M\Omega$ ③

Aus diesen Werten erkennt man, dass der Widerstand im Durchlassbereich erheblich kleiner ist als im Sperrbereich. Außerdem wird deutlich, dass der Widerstand von der Steilheit der Kennlinie abhängig ist.

Dioden besitzen im Durchlassbereich einen kleinen und im Sperrbereich einen erheblich größeren Widerstand. Je steiler die Kennlinie, desto kleiner ist der Widerstand.

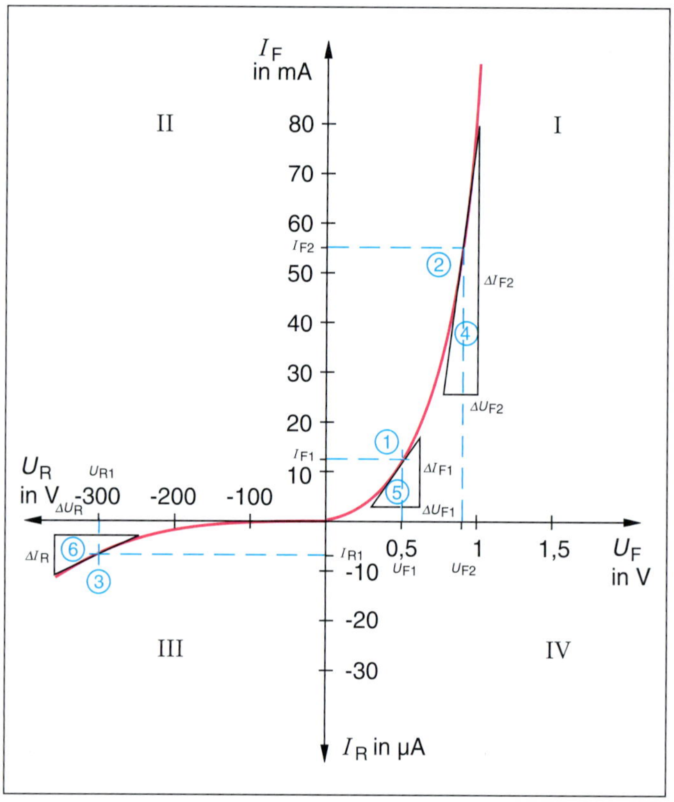

Abb. 2: Diodenkennlinie und Widerstandsermittlung

Da Dioden im Durchlass- und im Sperrbereich ein unterschiedliches Verhalten zeigen, können sie in Schaltungen Ventilaufgaben übernehmen. Je nach Polung der Spannungsquelle fließt Strom oder kein Strom (vernachlässigbar kleiner Strom). Dieses Verhalten entspricht also dem Verhalten eines Schalters. Ein entsprechender Vergleich zwischen einem mechanischen Schalter und einer Diode als Schalter (elektronischer Schalter) ist in Abb. 3 zu sehen.

Dioden können in Stromkreisen die Aufgaben von Schaltern übernehmen.

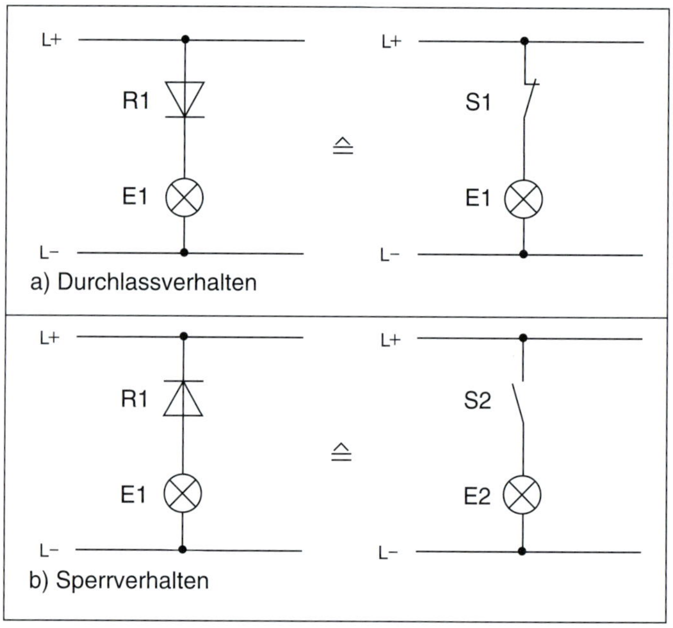

Abb. 3: Vergleich zwischen Diode und Schalter

In der Elektrotechnik werden nicht nur Gleichspannungen und Gleichströme verwendet, sondern auch wechselnde Spannungen und Ströme. Von einem Arbeitspunkt z. B. aus vergrößert oder verringert sich die Spannung. Für diesen **Arbeitspunkt** lassen sich ebenfalls Widerstände angeben. Sie werden als **differenzielle Widerstände (Wechselstromwiderstände)** bezeichnet.

Die zeichnerische Ermittlung geschieht auf folgende Weise:

- An die Kurve im gewählten Arbeitspunkt eine **Tangente** (Berührende) legen (Abb. 2).
- Dreieck mit ΔU und ΔI zeichnen.
- Wechselstromwiderstand aus den Änderungen berechnen.

Differenzielle Widerstände (Wechselstromwiderstände) werden ermittelt, indem man eine Tangente an die Kurve in den Arbeitspunkt legt und die Spannungsänderung durch die Stromstärkenänderung dividiert.

Nach diesem Verfahren ergeben sich folgende Werte:

Durchlassbereich: $r_{F1} = \frac{0{,}3\ \text{V}}{12\ \text{mA}}$ $r_{F1} = 25\ \Omega$ (4)

$r_{F2} = \frac{0{,}2\ \text{V}}{54\ \text{mA}}$ $r_{F2} = 3{,}7\ \Omega$ (5)

Sperrbereich: $r_{R1} = \frac{110\ \text{V}}{9\ \varepsilon\text{A}}$ $r_{R1} = 3{,}7\ \text{M}\Omega$ (6)

Aus den Ergebnissen erkennt man, dass die Werte der Gleich- und Wechselstromwiderstände voneinander abweichen.

Dioden als Schalter

Zwischen drei Fließbandarbeiten und der Endabnahme sollen Störungen durch ein optisches Signal weitergegeben werden (Abb. 4).

- Treten beim Arbeiter A Störungen auf, dann soll diese Information an die Arbeiter B, C und an die Endabnahme gelangen.
- Treten beim Arbeiter B Störungen auf, dann soll diese Information an den Arbeiter C und an die Endabnahme gelangen.
- Treten beim Arbeiter C Störungen auf, dann soll diese Information nur an die Endabnahme gelangen.

Für die Endabnahme sowie für die Arbeiter B und C sind jeweils eine Signallampe vorzusehen. Relais oder Logikbausteine sollen nicht verwendet werden. Es steht eine Gleichspannungsquelle von 24 V zur Verfügung.

Lösung mit Schaltern

Es bietet sich zunächst an, den Auftrag mit Schaltern zu lösen (Abb. 5).

Schaltungsbeschreibung

- Wenn S1 geschlossen ist, dann leuchten P1, P2 und P3.
- Wenn S2 geschlossen ist, dann leuchten P2 und P3.
- Wenn S3 geschlossen ist, dann leuchtet P3.

Schalter	Lampen		
	P1	P2	P3
S1	1	1	1
S2	0	1	1
S3	0	0	1

Wertetabelle

Lösung mit Schaltern und Dioden

Die Schaltung lässt sich mit den Abb. 6 bis 8 wie folgt schrittweise erklären:

- Damit bei geschlossenem Schalter S3 nur die Lampe P3 leuchtet, muss S3 direkt mit P3 verbunden werden (erste Teillösung, Abb. 6 und 7).
- Wenn S2 betätigt wird, sollen P2 und P3 leuchten. Eine direkte Parallelschaltung mit P2 und P3 wäre falsch, da in diesem Fall ja auch beim Betätigen von S3 zusätzlich P2 leuchtet. Es muss also verhindert werden, dass beim Betätigen von S3 ein Strom durch P2 fließt. Erreichen lässt sich dies mit der Diode R2 (Abb. 7). Beim Betätigen von S2 leuchten P2 und P3, weil die Diode R2 in Durchlassrichtung betrieben wird (Abb. 7).
- Wenn man das gleiche Prinzip weiter verfolgt und dabei den Stromweg von P1 durch die Diode R1 ergänzt, dann ist die Schaltung vollständig (Abb. 8).

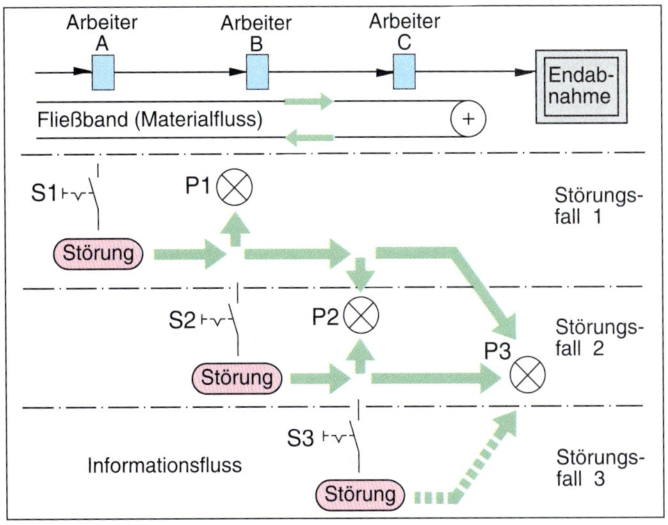

Abb. 4: Material- und Informationsfluss am Fließband

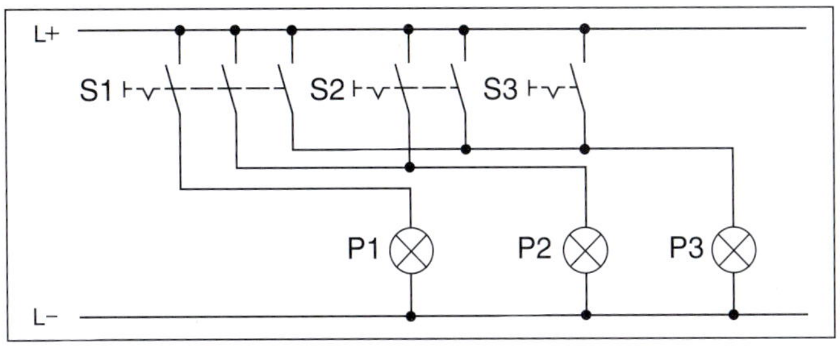

Abb. 5: Summation von Schaltsignalen durch Schalter

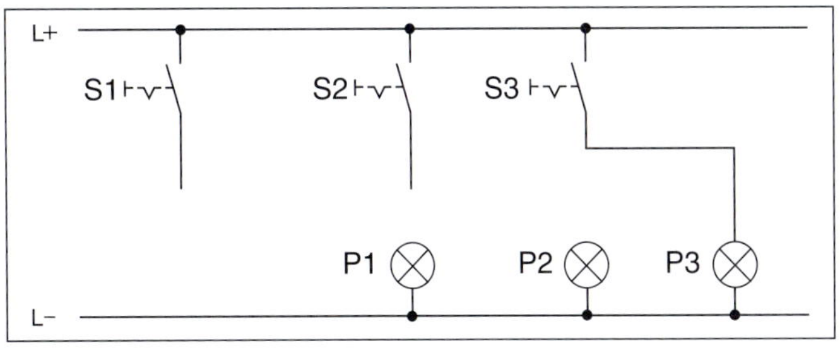

Abb. 6: Erste Teillösung des Auftrags mit Dioden

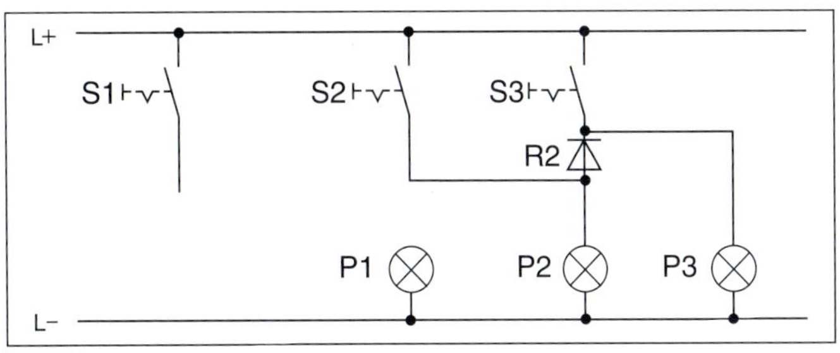

Abb. 7: Zweite Teillösung des Auftrags mit Dioden

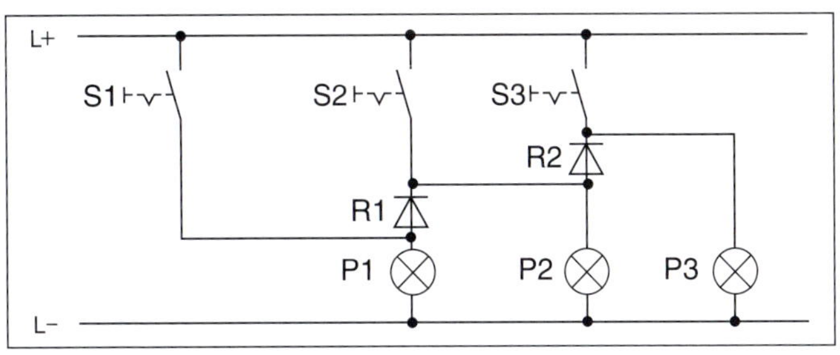

Abb. 8: Vollständige Lösung des Auftrags mit Dioden (Summation von Schaltsignalen)

Die Eigenschaft einer Diode, sich wie ein Schalter zu verhalten, benutzt man, um die beim Unterbrechen von Strömen in Induktivitäten entstehenden Spannungen zu verhindern. In Abb. 1 ist dazu ein Beispiel zu sehen. Die Diode (jetzt Kennbuchstabe F) schützt den Transistor vor den Induktionsspannungen der Relaisspule.
Für den Normalfall (Relais angezogen) bedeutet die Diode keine Belastung für die Spannungsquelle, da sie in Sperrichtung betrieben wird (sehr großer Widerstand). Erst wenn der Kollektorstrom unterbrochen wird, entsteht eine Induktionsspannung an der Spule, die so gerichtet ist, dass die Diode in Durchlassrichtung geschaltet ist. Es liegt also nur in diesem Fall der kleine Durchlasswiderstand der Diode parallel zur Spule (Abb. 1).

Durch zu Induktivitäten parallel geschaltete Dioden lassen sich bei Stromunterbrechung hohe Induktionsspannungen verhindern (**Freilaufdiode**).

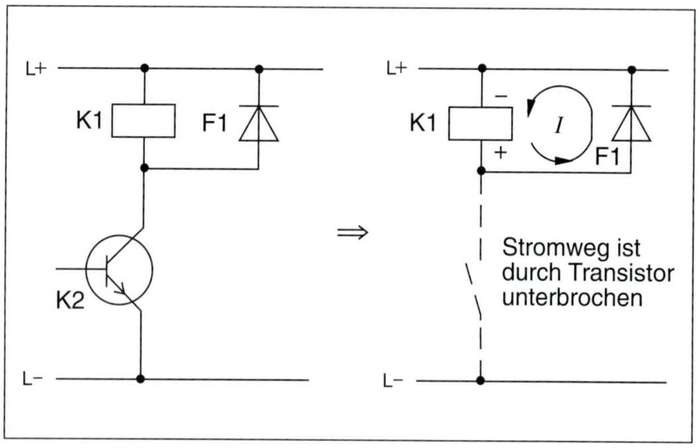

Abb. 1: Schutz vor hohen Induktionsspannungen durch Paralleldiode (Freilaufdiode)

Aufgaben

2.7.1 Strom-Spannungs-Kennlinie 1 (Diode)

Die Strom-Spannungs-Kennlinie einer Germanium- und einer Silicium-Diode in Durchlassrichtung soll aufgenommen werden.

a) Zeichnen Sie den Stromlaufplan für die Messschaltung.

b) Zeichnen Sie die Kennlinien, wenn folgende Messwerte vorliegen:
Maßstab: 10 mA ≙ 5 cm; 0,1 V ≙ 2 cm

Germanium-Diode

U_F in V	0,10	0,20	0,25	0,30	0,35	0,40	0,45
I_F in mA	0	0,70	2,0	4,3	8,0	14	30

Silicium-Diode

U_F in V	0,30	0,40	0,50	0,55	0,60	0,65	0,70	0,75	0,80
I_F in mA	0	0,2	1,0	2,0	4,0	7,3	14,3	22,3	36,7

c) Berechnen Sie zu den in Teil b) ermittelten Größen die jeweiligen Gleichstromwiderstände.

d) Berechnen Sie anhand der Kennlinien die Wechselstromwiderstände für die folgenden Spannungsänderungen.
Germanium-Diode: 0,40 V ... 0,45 V
Silicium-Diode: 0,75 V ... 0,80 V

2.7.2 Schaltungen mit Dioden

In der Abbildung ist die Durchlasskennlinie einer einzelnen Diode abgebildet.

Zeichnen Sie für die Fälle a), b) und c) die resultierenden Kennlinien der Schaltungen.

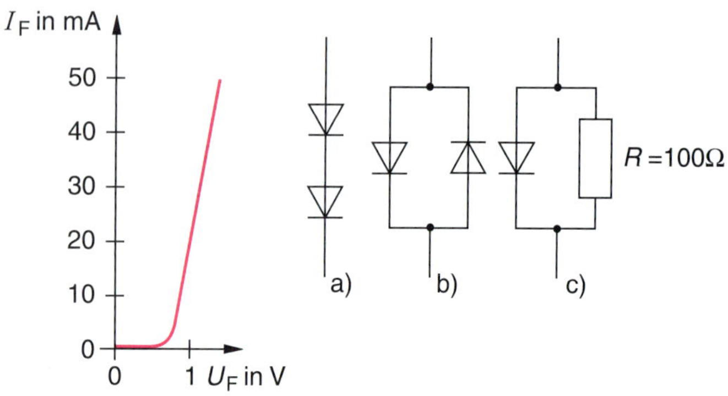

2.7.3 Strom-Spannungs-Kennlinie 2 (Diode)

Kennlinien von Dioden werden häufig in Diagrammen mit logarithmischen Achsenteilungen dargestellt. Entnehmen Sie entsprechende Daten aus der Abbildung und stellen Sie den Durchlassstrom I_F der Silicium-Diode in Abhängigkeit von der Durchlassspannung U_F in einem Diagramm mit linearer Achsenteilung dar (bis U_F = 0,9 V).

Maßstab: 0,1 V ≙ 2 cm; 10 mA ≙ 2 cm

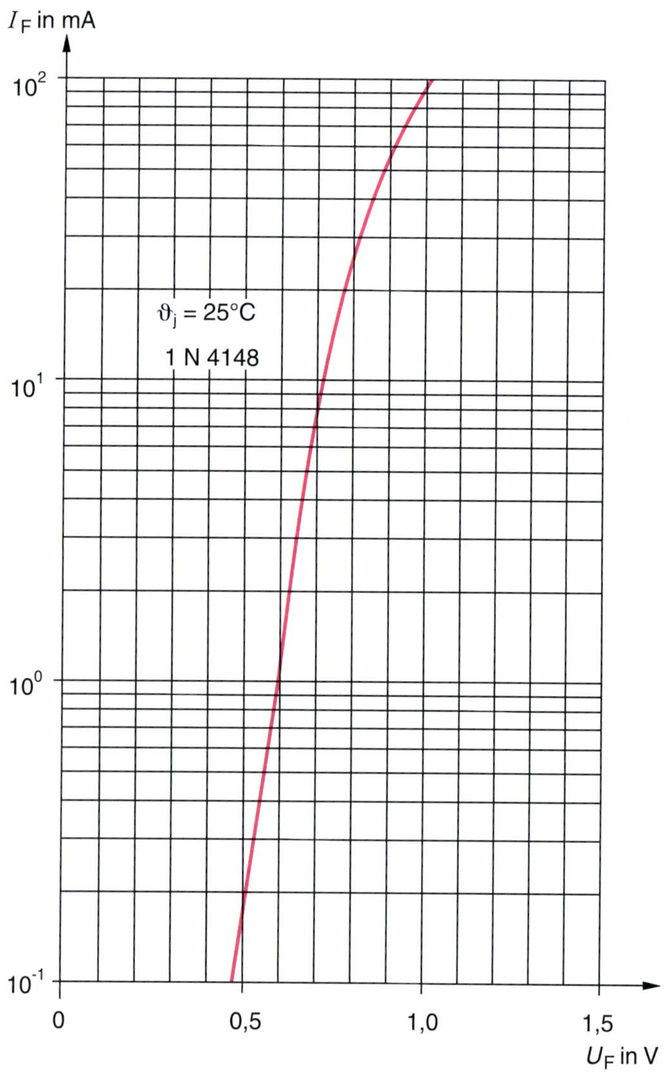

Aufgaben

2.7.4 Reihenschaltung von Diode und Wirkwiderstand

a) Ermitteln Sie auf grafischem Wege die Stromstärke durch die Reihenschaltung sowie die Spannungsaufteilung.

b) Die Betriebsspannung ändert sich um ± 10 %. Um wieviel Prozent ändert sich die Stromstärke?

c) Bewerten Sie das Ergebnis von Teil b).
Für welchen Anwendungsbereich lässt sich die Reihenschaltung aus Diode und Wirkwiderstand verwenden?

d) Zu der einen Diode wird eine weitere gleichartige in Reihe geschaltet.
Zeichnen Sie die resultierende Kennlinie beider Dioden und ermitteln Sie die Stromstärke in der Schaltung sowie den Spannungsfall an der Diode (R1 = 1 kΩ).

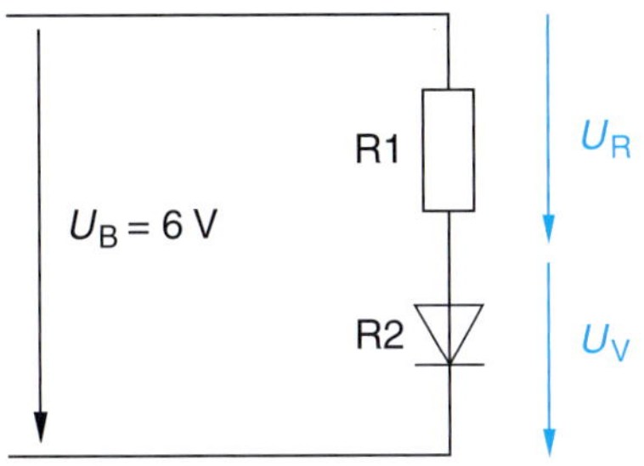

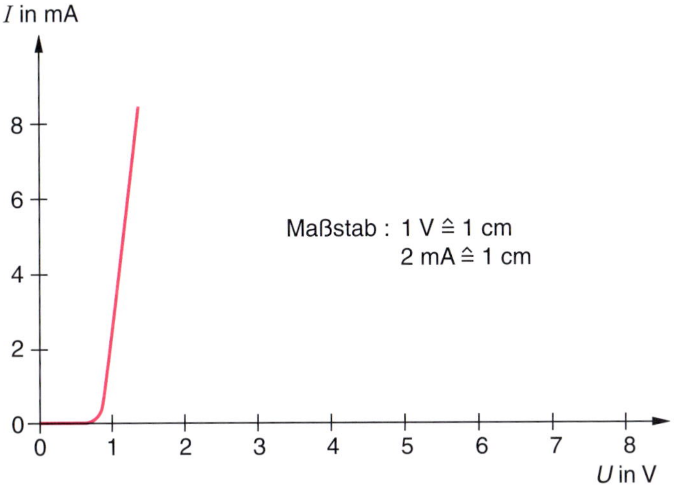

2.7.5 Kennlinien unbekannter Diodenschaltungen

In der Abbildung sind die Kennlinien von Schaltungen abgebildet, in denen sich Dioden befinden.

Zeichnen Sie für jeden Fall den Stromlaufplan.

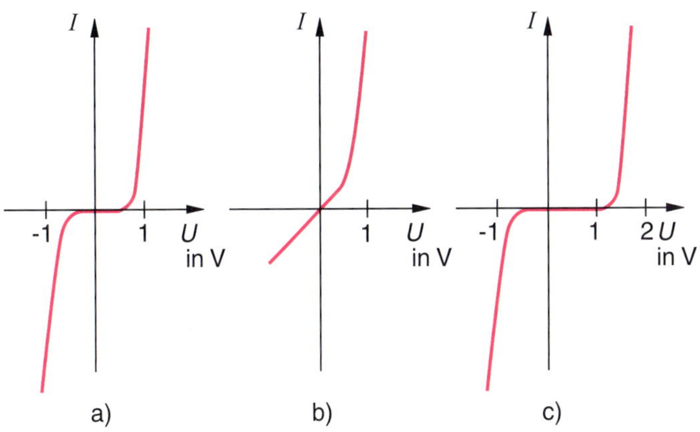

2.7.6 Unbekannte Schaltungen

Vier vergossene Schaltungen mit je drei Anschlüssen werden mit einem Widerstandsmessgerät untersucht. Der maximale und eindeutig ablesbare Widerstandswert mit dem verwendeten Messgerät beträgt etwa 50 kΩ.

Es wird vermutet, dass sich Dioden in der Schaltung befinden. Deshalb wird jede Strecke mit unterschiedlichen Polaritäten des Widerstandsmessgerätes gemessen.

Zeichnen Sie die Stromlaufpläne, wenn die folgenden Messwerte ermittelt wurden:

a)	$R_{AB} = 5$ kΩ	(B positiv)	b)	$R_{AB} = 2$ Ω	(A positiv)
	$R_{AB} = 5$ kΩ	(A positiv)		$R_{AB} = 10$ kΩ	(B positiv)
	$R_{AC} = 5$ kΩ	(C positiv)		$R_{AC} = 12$ Ω	(A positiv)
	$R_{AC} \to \infty$	(A positiv)		$R_{AC} = 10$ kΩ	(C positiv)
	$R_{BC} = 2$ Ω	(C positiv)		$R_{BC} = 10$ Ω	(B positiv)
	$R_{BC} \to \infty$	(B positiv)		$R_{BC} = 10$ Ω	(C positiv)
c)	$R_{AB} = 2$ Ω	(A positiv)	d)	$R_{AB} = 60$ Ω	(A positiv)
	$R_{AB} \to \infty$	(B positiv)		$R_{AB} = 60$ Ω	(B positiv)
	$R_{AC} \to \infty$	(A positiv)		$R_{AC} = 30$ Ω	(A positiv)
	$R_{AC} \to \infty$	(C positiv)		$R_{AC} = 30$ Ω	(C positiv)
	$R_{BC} = 2$ Ω	(C positiv)		$R_{BC} = 70$ Ω	(C positiv)
	$R_{BC} \to \infty$	(B positiv)		$R_{BC} = 70$ Ω	(B positiv)

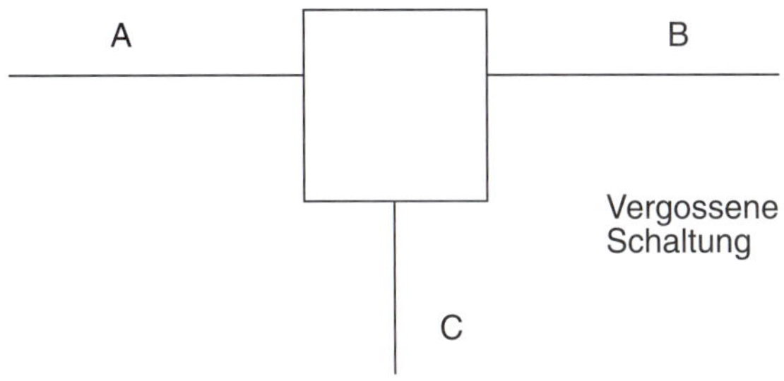

2.7.7 Diode mit Schutzfunktion

In der Abbildung soll die Diode eine Schutzfunktion gegenüber hohen Induktionsspannungen übernehmen.

Überprüfen Sie die Funktion der Schaltung.

Wenn Fehler vorhanden sind, zeichnen Sie den richtigen Stromlaufplan.

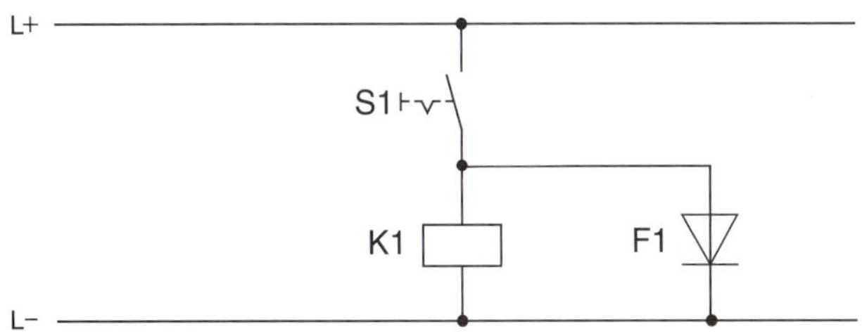

2.7.8 Antiparallele Dioden am Messwerk

Zu einem Messwerk sind zwei Dioden antiparallel geschaltet. Sie sollen das Messwerk vor zu hohen Spannungen schützen. Erklären Sie ihre Schutzfunktion.

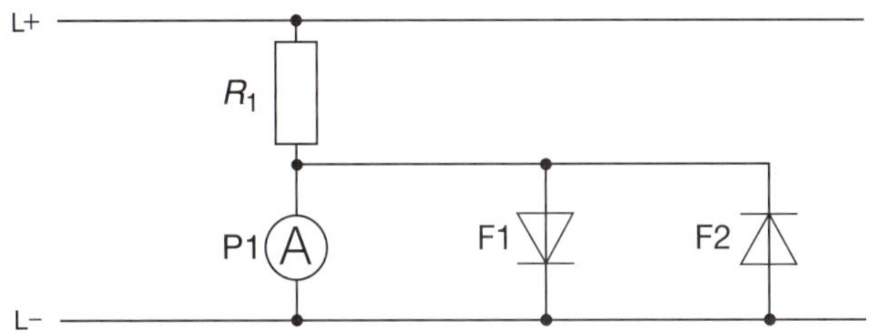

Aufgaben

2.7.9 Summation von Schaltsignalen 1

a) Die Schalter S2 und S3 in Abb. 8; S. 51 werden gleichzeitig betätigt.
Zeichnen Sie den Stromlaufplan und deuten Sie die Stromwege durch Strompfeile an Leitungen und Bauteilen an.

b) Welches Signalverhalten zeigt die Schaltung der Abb. 8; S. 51 in folgenden Fällen:
- R1 hat eine Unterbrechung
- R2 hat eine Unterbrechung
- R1 hat einen Kurzschluss

2.7.10 Summation von Schaltsignalen 2

a) Bei der Schaltung von Abb. 8; S. 51 wird die Polarität der Betriebsspannung vertauscht.
Wie wirkt sich dieser Fehler auf das Signalverhalten der Lampen aus?
Geben Sie das Verhalten in einer Wertetabelle an.

b) Die Schaltung der Abb. 8; S. 51 soll nur bei der dort angegebenen Polarität der Spannungsquelle gemäß der Wertetabelle arbeiten. Wenn die Polarität falsch ist (fehlerhaft angeschlossen), soll keine Lampe leuchten.
Zeichnen Sie einen Stromlaufplan mit einem zusätzlichen Bauteil, das diese Bedingungen erfüllt.

2.7.11 Polaritätsanzeige

In der Abbildung ist eine Polaritäts-Anzeige-Einheit mit Leuchtdioden zu sehen. Externe Bauteile sind hinzugeschaltet worden.

a) Erklären Sie die Funktion der Schaltung, wenn zwischen 1 und 2 eine Gleichspannung gelegt wird.

b) Wie verhält sich die Schaltung, wenn eine Wechselspannung angelegt wird?

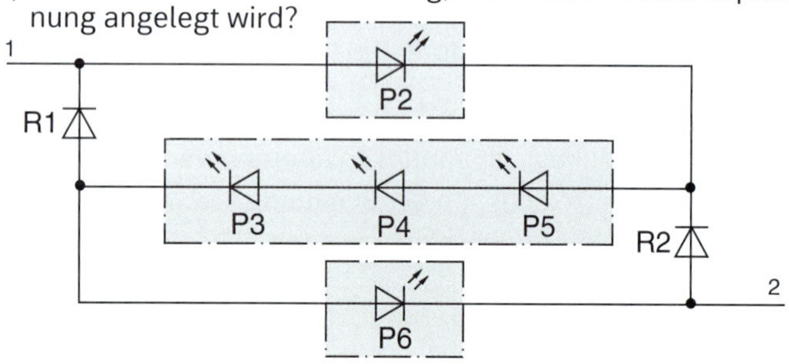

2.7.12 Umschaltung mit einer zweiadrigen Leitung

Die Schaltung soll mit nur einer Leitung (zwei Leiter) zwischen A1 und A2 und einem Umschalter folgende Funktion besitzen:
- Wenn S1 nicht betätigt ist, soll K1 angezogen sein.
- Wenn S1 betätigt ist, soll K2 anziehen und K1 abfallen.

Zeichnen Sie den Stromlaufplan, wenn die Bauteile entsprechend der Abbildung in ihrer Anordnung vorgegeben sind.

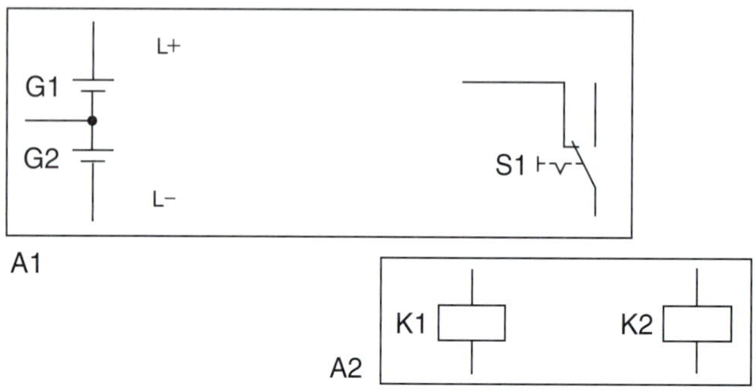

2.7.13 Trennung von Schaltsignalen

Die abgebildete Schaltung dient zur Trennung von Schaltsignalen.

a) Zeichnen Sie einen Stromlaufplan, bei dem X1 positiv und X2 negativ ist.
Kennzeichnen Sie die Stromrichtung durch Strompfeile an Leitungen und Bauteilen, wenn S1 betätigt wird.

b) Welche Dioden sind leitend, wenn nur S2 betätigt wird?

c) Wie verhält sich die Schaltung, wenn X1 negativ und X2 positiv wird und die Schalter S1 und S2 nacheinander betätigt werden?

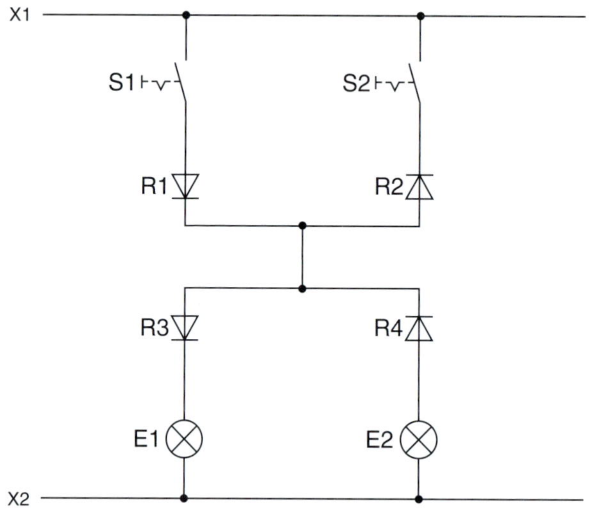

2.7.14 Sieben-Segment-Element

Mit dem Sieben-Segment-Element soll durch Betätigung von S1 die Zahl 3 zur Anzeige gebracht werden.

Zeichnen Sie den Stromlaufplan ohne Netzteil.

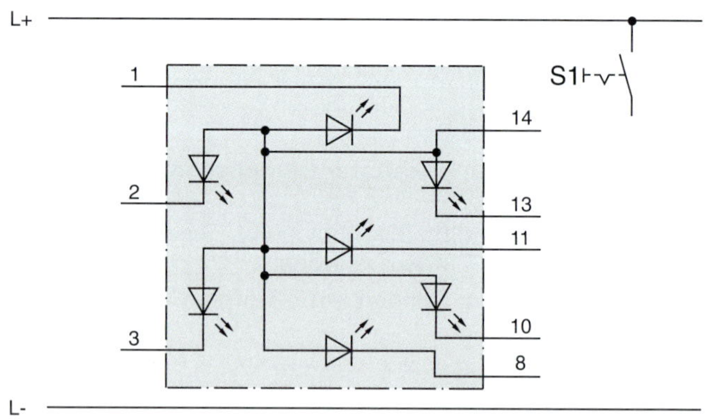

2.7.15 Steuerung von Schaltsignalen

Zwei Relais K1 und K2 sollen durch drei Taster so geschaltet werden, dass
- durch S1 nur K1 anzieht,
- durch S3 nur K2 anzieht und
- durch S2 beide Relais anziehen.

Zeichnen Sie den Stromlaufplan mit 2 Dioden und 3 einpoligen Schaltern.

In der Digitaltechnik werden die **Binärzeichen 1** und **0** verwendet. Sie kennzeichnen zwei Informationen, z. B.:

- Ja und nein,
- richtig und falsch,
- ein und aus.

Die Binärzeichen sagen nichts über die tatsächliche Spannung oder Stromstärke in der Schaltung aus. Zur Kennzeichnung der Spannungen verwendet man die **Pegelbezeichnungen H** (von high, engl.: hoch) und **L** (von low, engl.: tief).

Es handelt sich dabei nicht um bestimmte Werte, sondern um Wertebereiche. In Abb. 1 geht z. B. der H-Pegel von + 2,4 V bis + 5 V und der L-Pegel von 0 V bis + 0,4 V.

In der Digitaltechnik werden Bausteine mit binärem Verhalten verwendet. Man kann sie als **Logikbausteine** (-glieder), Binärbausteine (-glieder), Logikgatter (Gatter) oder als Verknüpfungsbausteine (-glieder) bezeichnen.

Zur Kennzeichnung des Verhaltens der Bausteine bzw. zur Darstellung der Zusammenhänge verwendet man **Wertetabellen** (auch Wahrheitstabellen oder Funktionstabellen genannt). Sie geben den jeweils herrschenden logischen Zustand mit den Symbolen 1 und 0 wieder.

Lampenschaltung

Die in Abb. 2 dargestellte Steuerung für eine Lampe soll durch eine Schaltung mit einem Logikbaustein ersetzt werden.

Schaltungsanalyse

Die in Abb. 2b befindliche Wertetabelle drückt das logische Verhalten der Schaltung aus. Ein offener Schalter bedeutet im logischen Sinne „0“ und ein geschlossener Schalter „1“. Sie können als Eingangsvariable ① (Veränderliche) aufgefasst werden. Da jeder Schalter die Schaltstellen 0 und 1 einnehmen kann, ergeben sich für die Schaltung insgesamt vier unterschiedliche Fälle ② (vgl. Wertetabelle, Nr. 1 bis 4).

Aus der Wertetabelle kann man weiter entnehmen, dass die Lampe E1 nur dann leuchtet, wenn S1 **und** S2 betätigt sind ③. Es handelt sich also im logischen Sinne um eine **UND-Verknüpfung**. Das Relais bzw. Schütz K1 und die Lampe E1 können hier als **Ausgangsvariable** ④ bezeichnet werden, die in Abhängigkeit von den Eingangsvariablen die Zustände 0 oder 1 annehmen.

> Wertetabellen verdeutlichen, in welcher Weise Ausgangsvariable von den Eingangsvariablen abhängig sind.

Die mit der Lampenschaltung verdeutlichte UND-Verknüp-fung lässt sich auch mit elektronischen Bauelementen auf-bauen. Das Schaltzeichen sowie die Wertetabelle eines integrierten Bausteins sind in Abb. 3 zu sehen. Zusätzlich ist ein möglicher Signal-Zeit-Verlauf (Spannungs-Zeit-Diagramm) dargestellt worden (Abb. 3c). Er macht auf eine andere Weise deutlich, dass die Ausgangsvariable nur dann 1 wird, wenn an den Eingängen a und b gleichzeitig 1-Signale anliegen ⑤.

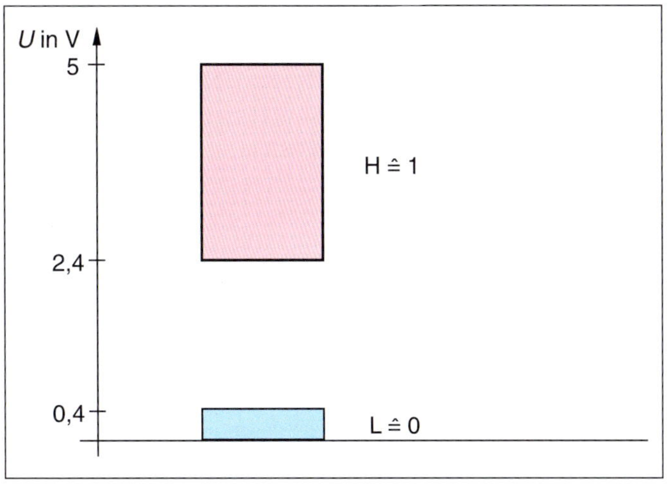

Abb. 1: Beispiel für einen Pegel (TTL-Gatter)

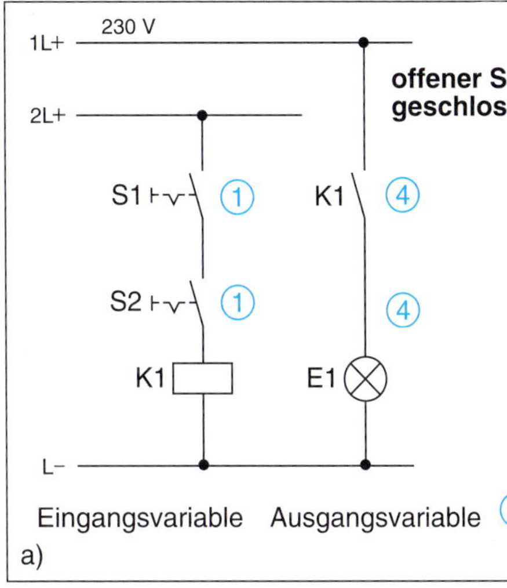

Wertetabelle ③ ②

S1	S2	K1	E1	Nr.
0	0	0	0	1
0	1	0	0	2
1	0	0	0	3
1	1	1	1	4

b)

Abb 2: Lampensteuerung mit einer UND-Verknüpfung

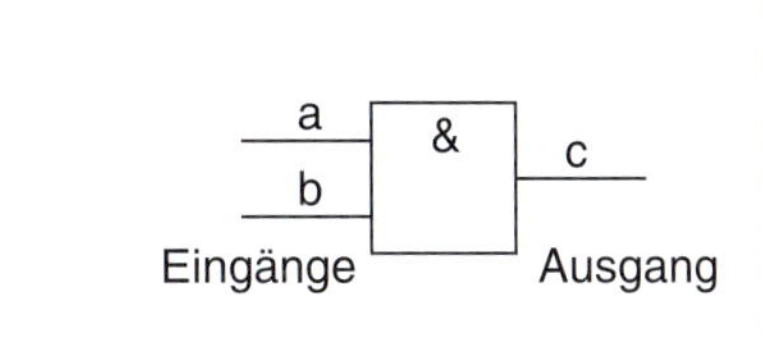

a) Schaltzeichen

a	b	c
0	0	0
0	1	0
1	0	0
1	1	1

b) Wertetabelle

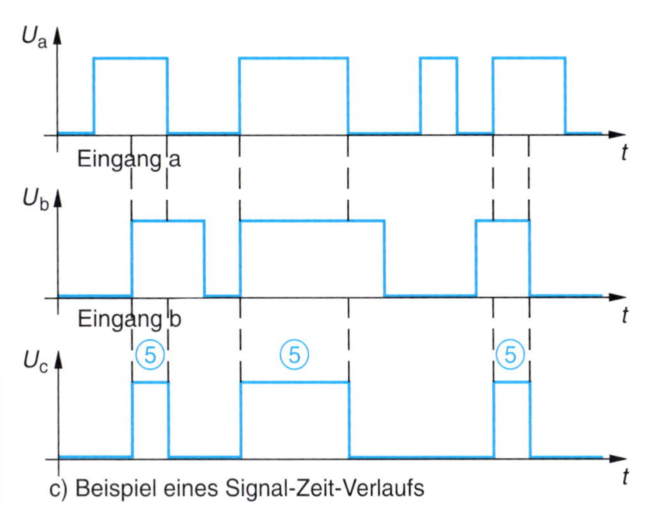

c) Beispiel eines Signal-Zeit-Verlaufs

Abb. 3: UND-Verknüpfung

Das Verhalten von Logikbausteinen kann durch das Schaltzeichen, die Wertetabelle oder durch einen Signal-Zeit-Verlauf beschrieben werden.

Bei einer UND-Verknüpfung ist die Ausgangsvariable nur dann 1, wenn alle Eingangsvariablen sich im 1-Zustand befinden.

Logikbausteine benötigen an ihren Eingängen eindeutige Signale. Offene Schalter sind aus logischer Sicht nicht eindeutig. Deshalb werden im Eingangsbereich Umschalter verwendet, die den Eingang auf L+ (≙ 1) oder L– (≙ 0) legen (Abb. 2).

Wendet man diese schaltungstechnische Maßnahme an, ergibt sich der Stromlaufplan von Abb. 3. Da die Ausgangsleistung des UND-Gliedes nicht ausreicht, das Schütz anzusteuern, ist ein Verstärker ① zwischengeschaltet worden.

Da Logikbausteine und Verstärker immer eine Spannungsversorgung benötigen, wird in Plänen auf eine wiederholte Darstellung verzichtet.

Lampensteuerung

Die in Abb. 4 dargestellte Steuerung einer Lampe soll durch eine Schaltung mit einem Logikbaustein ersetzt werden.

Schaltungsanalyse

Die Wertetabelle drückt das Verhalten der Lampenschaltung aus. Die Lampe leuchtet dann, wenn S1 **oder** S2 **oder** beide gleichzeitig betätigt sind ②. Dieses entspricht dem Verhalten einer typischen **ODER-Verknüpfung**.

Ein Logikbaustein mit ODER-Verhalten ist in Abb. 5a zu sehen. Die Wertetabelle (Abb. 5b) und das Beispiel für einen Signal-Zeit-Verlauf ③ (Abb. 5c) erklären auf andere Weise das Verhalten.

Bei einer ODER-Verknüpfung ist die Ausgangsvariable 1, wenn sich mindestens ein Eingang im 1-Zustand befindet.

Verwendet man diesen Logikbaustein für die Lampenschaltung, dann ergibt sich der Stromlaufplan von Abb. 1.

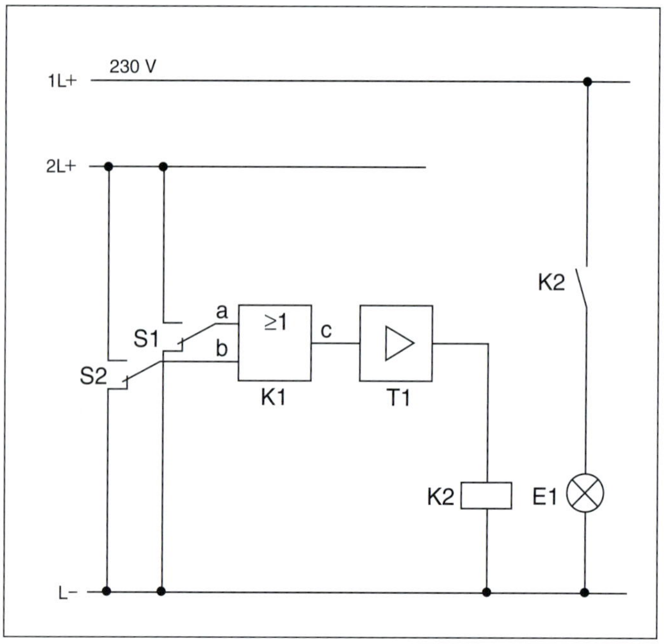

Abb. 1: Lampensteuerung mit einer ODER-Verknüpfung

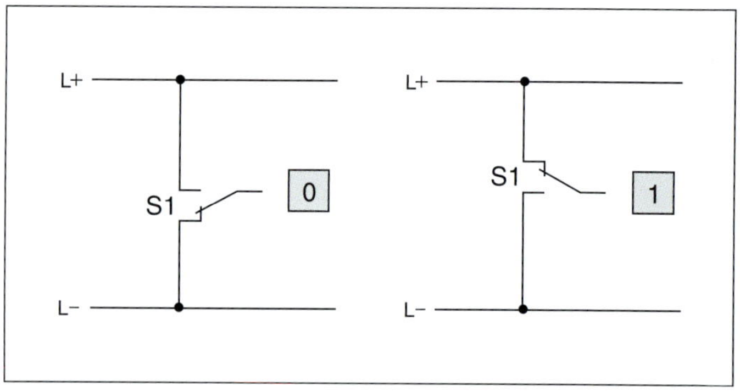

Abb. 2: Binäre Zustände, durch Schalter realisiert

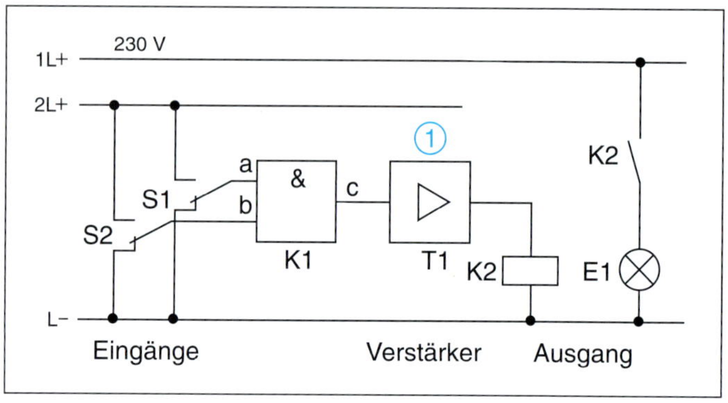

Abb. 3: Lampensteuerung mit einer UND-Verknüpfung

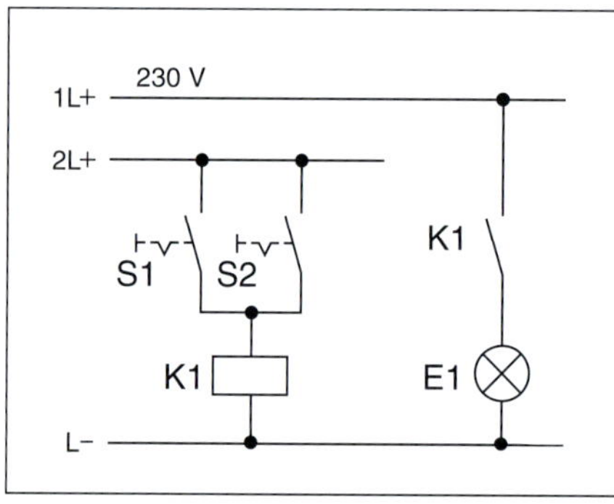

Wertetabelle

S1	S2	K1	E1
0	0	0	0
0	1	1	1
0	0	1	1
0	1	1	1

②

Abb. 4: Lampensteuerung mit einer ODER-Verknüpfung

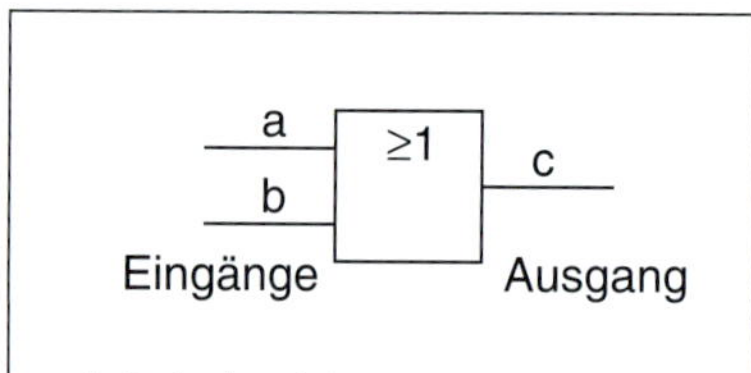

a) Schaltzeichen

a	b	c
0	0	0
0	1	1
1	0	1
1	1	1

b) Wertetabelle

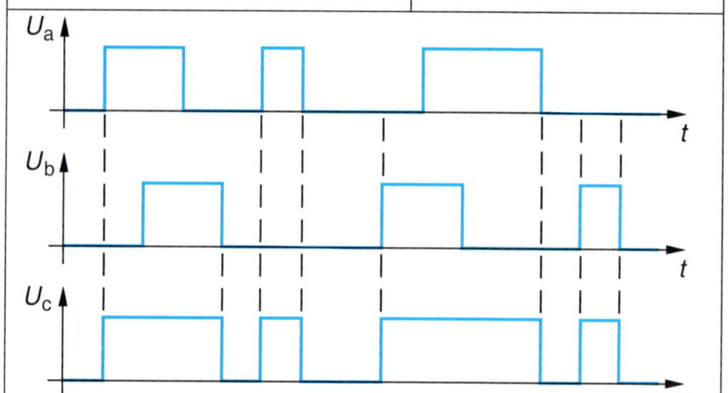

c) Signal-Zeit-Verlauf (Beispiel)

Abb. 5: ODER-Verknüpfung

Nicht-Verknüpfung

Die Lampenschaltung von Abb. 6 soll durch eine Schaltung mit einem Logikbaustein ersetzt werden.

Schaltungsanalyse

Die Wertetabelle in Abb. 6 macht deutlich, dass die Ausgangsvariable zur Eingangsvariablen ein umgekehrtes Verhalten ④ zeigt (negiertes Verhalten). Es handelt sich also um eine **NICHT-Verknüpfung**. Der entsprechende Logikbaustein ist in Abb. 7a zu sehen. Der kleine Kreis am Ausgang weist auf die Negation hin ⑤. Bausteine dieser Art werden auch als Umkehrstufen (**Inverter**) bezeichnet.

> Bei der NICHT-Verknüpfung ist die Ausgangsvariable stets gleich der negierten Eingangsvariablen.

Die Abb. 8 zeigt die entsprechende Lampenschaltung einer NICHT-Verknüpfung.

UND- und ODER- werden häufig mit NICHT-Gliedern in einem Baustein verbunden. Es ergeben sich dann die in Abb. 9 und 10 dargestellten **NAND-** und **NOR-Glieder**.

> Bei einer NAND-Verknüpfung ist die Ausgangsvariable nur dann 0, wenn sich alle Eingänge im 1-Zustand befinden.

> Bei der NOR-Verknüpfung ist die Ausgangsvariable dann 0, wenn sich mindestens ein Eingang im 1-Zustand befindet.

Fahrstuhltür

Das logische Verhalten einer Fahrstuhltür aus der Sicht eines Benutzers lässt sich wie folgt beschreiben:

Die Etagentür darf sich nur dann öffnen, wenn
- die Ruftaste betätigt wurde (Signal wird gespeichert),
- sich die Kabine in der gewählten Etage befindet und
- die anderen Etagentüren nicht geöffnet sind.

Dieses Verhalten soll mit einem Logikbaustein realisiert werden.

Schaltungsentwicklung

- Zunächst müssen Ausgangs- und Eingangsvariable benannt und Abkürzungen festgelegt werden.

Eingangsvariable	Abkürzung	Ausgangsvariable	Abkürzung
Ruftaste	a		
Kabine	b	Etagentür	d
andere Etagentür	c		

- Verkürzt lässt sich das Verhalten nun wie folgt beschreiben:

a betätigt	ja		d lässt sich öffnen	ja	
b vorhanden	ja				
c offen		nein			

- Führt man jetzt die binären Variablen 1 und 0 für ja und nein ein, ergibt sich die folgende Wertetabelle:

a	b	c	d
1	1	0	1

- Die Ausgangsvariable befindet sich nur dann im 1-Zustand (Etagentür lässt sich öffnen), wenn sich die Eingangsvariablen a **und** b **und nicht** c im 1-Zustand befinden. Zur Realisierung dieses logischen Verhaltens lässt sich also ein UND-Glied verwenden, bei dem allerdings die Eingangsvariable c negiert werden muss (Abb. 11) ⑥.

> Vorgehensweise bei Aufträgen, die in Textform vorliegen.
> 1. Ein- und Ausgangsvariable bestimmen.
> 2. Logikzustände der Variablen festlegen.
> 3. Logikbaustein bzw. Verknüpfungsschaltung zeichnen.

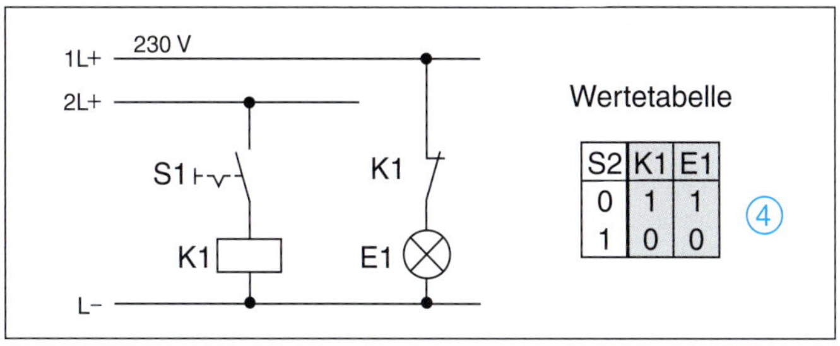

Abb. 6: Lampensteuerung mit einer Nicht-Verknüpfung

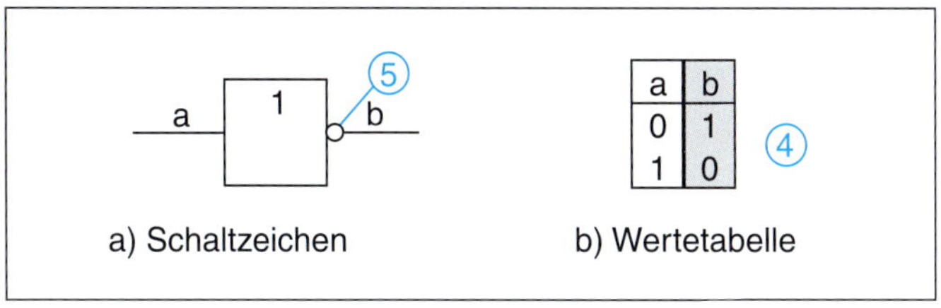

Abb. 7: NICHT-Verknüpfung, Negation, Inverter

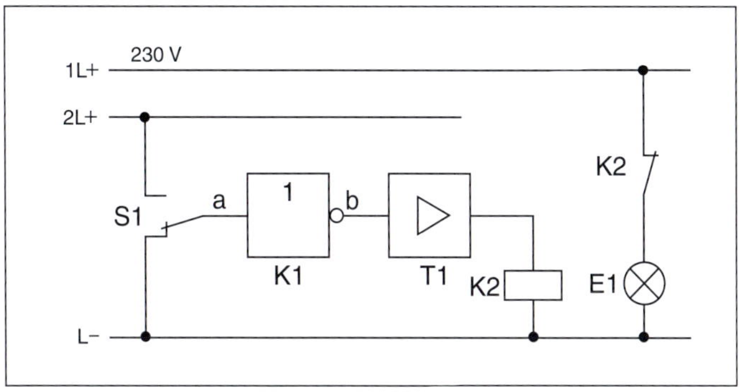

Abb. 8: Lampenschaltung mit einer NICHT-Verknüpfung

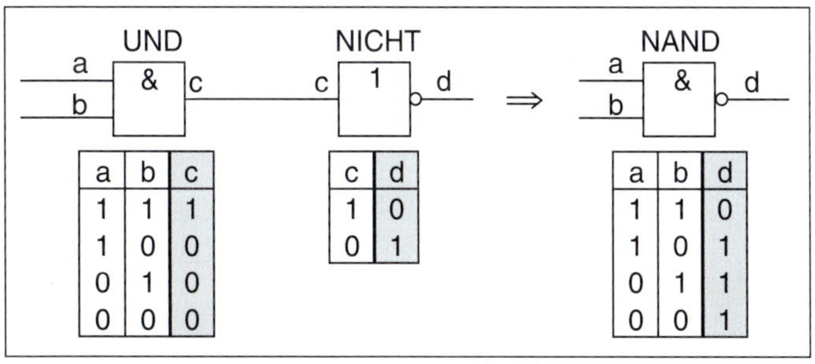

Abb. 9: NAND-Verknüpfung

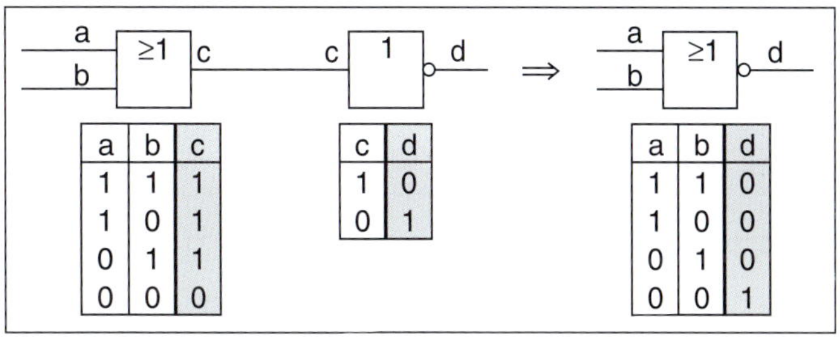

Abb. 10: NOR-Verknüpfung

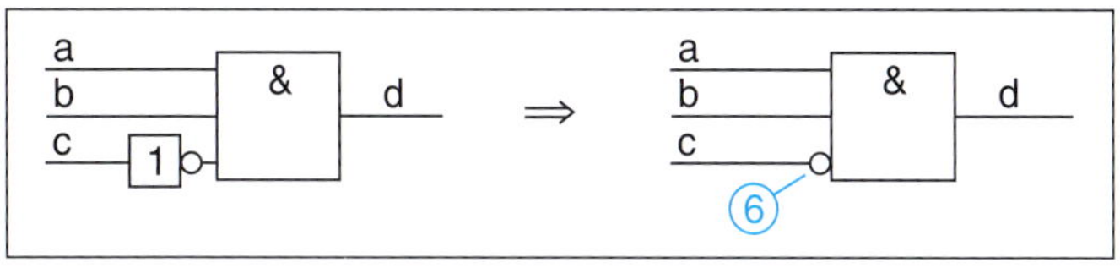

Abb. 11: UND-Verknüpfung mit negiertem Eingang

Aufgaben

2.8.1 Signal-Zeit-Verläufe 1

Verschiedene Logikbausteine mit zwei Eingängen und einem Ausgang besitzen die Signalverläufe a) bis f).

Stellen Sie die dazugehörigen Wertetabellen auf.

Zeichnen Sie das jeweilige Schaltzeichen.

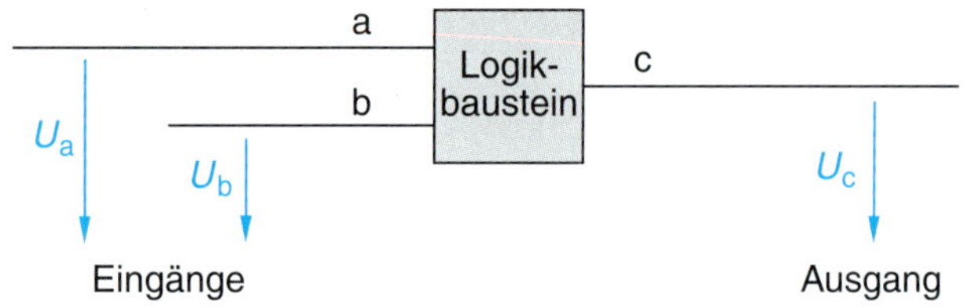

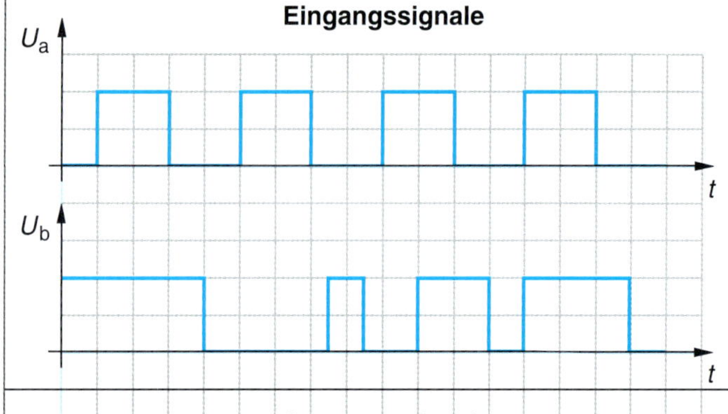

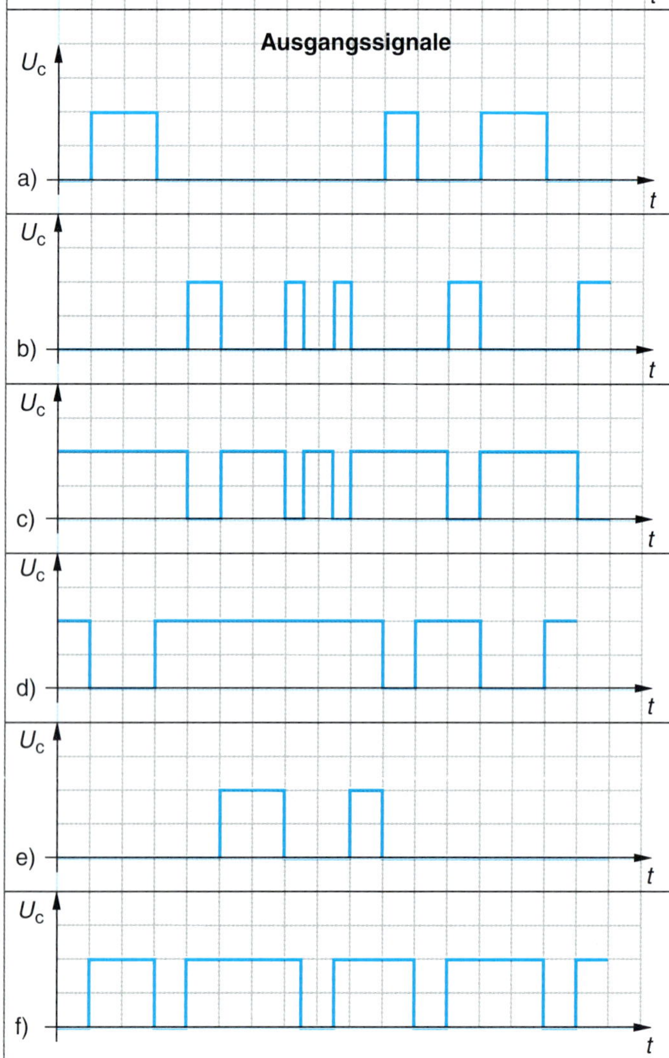

2.8.2 Wertetabellen 1

Erstellen Sie die jeweiligen Wertetabellen.

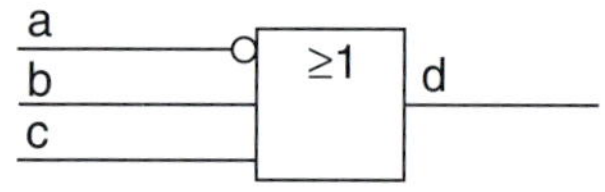

a)

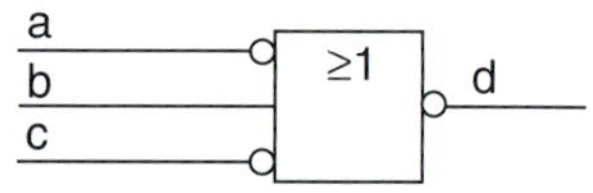

b)

2.8.3 Wertetabellen 2

Erstellen Sie die jeweiligen Wertetabellen.

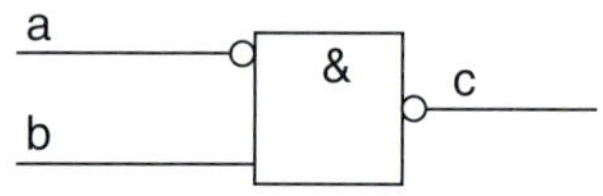

a)

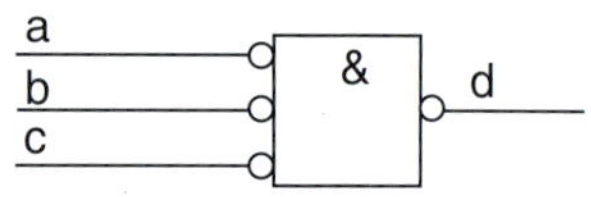

b)

2.8.4 Ausstiegstür

Die Ausstiegstür eines Busses (Normalfall) darf nur dann automatisch aufgehen (≙ 1), wenn

- der Wagen hält (≙ 0),
- der Ausstiegsknopf betätigt wurde (≙ 1) und
- das pneumatische Drucksystem funktioniert (≙ 1).

a) Erstellen Sie die Wertetabelle.

b) Zeichnen Sie für diese logische Verknüpfung den Baustein.

2.8.5 Waschmaschine

Der Waschvorgang einer Waschmaschine wird unterbrochen (≙ 0), wenn

- die Tür geöffnet wird (Schalter geöffnet, ≙ 0),
- der Wasserdruck aussetzt (≙ 0) oder
- der Motor überlastet wird (≙ 0).

a) Stellen Sie die Wertetabelle auf.

b) Zeichnen Sie das Schaltzeichen für den erforderlichen Baustein.

2.8.6 Stellwerksteuerung

Die Signalanlage eines Stellwerks soll nur dann für einen Zug auf „Freie Fahrt" geschaltet werden können (≙ 1), wenn

- die Strecke des Zuges frei ist (≙ 1),
- sich kein Zug auf dieser Kurvenstrecke auf dem Nebengleis befindet (≙ 1) und
- das Signal für den Halt noch nicht freigegeben ist (≙ 0).

a) Stellen Sie die Wertetabelle auf.

b) Zeichnen Sie die logische Verknüpfungsschaltung für die drei Signale.

2.8.7 Kesselheizung

Die Heizung eines Kessels darf nur dann schaltbar sein (≙ 1), wenn

- ausreichend Wasser im Kessel ist (≙ 1),
- die Heizung eingeschaltet ist (≙ 1),
- die Temperatur noch nicht ihren Höchstwert erreicht hat (≙ 1) und
- die Ölzufuhr gewährleistet ist (≙ 1).

a) Erstellen Sie die Wertetabelle.

b) Zeichnen Sie für diese logische Verknüpfung den Baustein.

Aufgaben

2.8.8 Wertetabellen 3

Erstellen Sie für die zusammengeschalteten logischen Verknüpfungsglieder die jeweiligen Wertetabellen.

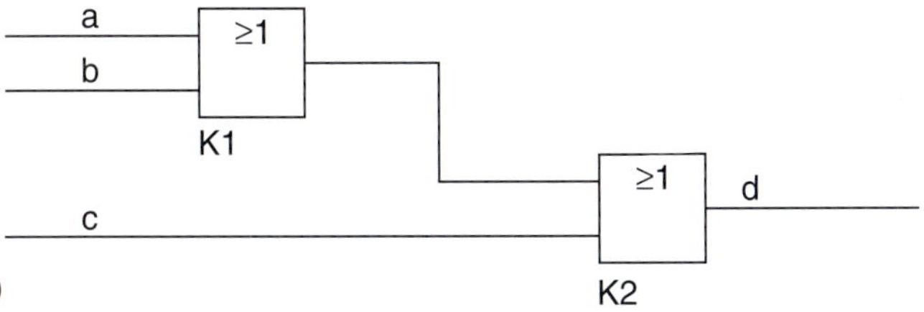

a)

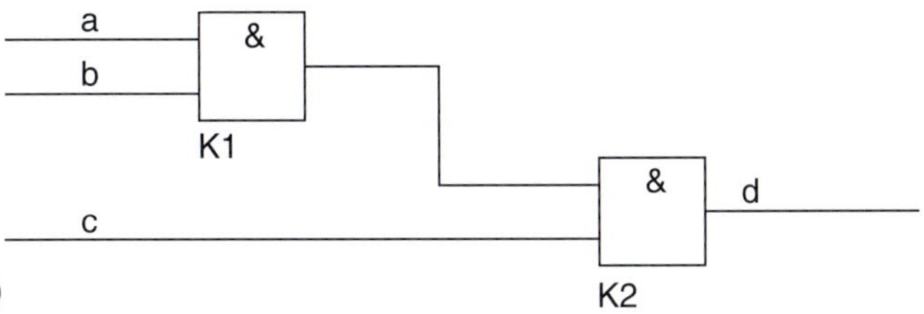

b)

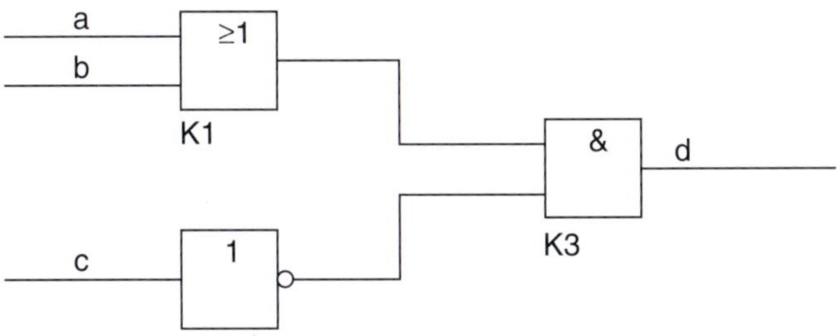

c)

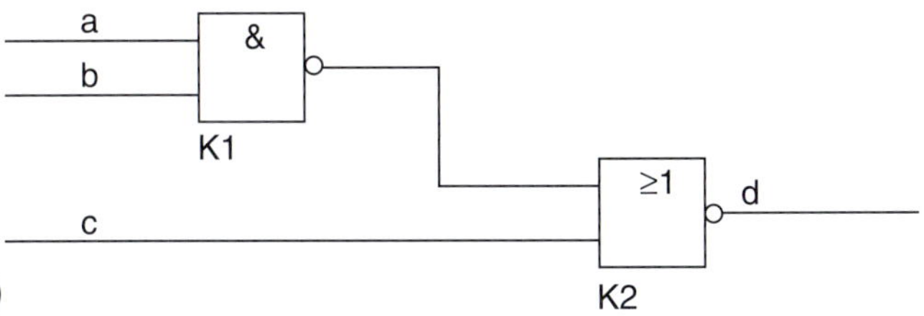

d)

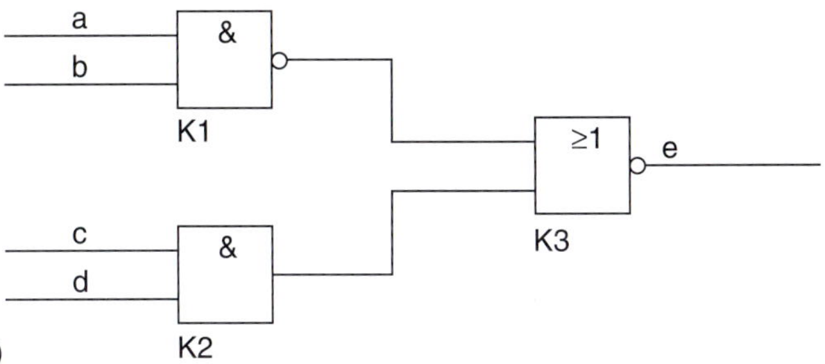

e)

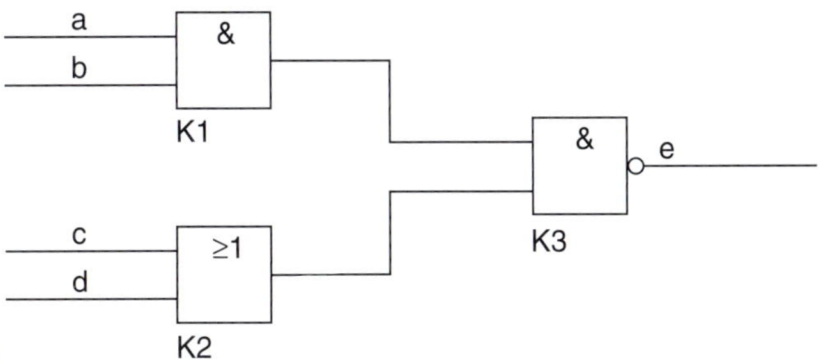

f)

2.8.9 Wertetabellen 4

Erstellen Sie für die zusammengeschalteten logischen Verknüpfungsglieder die jeweiligen Wertetabellen.

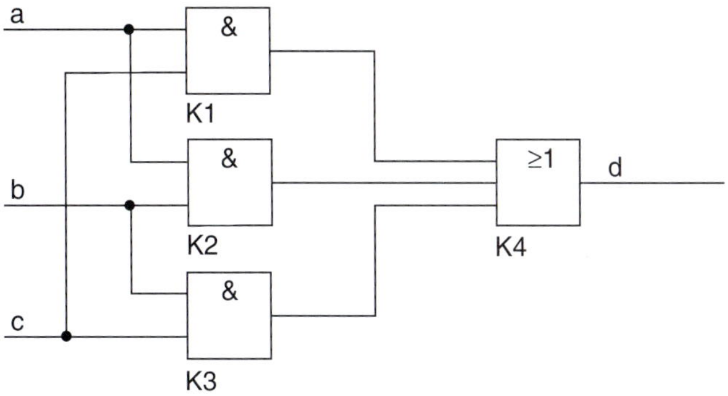

a)

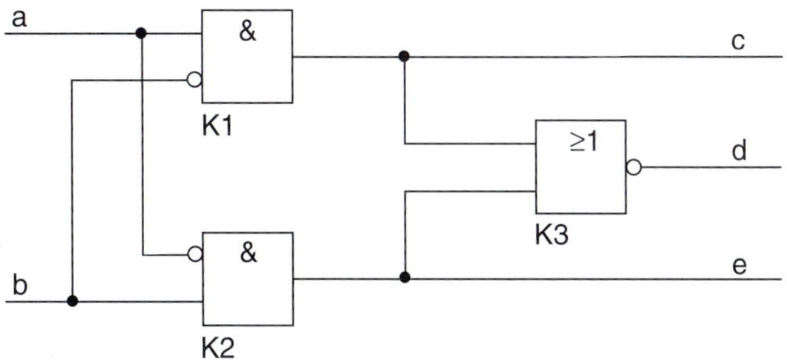

b)

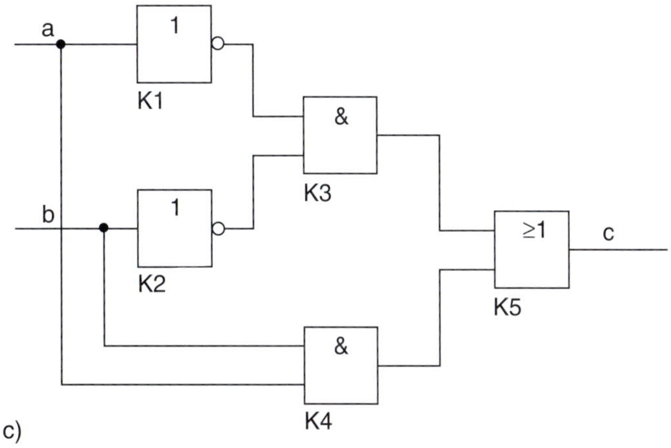

c)

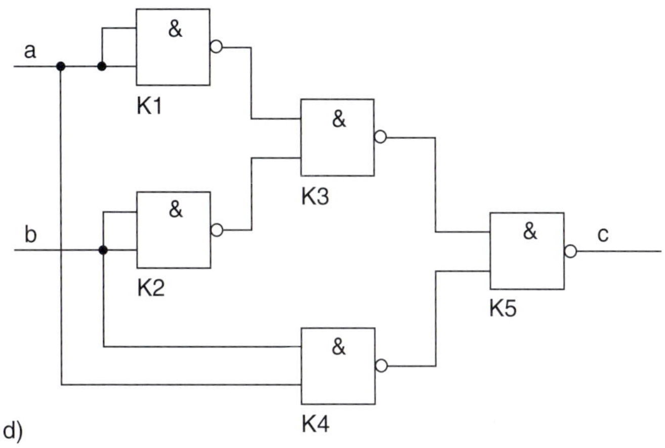

d)

Aufgaben

2.8.10 Schaltung 1

Zeichnen Sie gemäß der Wertetabelle die Verknüpfungsschaltung mit folgenden Bausteinen:

- zwei NICHT-Glieder,
- zwei UND-Glieder,
- ein ODER-Glied.

a, b: Eingangsvariable
c: Ausgangsvariable

a	b	c
1	1	0
1	0	1
0	1	1
0	0	0

2.8.11 Schaltung 2

Für eine Steuerung ist die folgende Wertetabelle gegeben.
Zeichnen Sie die Schaltung
a) nur mit drei UND-Gliedern und
b) nur mit zwei NAND-Gliedern und einem NOR-Glied.
a, b, c, d: Eingangsvariable
e: Ausgangsvariable

a	1	1	1	1	1	1	1	1	0	0	0	0	0	0	0	0
b	1	1	1	1	0	0	0	0	1	1	1	1	0	0	0	0
c	1	1	0	0	1	1	0	0	1	1	0	0	1	1	0	0
d	1	0	1	0	1	0	1	0	1	0	1	0	1	0	1	0
e	1	0	0	0	0	0	0	0	0	0	0	0	0	0	0	0

2.8.12 Sprechanlage

Für eine Sprechanlage soll eine logische Verknüpfungsschaltung nach folgenden Bedingungen erstellt werden:

- Ein Anruf aus dem Verkauf soll vorrangig in das Sekretariat gelangen.
- Die Werkstatt kann sich nur dann mit dem Sekretariat in Verbindung setzen, wenn vom Verkauf kein Gespräch geführt wird.
- Das Lager kann nur dann Verbindung mit dem Sekretariat aufnehmen, wenn Werkstatt oder Verkauf nicht sprechen.

Zeichnen Sie die logische Verknüpfungsschaltung.

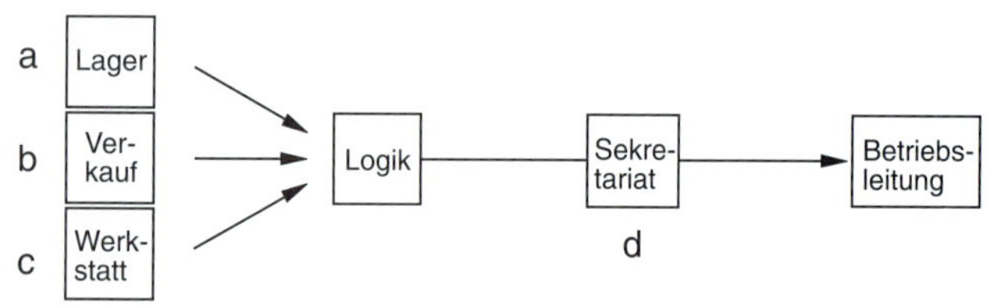

2.8.13 Kanalumschaltung

Die Abbildung zeigt einen Kanalumschalter mit logischen Bausteinen.

Zeichnen Sie für die folgenden Fälle die Wertetabellen:
a) An den Eingängen c und d liegt das Signal 1.
b) An den Eingängen c und d liegt das Signal 1 und Schalter S1 wird umgeschaltet.

Wertetabelle:

a	b	c	d	e	f	g
		1	1			

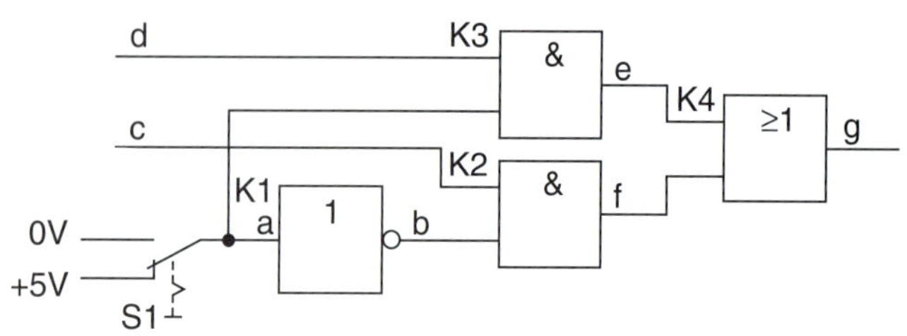

2.8.14 Signal-Zeit-Verläufe 2

Verschiedene Logikbausteine mit drei Eingängen und einem Ausgang besitzen die abgebildeten Signalverläufe.
Stellen Sie die Wertetabellen auf.
Zeichnen Sie das dazugehörige Schaltzeichen.

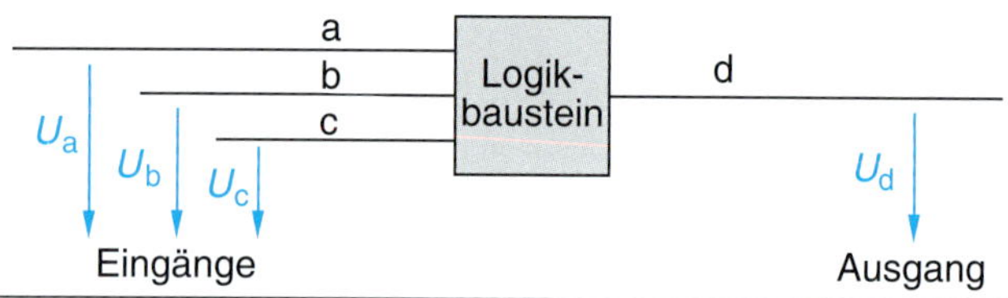

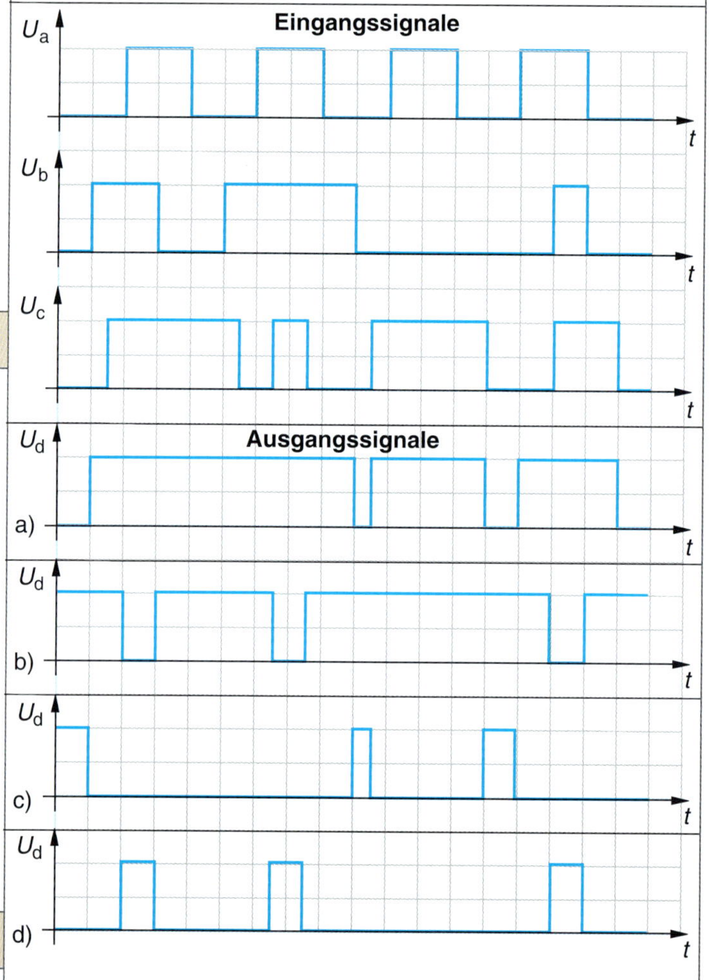

2.8.15 Unterscheidung

Die Schaltung dient z. B. dazu, bei einem Drucker Groß- und Kleinschreibung, Sonderzeichen usw. zu unterscheiden.

In der Schaltung können bei entsprechenden Signalen an den Eingängen a und b an den Ausgängen c bis f 1-Signale entstehen.

Erklären Sie die Arbeitsweise mithilfe einer Wertetabelle.

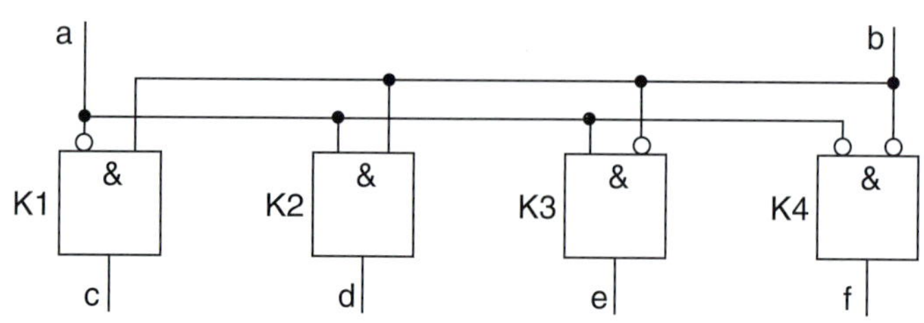

Platine

Die Abb. 1 zeigt die Unterseite der Platine einer gedruckten Schaltung mit Widerständen, Kondensatoren und zwei NPN-Transistoren. Da sich die Bauteile an der Oberseite befinden, sind sie gestrichelt dargestellt worden. Die Leiterbahnen sind gelb gezeichnet ① und die Bohrungen für die Bauteile sind durch Punkte gekennzeichnet ②.

Beim Übertragen der gedruckten Schaltung in einen Stromlaufplan ist es zunächst sinnvoll, die Leiterbahnen für die Spannungsversorgung des Verstärkers zu finden. Es sind dies offensichtlich die obere ③ und die untere ④ Leiterbahn. Sie werden im Stromlaufplan der Abb. 2 als durchgehende Linien gezeichnet, ③ ④.

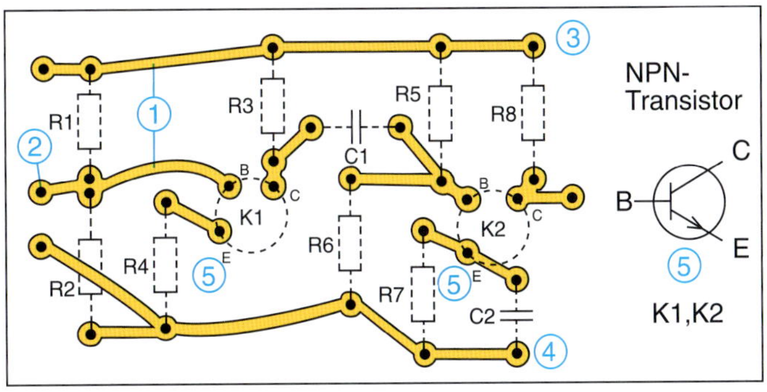

Abb. 1: Gedruckte Schaltung eines Verstärkers

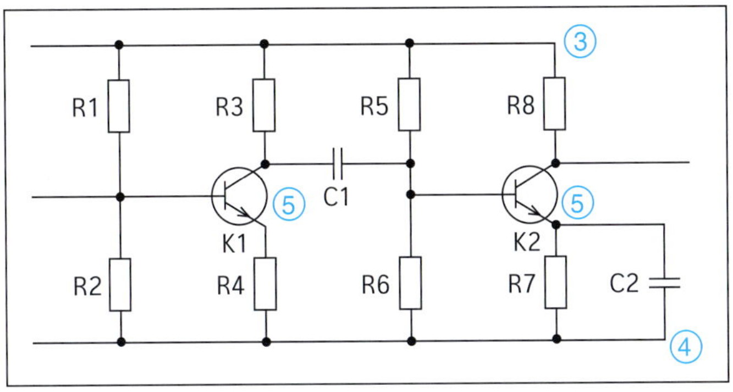

Abb. 2: Stromlaufplan zu Abb. 1

Aufgaben

2.9.1 Multivibrator

Die Unterseite der Platine eines Multivibrators sowie die Bestückungsanordnung sind getrennt dargestellt worden.

Zeichnen Sie den Stromlaufplan in aufgelöster Darstellung.

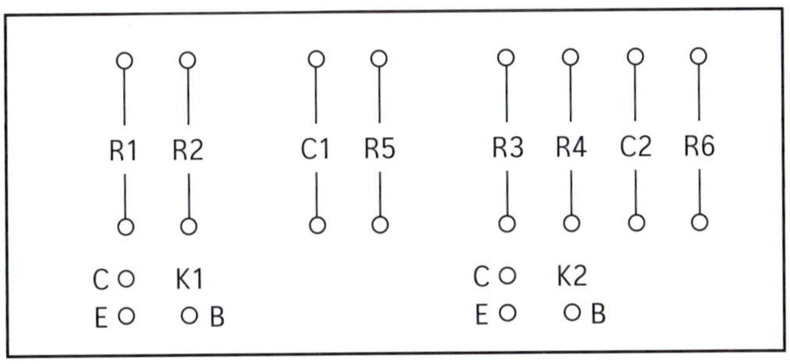

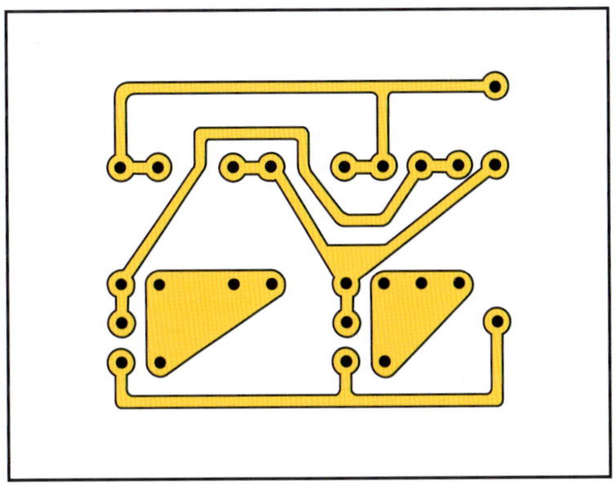

2.9.2 Stabilisiertes Netzteil

Zeichnen Sie den Stromlaufplan in aufgelöster Darstellung für die Platine des abgebildeten Netzteils. Der Transistor K1 befindet sich außerhalb der Platine. Er soll in den Stromlaufplan mit eingezeichnet werden.

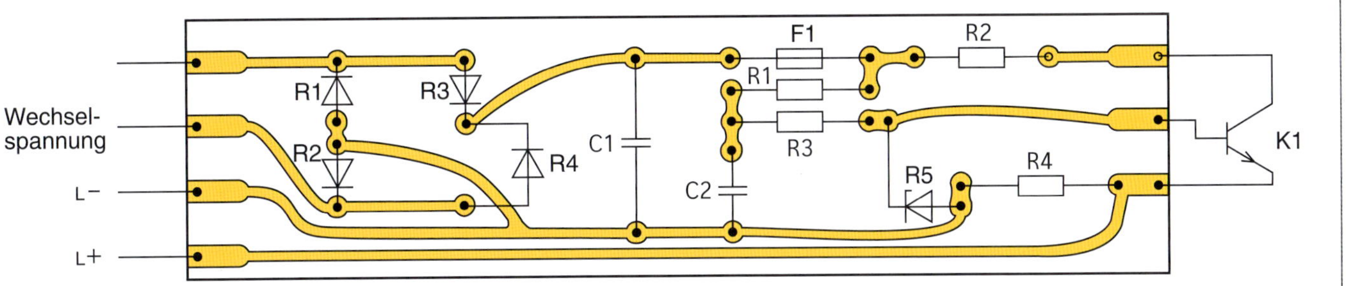

3 Technische Zeichnungen

3.1 Einführung

Aus der täglichen Erfahrung weiß man, dass „ein Bild mehr als 1000 Worte sagen kann“. Bilder und Zeichnungen sind meistens anschaulicher und eindeutiger als die Sprache. Aus diesen Gründen werden in der Technik häufig Zeichnungen verwendet.

Damit **Technische Zeichnungen** von allen Mitarbeitern verstanden werden, müssen sie besonderen Anforderungen genügen. Dazu gibt es Normen und andere Regeln.

Es wird in den Zeichnungen nicht nur die Körperform dargestellt, sondern es werden auch z. B. folgende Angaben gemacht, nämlich

- die Maße (Abb. 2 ①),
- die Güte der Oberfläche ② und
- der Werkstoff ③.

Elektrofachkräfte stellen im Allgemeinen keine technischen Zeichnungen her, sondern bekommen sie z. B. in der Anweisung zu ihren Arbeitsaufträgen. Sie müssen also in erster Linie Zeichnungen lesen können. Aber manchmal müssen sie auch Skizzen erstellen. Die Elektrofachkraft muss also die Darstellungsarten, Symbole, Vereinfachungen und Regeln für technische Zeichnungen beherrschen.

In den Kapiteln 3.1 bis 3.7 werden die verschiedenen Arten technischer Zeichnungen dargestellt und deren Besonderheiten erläutert. Dazu wird in diesem Buch zur Besprechung metalltechnischer Zeichnungen einen **Schraubstock** (Abb. 1) verwendet, der zum Einspannen kleiner Bauteile gedacht ist. Er wird mit einer Klemmvorrichtung an Arbeitsplatten befestigt.

Da in allen Zeichnungen die Linienarten die gleiche Bedeutung haben, sind sie in der folgenden Tabelle erklärt.

Bedeutung	Linienart	Darstellung	Beispiel
Körperkante, sichtbar	Volllinie, breit	———	④
Körperkante, verdeckt	Strichlinie, schmal	- - - - - -	⑤
Maßlinie	Volllinie, schmal	———	⑥
Maßhilfslinie	Volllinie, schmal	———	⑦
Mittellinie	Strichpunktlinie, schmal	–·–·–·–	⑧
Schraffur	Volllinie, schmal	———	⑨
Bruchlinie	Freihandlinie, schmal	∿∿	

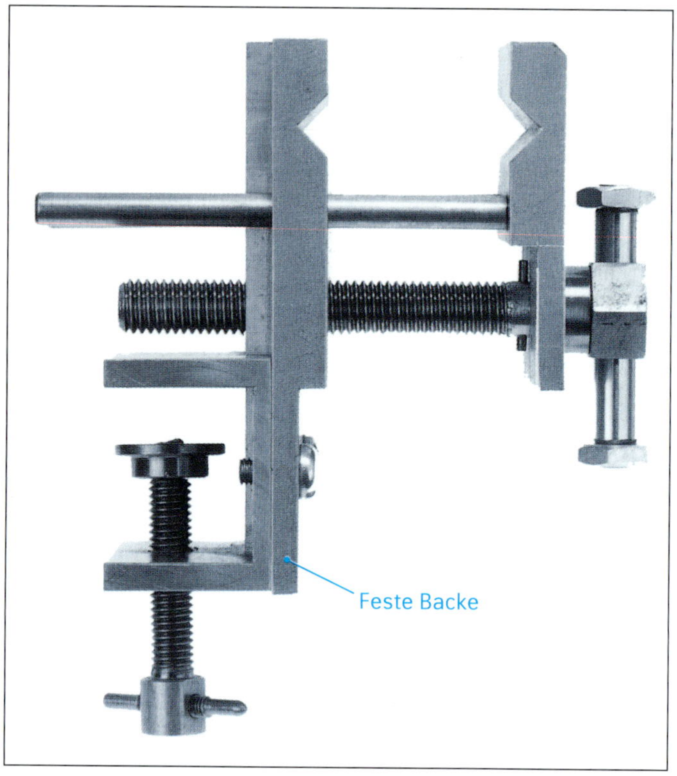

Abb. 1: Schraubstock

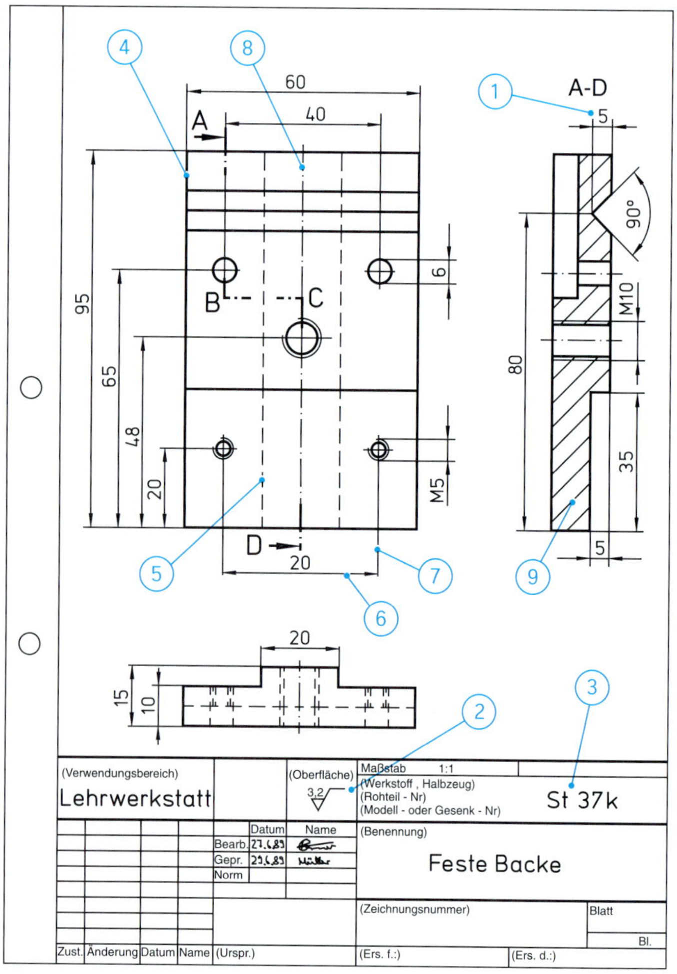

Abb. 2: Technische Zeichnung der Festen Backe

Zusammenbau des Schraubstocks

Mithilfe einer **Explosionszeichnung** (Bezeichnung nach DIN: **Anordnungsplan**) können die Einzelteile des Schraubstocks sowie ihr Zusammenbau erkannt werden.

Sie ist eine sehr anschauliche Darstellung und kann deshalb von jedem Betrachter sofort verstanden werden. Dies liegt daran, dass die einzelnen Teile in einer räumlichen Darstellung gezeichnet wurden. Sie kommen damit dem tatsächlichen Aussehen sehr nahe. Solche Pläne werden oft für Montage-Anleitungen bei Bausätzen und für Reparatur-Anleitungen benutzt.

Die einzelnen Bauteile sind so dargestellt, wie sie beim Zusammenbau ineinander oder aneinander gefügt werden sollen, d.h. die entsprechenden Achsen bzw. Kanten liegen in einer Flucht. Es entsteht so der Eindruck, als ob das Werkstück auseinander gezogen wurde oder als ob es explodieren würde. So ist für diese Darstellungsart der Name Explosionszeichnung entstanden.

Für Explosionszeichnungen gibt es keine genormten Festlegungen. Es werden trotzdem bestimmte Regeln eingehalten.

Explosionszeichnungen werden die einzelnen Bauteile des Werkstücks als Raumbild (dimetrische Projektion) dargestellt.

Von den Bauteilen werden nur die typischen Kanten gezeichnet, wobei keine Maßstäbe eingehalten werden.

Gemeinsame Fluchtrichtungen (Abb. 2 ②) bzw. Mittellinien geben den Fluss des Zusammenbaus an, wobei keine verbindlichen Angaben über die Reihenfolge gemacht werden.

Die Einzelteile (**Positionen**) werden nummeriert ①. In einer Stückliste (Abb. 1) sind sie mit Bezeichnungen aufgeführt. Dort sind auch Angaben darüber gemacht, aus welchen Halbzeugen die Einzelteile hergestellt werden. So wird z.B. die feste Backe (Teil 7) aus Flachstahl 60x15 mm gefertigt.

Schraubstock			
Pos.	St.	Benennung	Werkstoff/Norm
1	1	Knebel 1	DIN 668-9S20k-Ø4
2	1	Feststellspindel	DIN 175-Ck45-Ø16
3	1	Klemmscheibe	DIN 668-9S-20k-Ø20
4	2	Zylinderschraube	DIN 84-M5x10-6,8
5	1	Halter	DIN 1026-St37-2-U40
6	2	Führungsstange	DIN 175-C105W1-Ø6
7	1	feste Backe	DIN 174-St37-2-60x15
8	1	Spannstift	DIN 7346-Ø2x16
9	1	lose Backe	DIN 174-St37-2-60x10
10	1	Distanzring	DIN 668-St37-2-Ø10,5
11	1	Hauptspindel	DIN 175-Ck45-Ø10
12	2	Mutter	DIN 439-M8-6,8
13	1	Knebel 2	DIN 668-9S20k-Ø8

Abb. 1: Stückliste des Schraubstocks

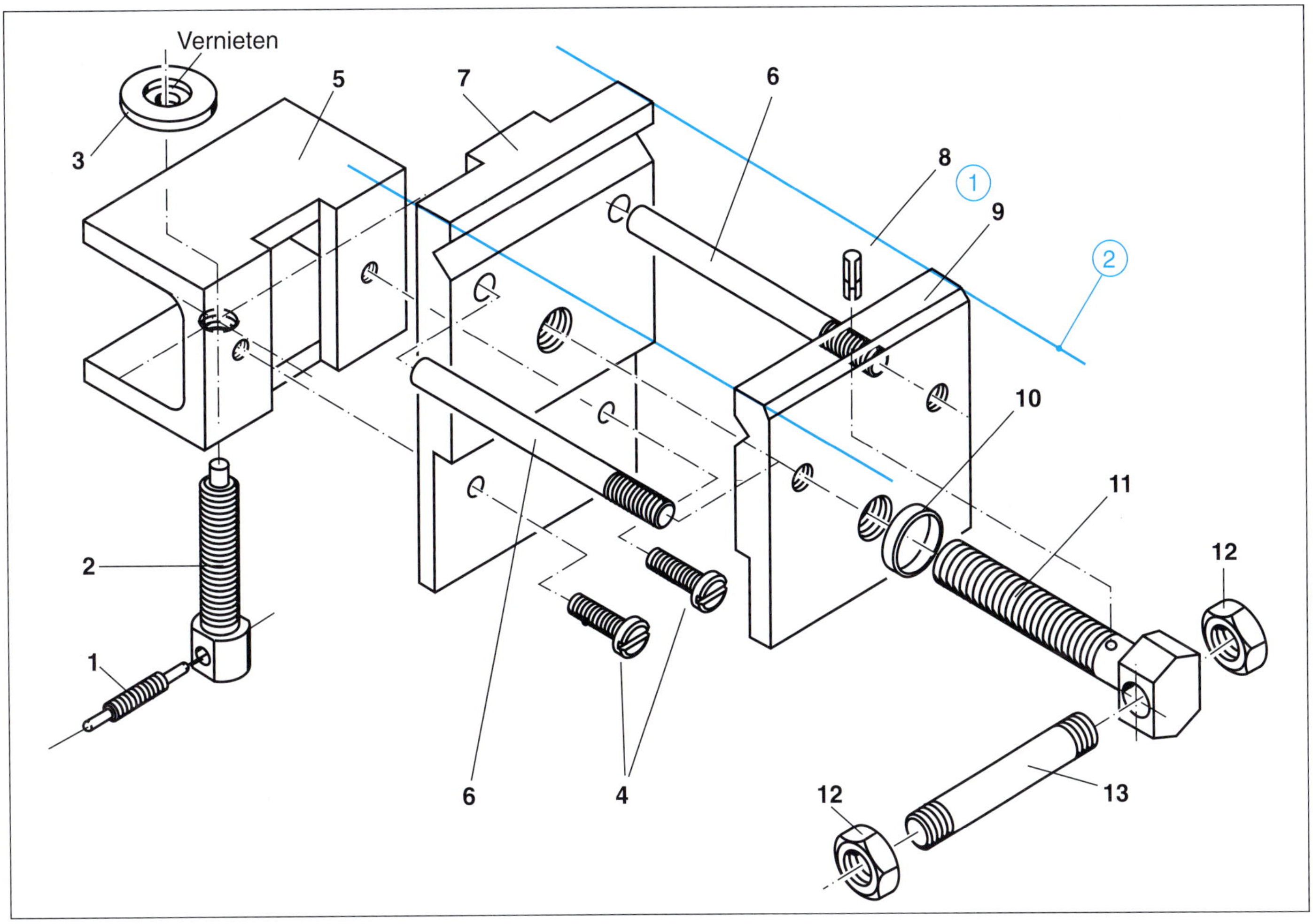

Abb. 2: Explosionszeichnung des Schraubstocks

Aufgaben

3.2.1 Spannvorrichtung

a) Das Werkstück soll zusammengebaut werden.
Geben Sie eine mögliche Reihenfolge dafür an!
Nennen Sie die entsprechenden Befestigungsarten!

b) Beantworten Sie folgende Fragen und begründen Sie Ihre Antworten!

1. Welche Teile werden mithilfe von Zylinderkopfschrauben verbunden?
2. Welches Teil kann eine Drehbewegung ausführen?
3. Welches Teil kann hin und her bewegt werden?
4. Warum geht des Gewinde der Passschraube nicht bis an deren Kopf?
5. Wie lang müssen die Zylinderstifte (Pos. 3) mindestens sein?
6. Würde die Länge der Zylinderkopfschrauben auch ausreichen, wenn im Teil 2 keine Senkungen wären?
7. Muss die Bohrung im Schieber eine Durchgangsbohrung sein?

Stückliste

Pos.	Benennung	Stück	DIN
1	Zylinderkopfschraube	2	DIN 84-M6x18-5.8
2	Führungsstück	1	DIN 174 60x12x41
3	Zylinderstift	2	DIN 7-6m6x20
4	Grundplatte	1	DIN 174 60x12x93
5	Schieber	1	DIN 174 60x12x66
6	Zylinderstift	1	DIN 8-6m6x14
7	Hebel	1	DIN 174 40x5x100
8	Passschraube	1	DIN 669 Ø 19x60

c) Einer der Zylinderstifte (Pos. 3) ist defekt. Er soll ausgewechselt werden.

Geben Sie an, welche Teile in welcher Reihenfolge ausgebaut werden müssen!

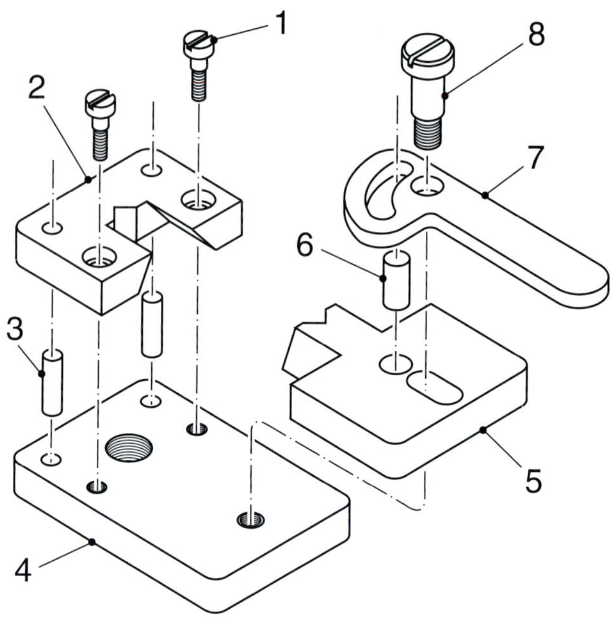

3.2.2 Exzenterschleifer

Die Explosionszeichnung mit der entsprechenden Stückliste stammt aus den Service-Unterlagen eines Herstellers von Elektro-Werkzeugen.

a) Geben Sie an, wofür diese Unterlage verwendet wird!
Begründen Sie Ihre Antwort.

b) Die Stückliste enthält keine Bezeichnungen.
Geben Sie den Positionen 1, 5, 19, 25, 26, 33 und 35 sinnvolle Bezeichnungen.

c) Untersuchen Sie die Durchmesser der Positionen 27, 29, 30, 26, 25 und 3.
Geben Sie bei den entsprechenden Durchmessern an, welche gleichgroß sein müssen.

d) Geben Sie die Bestell-Nr. des Schalters an.

e) Geben Sie die Funktion der Teile 46 und 47 an.

Stückliste

Pos.	Stück	Bestell-Nr.	Pos.	Stück	Bestell-Nr.
1	1	605 104	28	1	915 121
2	1	604 220	29	1	600 116
3	1	604 010	30	1	600 905
4	1	607 200	33	1	608 000
5	1	604 460	35	1	910 135
6	1	600 703	36	2	900 210
7	1	601 035	37	1	600 222
8	1	601 110	38	2	604 448
9	1	601 113	39	1	604 448
13	1	600 917	40	1	601 022
14	1	600 905	41	1	614 431
16	1	604 337	42	1	916 015
18	2	603 410	43	2	603 436
19	9	603 435	44	1	602 026
25	1	600 100	45	1	607 014
26	1	606 610	46	1	605 411
27	1	600 328	47	1	605 702

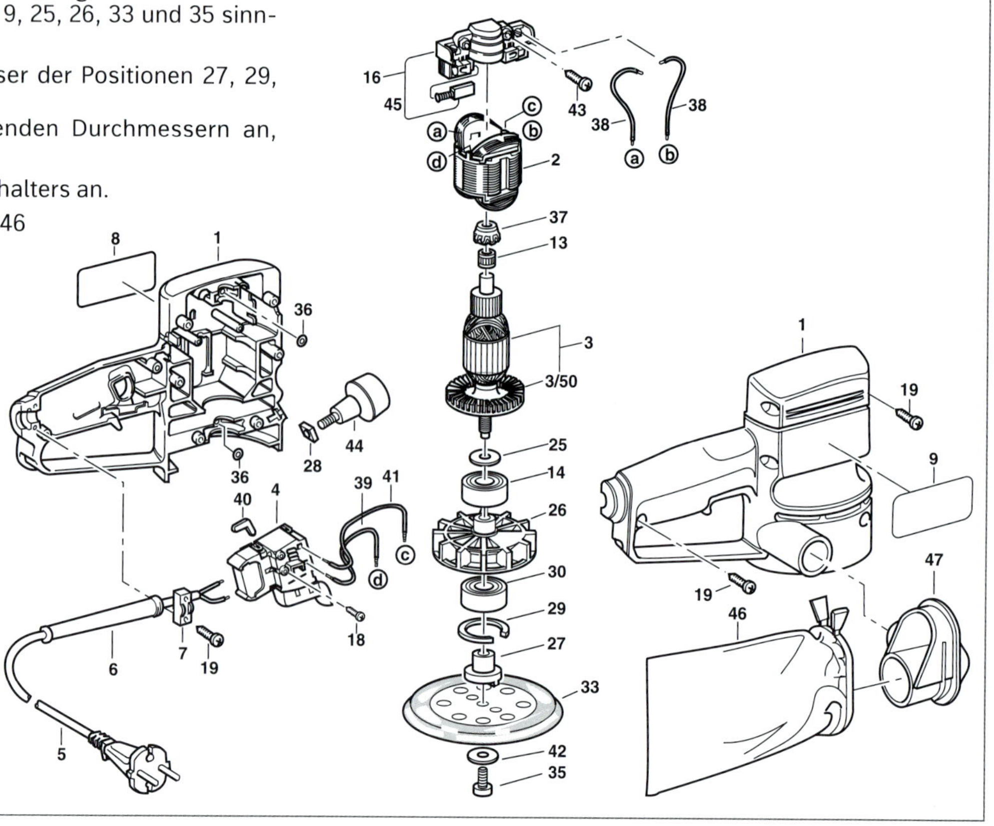

Maße des Zwischenblechs

Für das Einspannen besonders empfindlicher Bauteile werden Zwischenbleche aus plastischem Material (Abb. 1) benötigt, die zwischen die Schraubstock-Backen und das eingespannte Werkstück gehängt werden sollen. Zur Herstellung ist die Zeichnung in Abb. 2 erstellt worden. Die Bemaßung soll erläutert werden.

Flache Werkstücke werden nur in einer Ansicht dargestellt, da weitere Ansichten keine zusätzlichen Informationen bringen. Die Materialdicke wird durch die Angabe *t* = ... [1] (Abb. 2 ④) angegeben.

In metalltechnischen Zeichnungen sind Maße in mm angegeben.

Da alle Maße und die dazu gehörenden schmalen Linien außerhalb des Werkstücks angeordnet sind, ist der Umriss des Zwischenblechs deutlich zu erkennen. Dies ist eine übliche Anordnung, wenn auch Bemaßungen innerhalb eines Werkstückes vorkommen.

Die gute Lesbarkeit der Zeichnung ist durch die gleichmäßige Anordnung der Maßlinien von der Körperkante (10 mm) und untereinander (7 mm) erreicht. Die Maßlinien haben zur Begrenzung Pfeile. Bei kleinen Abmessungen werden dafür auch Punkte (Abb. 3b) gezeichnet.

Das Bauteil hat eine spiegelbildliche (symmetrische) Form. Das wird durch eine **Mittellinie** (Abb. 2 ②) gekennzeichnet. Diese ist als schmale Strichpunkt-Linie dargestellt. Die Breitenmaße des Werkstücks sind symmetrisch zu dieser Linie eingetragen ①.

Bei spiegelbildlichen Werkstücken sind die Breitenmaße symmetrisch zu den Mittellinien eingetragen.

Die Längsmaße sind in dieser Darstellung auf eine „Bezugslinie“ ③ ausgerichtet. Diese Anordnung ist fertigungsbezogen, weil so die Maße gut feststellbar sind. Bei unsymmetrischen Werkstücken ist für die Breitenmaße eine zweite Körperkante als Bezugskante benutzt.

Das Zwischenblech ist mit zwei Bohrungen und zwei Aussparungen versehen. Bei Löchern sind die Mittelpunkte ⑥ vermaßt, weil der Facharbeiter diese Angabe für die Fertigung benötigt. Vor der Durchmesserangabe des Loches ist das Zusatzsymbol Ø ⑤ angegeben.

Bei Bohrungen sind der Mittelpunkt und der Durchmesser bemaßt. Vor das Durchmessermaß ist das Symbol Ø gesetzt.

Hinweis:
Bei der Bemaßung von rechteckigen Löchern (Durchbruch) gibt es zwei Darstellungsarten.

Es kann die Mitte (Abb. 3a) des Durchbruchs vermaßt sein und dazu die Breite und die Länge. Eine zweite Möglichkeit ist das Vermaßen zweier Kanten des Durchbruchs bezogen auf die Körperkanten (Abb. 3b) und ebenfalls dazu die Breite und die Länge.

[1] thick (engl.) = dick

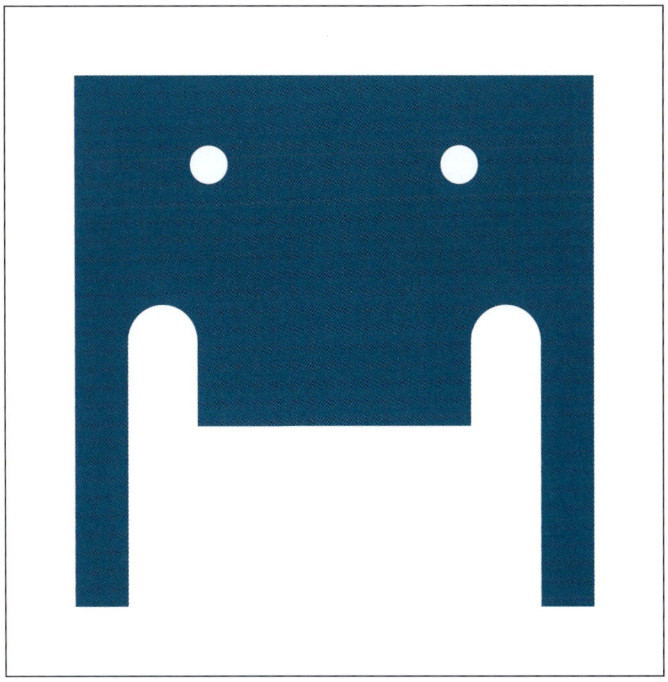

Abb. 1: Zwischenblech

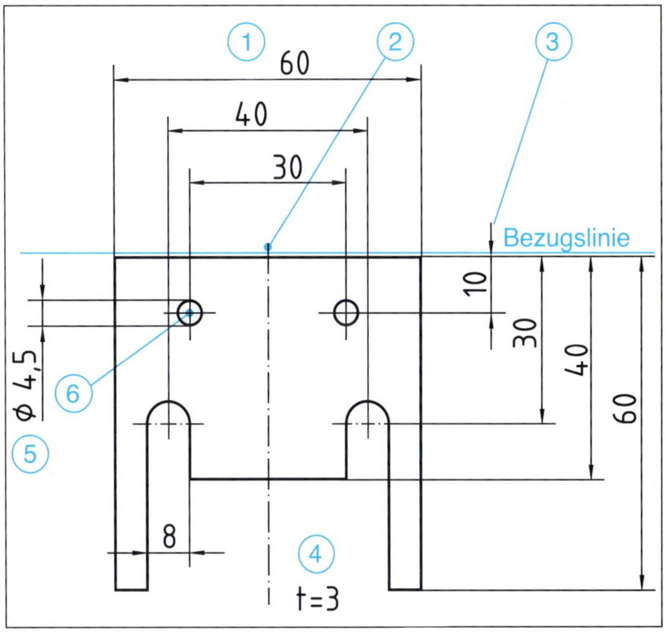

Abb. 2: Zeichnung des Zwischenblechs

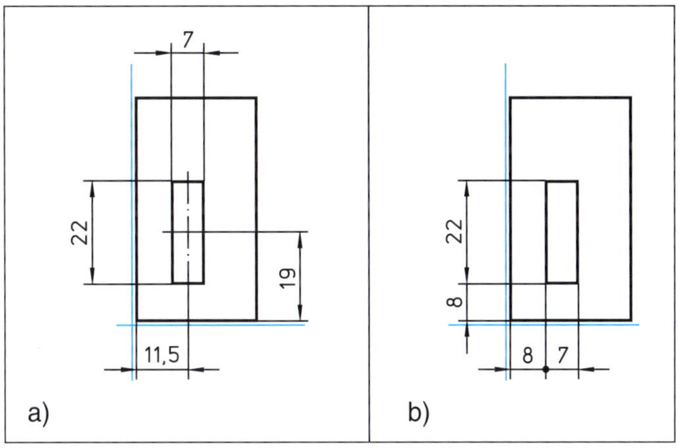

Abb. 3: Bemaßungen von Durchbrüchen

Aufgaben

3.3.1 Passteil

Zeichnen Sie das Werkstück (2 mm dick) einschließlich Bemaßung. Entnehmen Sie dazu die Maße dem Karoraster.

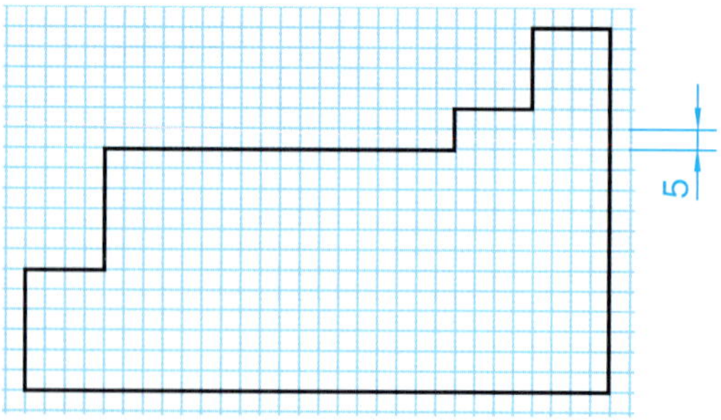

3.3.2 Blechteil

Zeichnen Sie das Werkstück (1 mm dick) einschließlich Bemaßung. Entnehmen Sie dazu die Maße dem Karoraster.

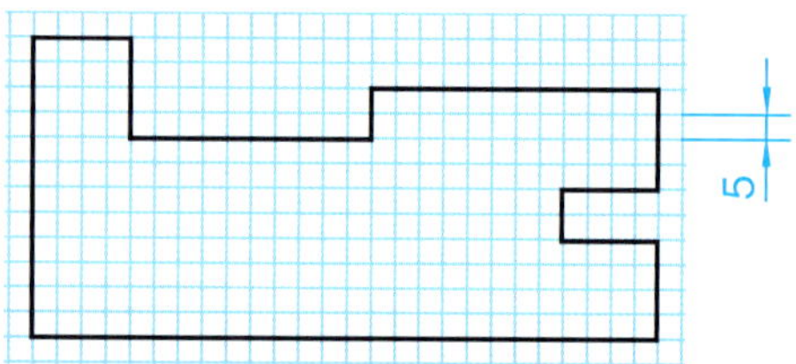

3.3.3 Stanzteil

Die folgende Zeichnung enthält mehrere Bemaßungsfehler. Zeichnen Sie das Werkstück mit richtiger Bemaßung.

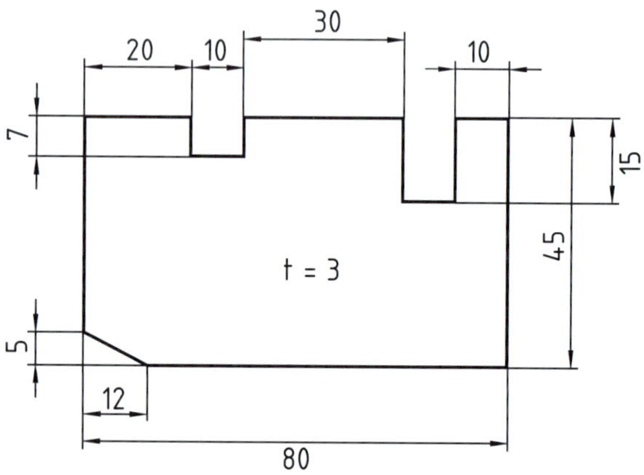

3.3.4 Stahllasche

Zeichnen Sie das Werkstück (2 mm dick) einschließlich Bemaßung. Entnehmen Sie dazu die Maße dem Karoraster.

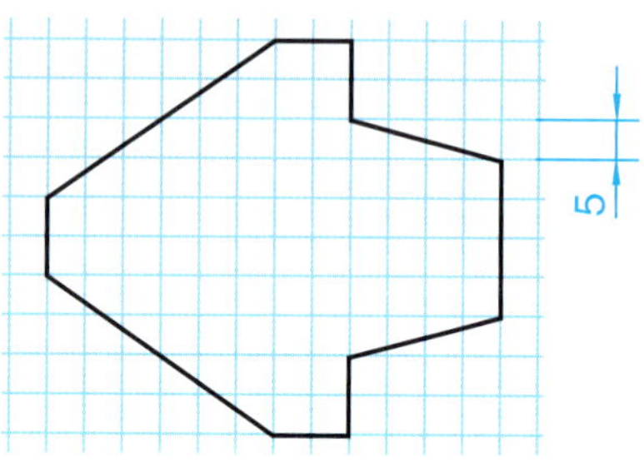

3.3.5 Deckel

Zeichnen Sie das Werkstück (3 mm dick) einschließlich Bemaßung. Entnehmen Sie dazu die Maße dem Karoraster.

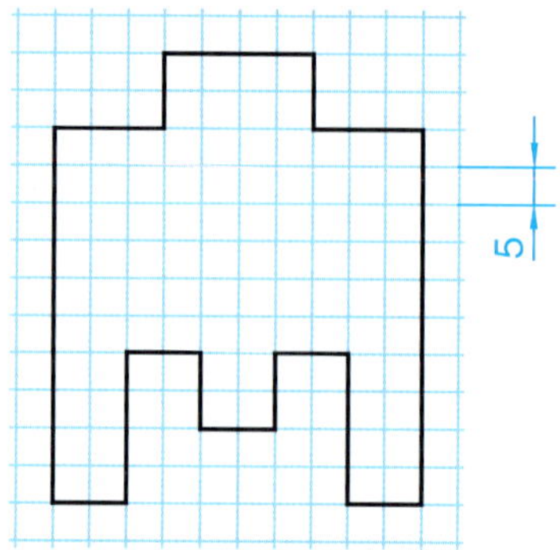

3.3.6 Gummidichtung

Zeichnen Sie das Werkstück (3 mm dick) einschließlich Bemaßung. Entnehmen Sie dazu die Maße dem Karoraster.

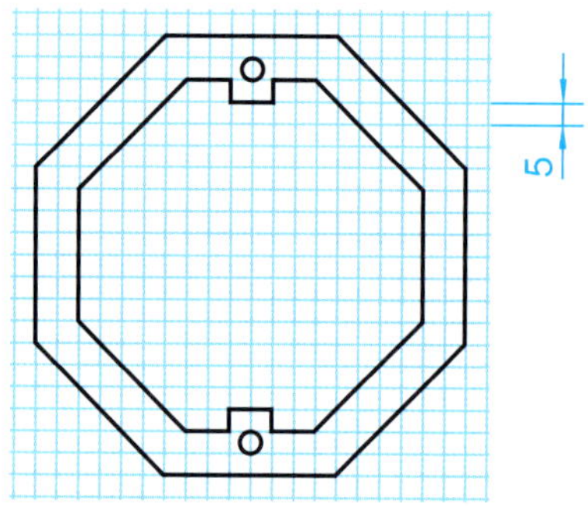

3.3.7 Grundplatte

Die folgende Zeichnung enthält mehrere Bemaßungsfehler. Zeichnen Sie das Werkstück mit richtiger Bemaßung.

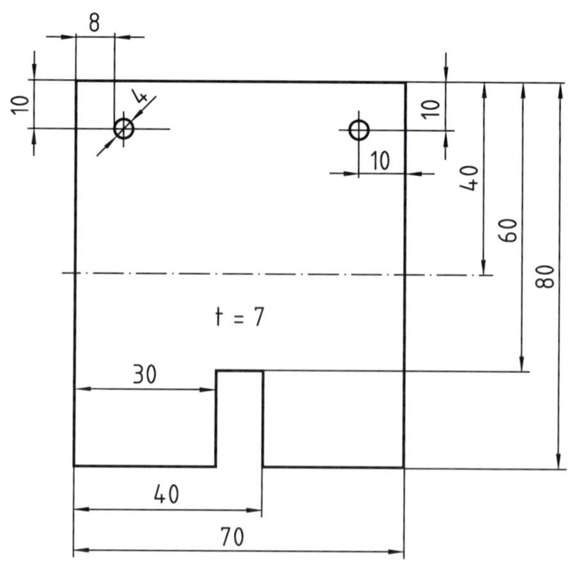

Darstellung der festen Backe

Um die Feste Backe des Schraubstocks (Abb. 2) herstellen zu können, ist eine technische Zeichnung erforderlich. Zur eindeutigen Darstellung dieses Werkstückes sind mehrere Ansichten notwendig.

Werkstücke, die ungleichmäßigen Querschnitt haben, müssen in **drei Ansichten** dargestellt werden. Diese Aussage kann leicht überprüft werden. Deckt man z. B. die Seitenansicht zu und versucht nur mithilfe der beiden übrigen Ansichten eine eindeutige Vorstellung vom Werkstück zu bekommen, so wird das nicht gelingen. Besonders deutlich wird das an der Nut (Abb. 1 ①).

> Werkstücke werden häufig in drei Ansichten dargestellt (Abb. 3). Die **Draufsicht** ist dazu unter und die **Vorderansicht** gezeichnet und die **Seitenansicht** (von links) rechts neben die Vorderansicht.

Diese Darstellungsart ermöglicht es, dass alle Maße an sichtbaren Körperkanten eingetragen werden konnten. So ist das für den Steg ③ z. B. nur in der Draufsicht möglich.

Da dies Werkstück symmetrisch ist, sind die Durchmessermaße für die Bohrungen ② ④ nur einmal eingetragen worden. Sie gelten auch für die andere Seite. Auch wenn keine Symmetrie vorhanden ist, werden bei Löchern gleicher Größe diese nur einmal bemaßt.

Abb. 2: Feste Backe (Foto)

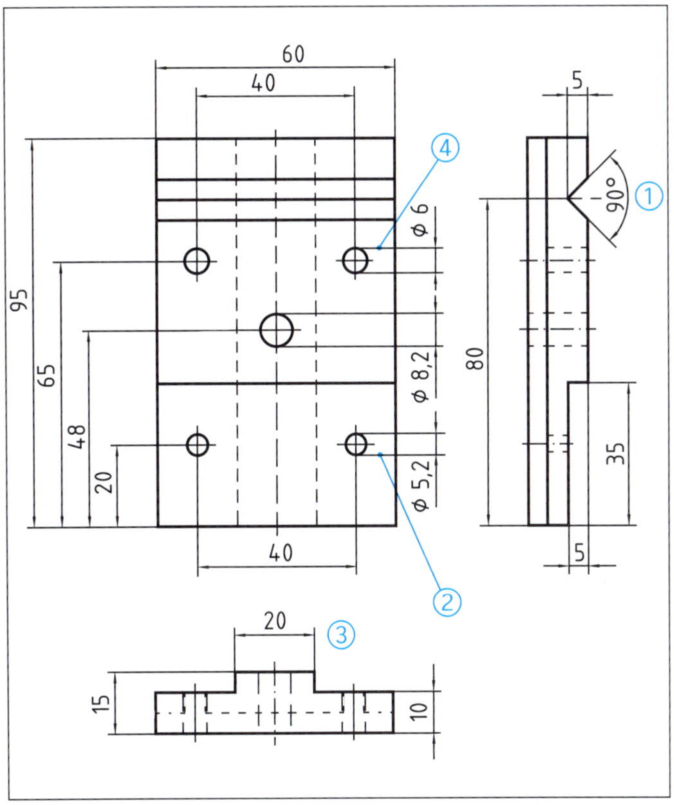

Abb. 1: Feste Backe

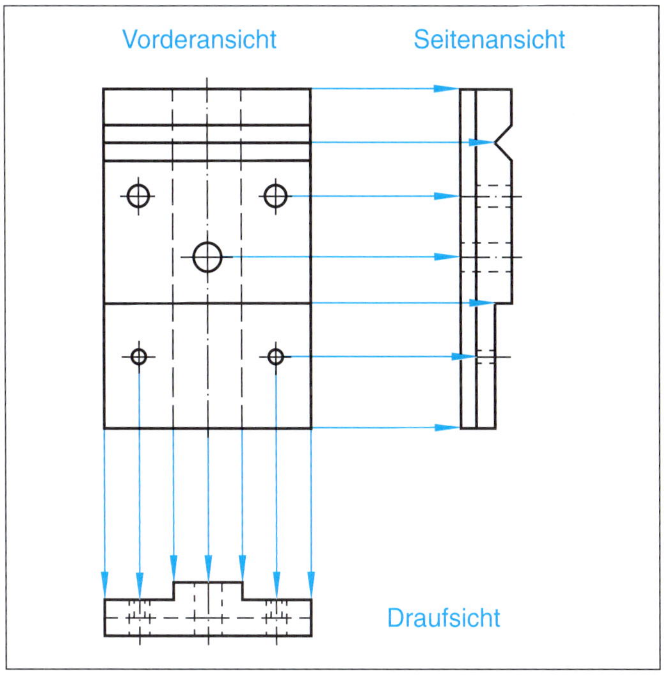

Abb. 3: Anordnung der Ansichten

Aufgaben

3.4.1 Querstück

Zeichnen Sie das Werkstück in drei Ansichten.

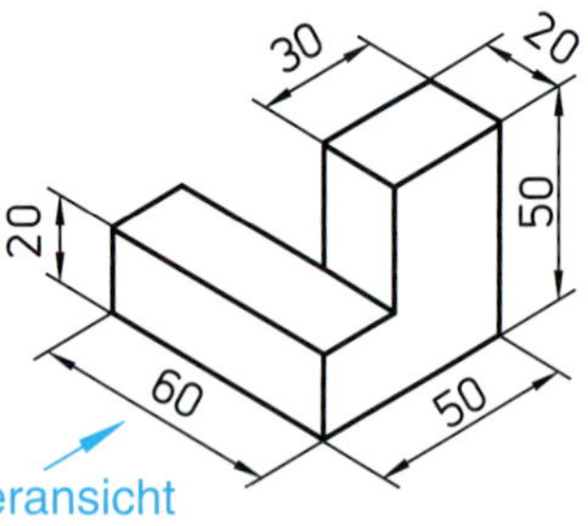

3.4.2 Ansichten-Zuordnung

Ordnen Sie den Vorderansichten 1...4 die Seitenansichten A...D und die Draufsichten I...IV zu.

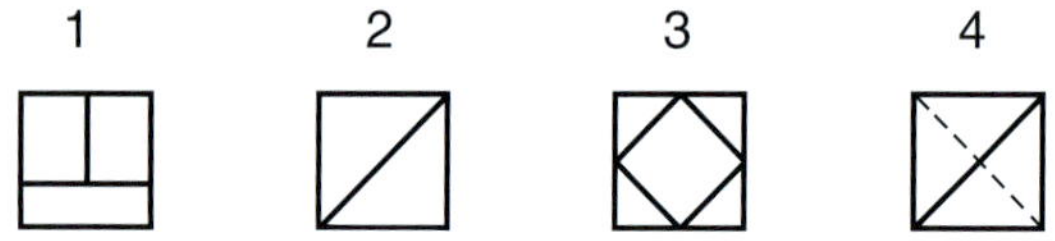

Vorderansichten

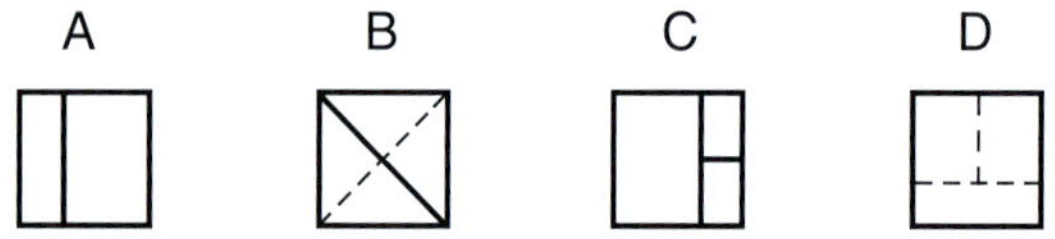

Seitenansichten

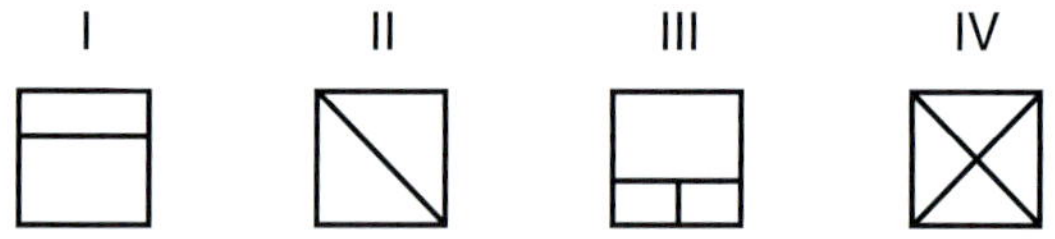

Draufsichten

3.4.3 Ansichten und perspektivische Darstellung

a) Zu den Ansichtspaaren 1...4 können verschiedene der perspektivischen Darstellungen A...K gehören. Ordnen Sie die Darstellungen den Ansichten zu.

b) Ordnen Sie die fehlenden Seitenansichten aus I...X den entsprechenden Kombinationen (siehe a) zu.

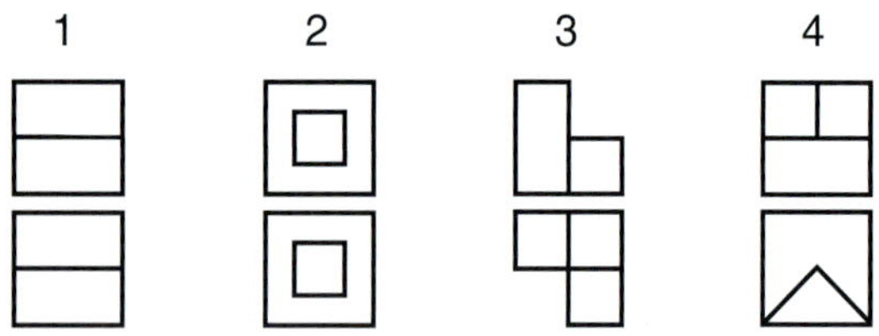

Ansichtspaare

3.4.4 Eindeutige Ansichten-Zuordnung

a) Ordnen Sie den Ansichtspaaren 1 ... 8 die betreffenden perspektivischen Darstellungen A...H zu.

b) Ordnen Sie den Ansichtspaaren 1 ... 8 die fehlende dritte Ansicht aus I...VIII zu.

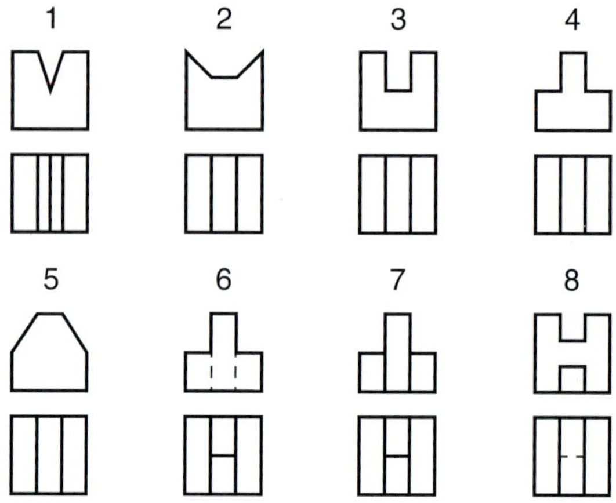

Ansichtenpaare

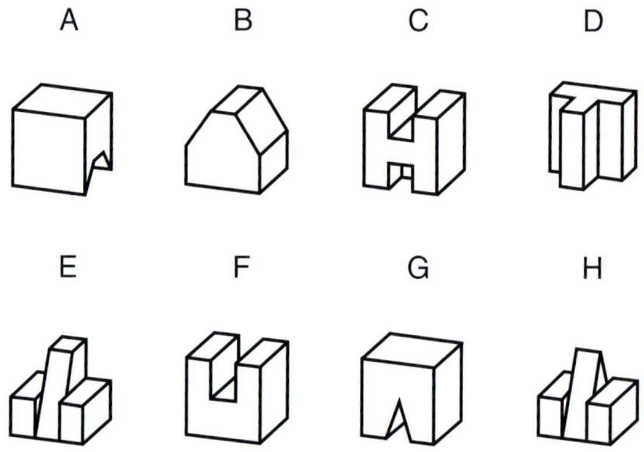

Perspektivische Darstellungen

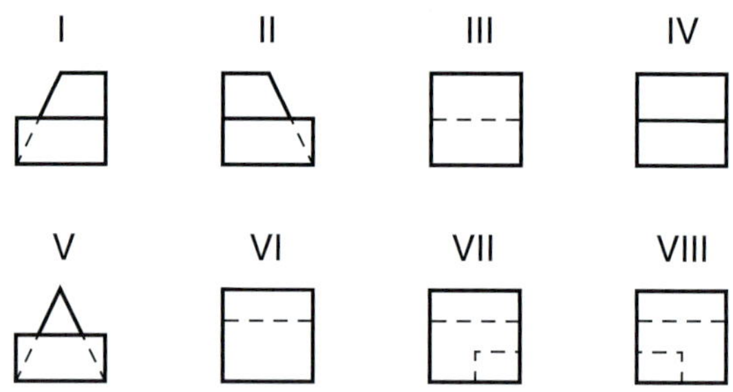

Ansichten

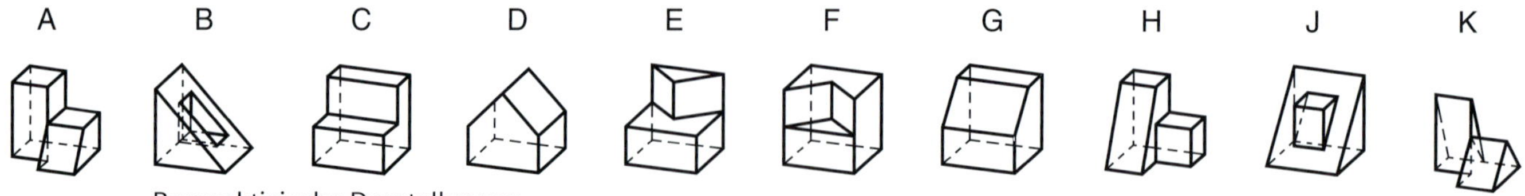

Perspektivische Darstellungen

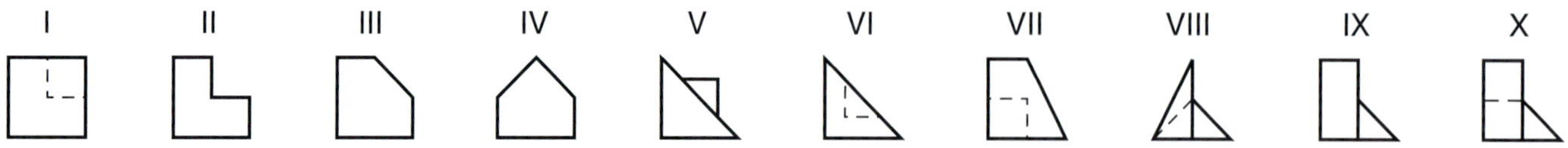

Seitenansichten

Darstellung der Klemmscheibe

Zur Herstellung der Klemmscheibe (Position 3 des Schraubstockes, S. 63, Abb. 2) wird eine technische Zeichnung benötigt. Mit den bisher vorgestellten Darstellungsmöglichkeiten ist diese Aufgabe nicht zu erfüllen. Die Tiefe der Bohrung Ø 10 kann nicht bemaßt werden.

Um die untere Kante der Bohrung sichtbar darstellen zu können, benötigt man eine Schnittdarstellung. Ihr Entstehen kann man sich folgendermaßen vorstellen:

- Man denkt sich die Klemmscheibe senkrecht entlang der Mittellinie durchgeschnitten (Abb. 2).
- So entsteht eine neue Ansicht (**Schnittansicht**).

> Für Schnittdarstellungen sind Werkstücke vorzugsweise entlang von Mittellinien geschnitten.
> Geschnittene Werkstoff-Flächen sind schraffiert.

Bei der Ansicht fällt auf, dass keine verdeckten Kanten eingezeichnet sind, obwohl durch den Absatz (Abb. 3 ①) eine verdeckte Kante entsteht. Die verdeckte Kante müsste im schraffierten Feld eingezeichnet werden. Dies würde zu undeutlichen Darstellungen führen.

> In Schnittdarstellungen sind keine verdeckten Kanten eingezeichnet.

Um Ansichten zu sparen, werden statt des **Vollschnittes** (Abb. 3) **Halbschnitte** (Abb. 4a) oder **Teilschnitte** (Abb. 4b) verwendet. Bei Halbschnitten endet die Schnittfläche an der Mittellinie. Teilschnitte sind durch Bruchlinien (Freihandlinien) begrenzt.

Um bei komplizierten Werkstücken Schnittansichten zu sparen, werden abgeknickte Schnittverläufe angewendet (Abb. 1). Die Anfangs- und Endpunkte sowie die Abknickpunkte sind fortlaufend mit Großbuchstaben gekennzeichnet ③. Die Blickpfeile ④ geben die Ansichtsrichtung an.

Da dieses Werkstück relativ klein ist, kann es schlecht bemaßt werden. Es wurde daher doppelt so groß gezeichnet. Dies ist durch die **Maßstabsangabe M 2:1** kenntlich gemacht. Das Zahlenverhältnis gibt das Verhältnis der gezeichneten Abmessungen zu den Werkstück-Maßen an.

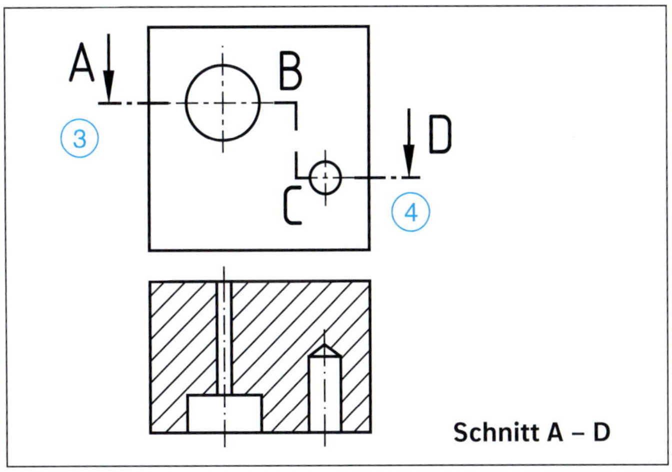

Abb. 1: Beispiel für abgeknickten Schnittverlauf

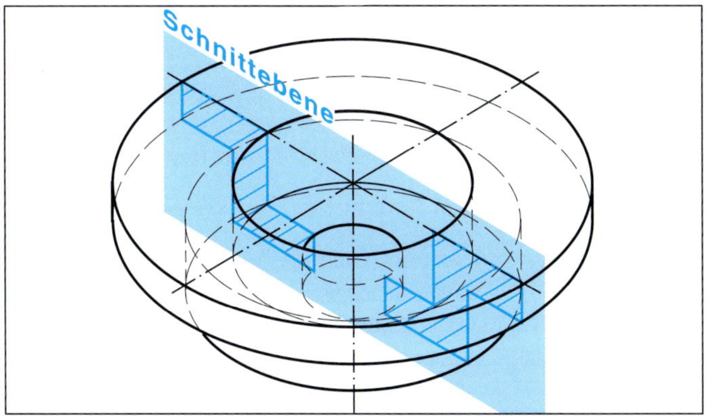

Abb. 2: Schnittebene an der Klemmscheibe

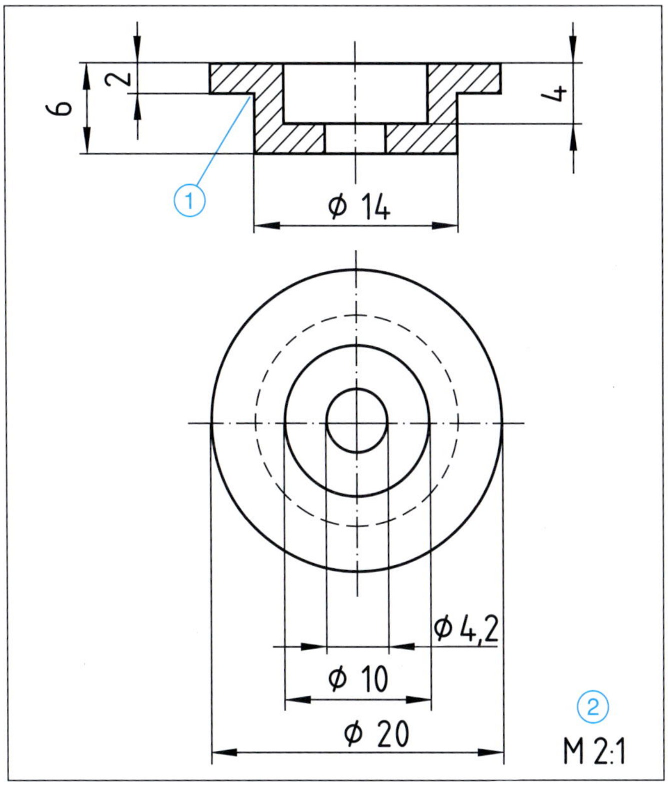

Abb. 3: Klemmscheibe

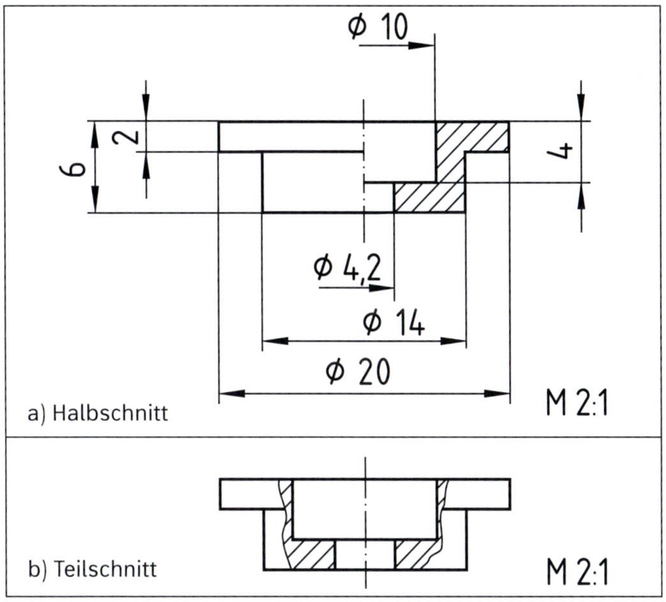

Abb. 4: Verschiedene Schnittdarstellungen der Klemmscheibe

Aufgaben

3.5.1 Grundplatte

Die Vorderansicht des Werkstücks ist mit 12 unterschiedlichen Schnittverlaufslinien dargestellt worden.

a) Ordnen Sie den Vorderansichten 1...6 die richtigen Seitenansichten aus A...M zu.

b) Ordnen Sie den Vorderansichten 7...12 die richtigen Draufsichten aus I...IX zu.

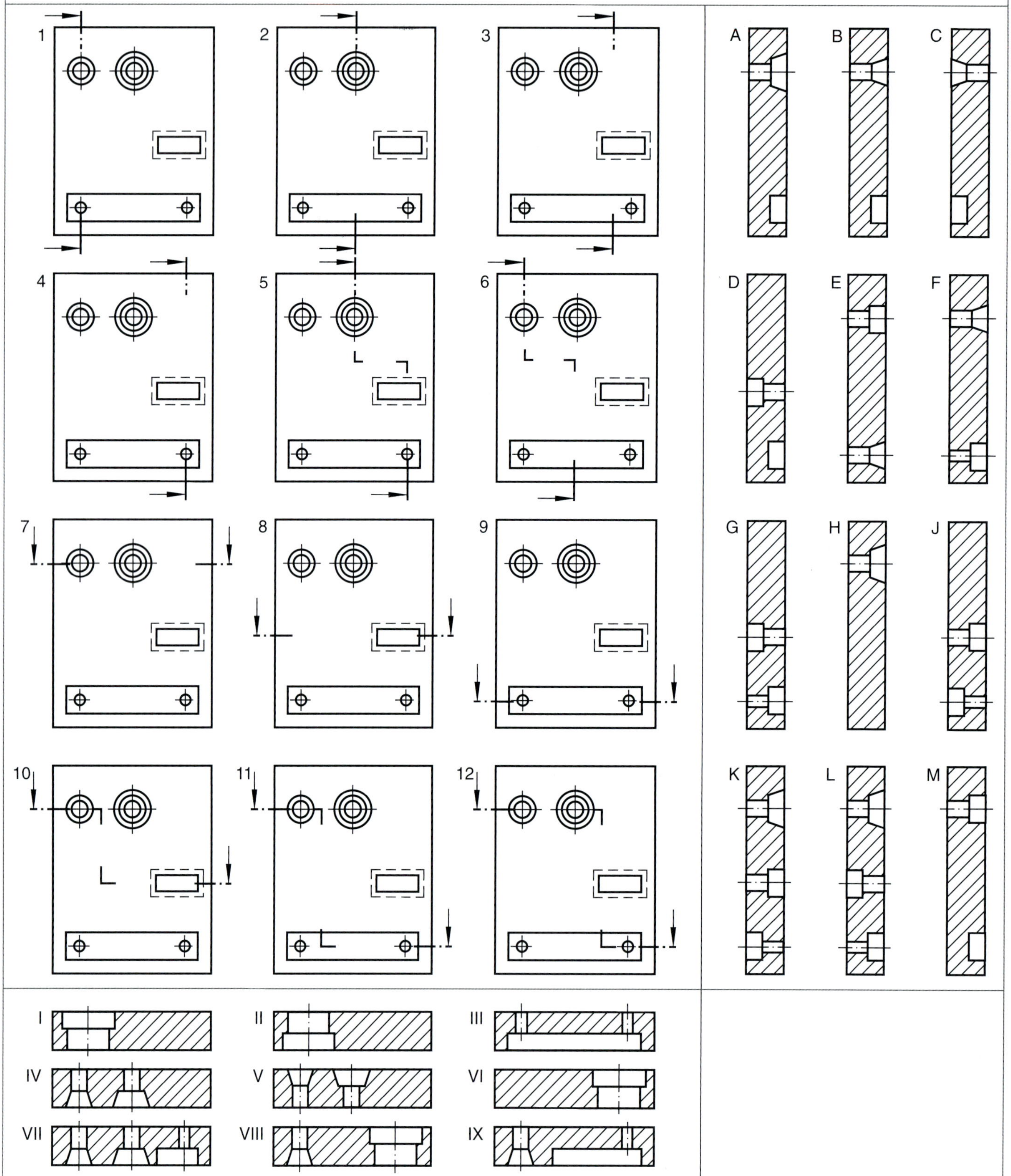

Darstellung der Hauptspindel

Für die Herstellung der **Hauptspindel** (Teil 11 des Schraubstocks, S. 63, Abb. 2) ist eine technische Zeichnung erforderlich. Das Werkstück besteht im Wesentlichen aus einem Bolzen mit Außengewinde (Abb. 2).

Beim Schneiden des Bolzengewindes wird ein Teil des Materials so herausgeschnitten (Abb. 3a ①), sodass eine Gewindespirale ② entsteht. Das bedeutet, dass der ursprüngliche Bolzendurchmesser zwischen den Gewindespitzen erhalten bleibt. Im Inneren des Bolzens bleibt ein bestimmter Teil unberührt (**Kern** ③). Dieser Kern und die Kanten des stehengebliebenen Außendurchmessers werden in allen Ansichten gezeichnet.

In technischen Zeichnungen sind die Außenkanten von Bolzengewinden als breite Volllinie (Abb. 4 ⑤) dargestellt. Der Kern ist durch eine schmale Volllinie ⑥ symbolisiert. Senkrecht zur Bolzenachse ist der Kernkreis als 3/4-Kreis mit schmaler Volllinie ⑦ gezeichnet.

Die unterschiedlichen Gewindeformen sind durch entsprechende Buchstaben vor den Maßzahlen gekennzeichnet ④.

Beispiele: **M**: Metrisches ISO-Gewinde
R: Whiteworth-Rohrgewinde
E: Elektrogewinde

Der Sechskant der Hauptspindel ist lediglich mit einem Maß versehen. Das ist deshalb völlig ausreichend, weil Sechskantköpfe genormt sind (DIN 475). Die übrigen Maße (Größe der Sechskantflächen, Eckmaß) liegen damit fest.

Sechskant-Teile sind durch Angabe der Schlüsselweite (SW) ⑧ an den parallelen Flächen bemaßt.

Bei Innengewinden (Muttergewinde) sind die Außenkanten als breite Volllinie (Abb. 1 ⑩) gezeichnet, die Innenkanten hingegen sind schmal ⑨. In der Draufsicht sind die Außendurchmesser 3/4-Kreise ⑪ als schmale Volllinien, also umgekehrt wie bei Außengewinden.

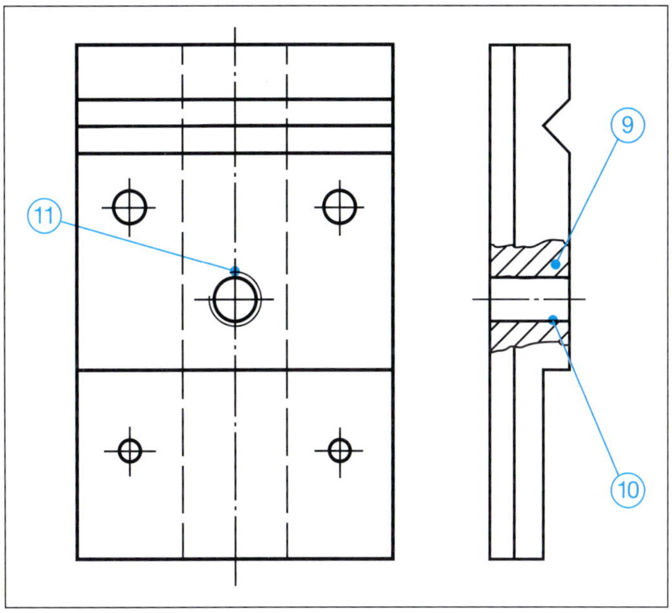

Abb. 1: Feste Backe

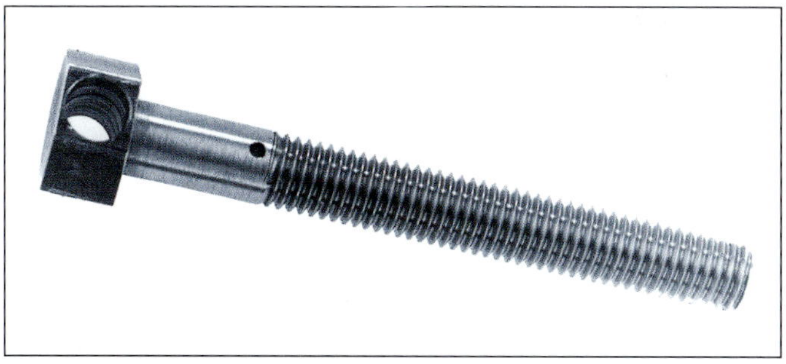
Abb. 2: Hauptspindel (Foto)

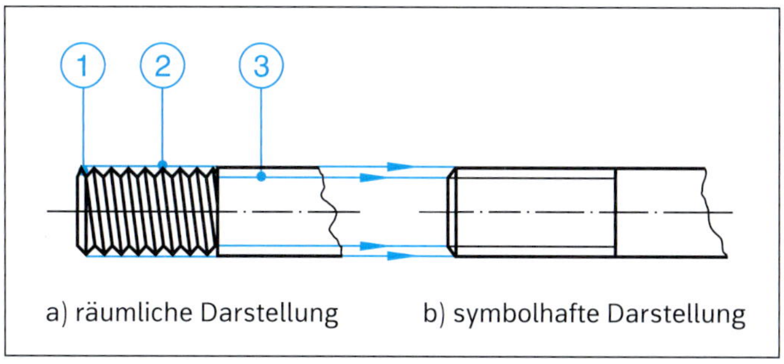

Abb. 3: Außengewinde (Bolzengewinde)

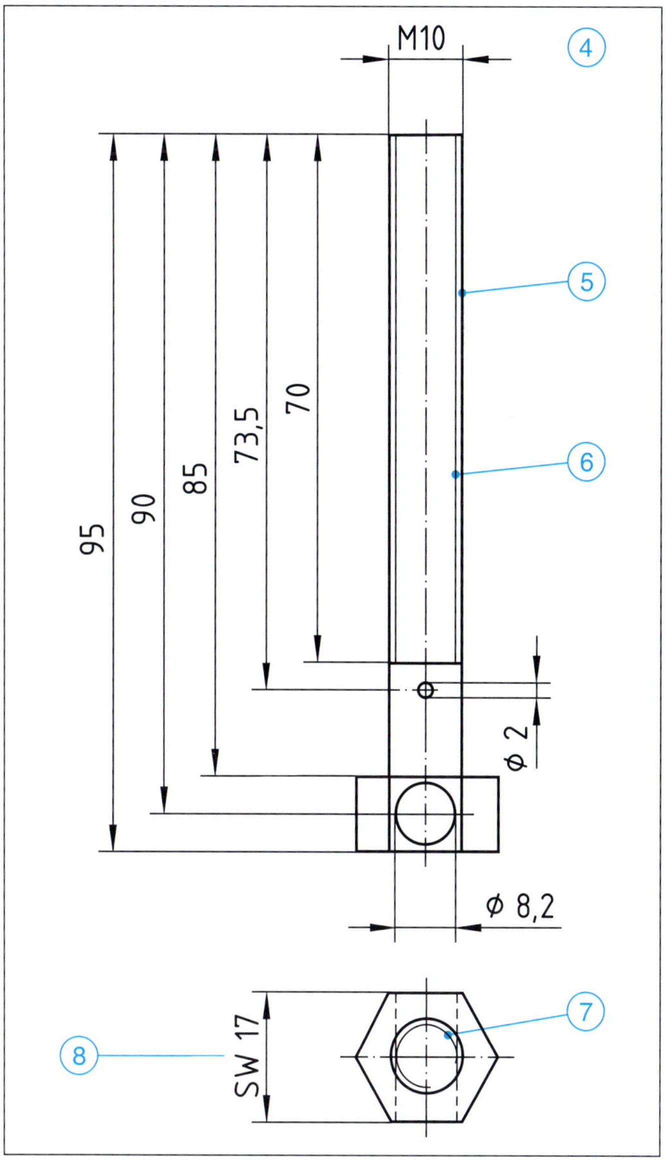

Abb. 4: Hauptspindel (Zeichnung)

Aufgaben

3.6.1 T-Stück

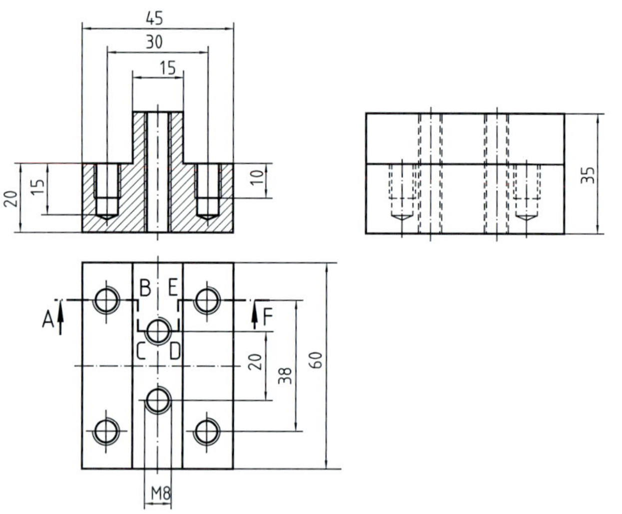

Analysieren Sie das T-Stück, indem Sie folgende Fragen beantworten und begründen.

1. Welche Länge, Breite und Höhe hat das Werkstück?
2. Ist das Werkstück in zwei Richtungen symmetrisch?
3. Haben alle Bohrungen den gleichen Durchmesser?
4. Welche Gewinde haben die Bohrungen?

3.6.2 Halter (Teil 5 des Schraubstocks)

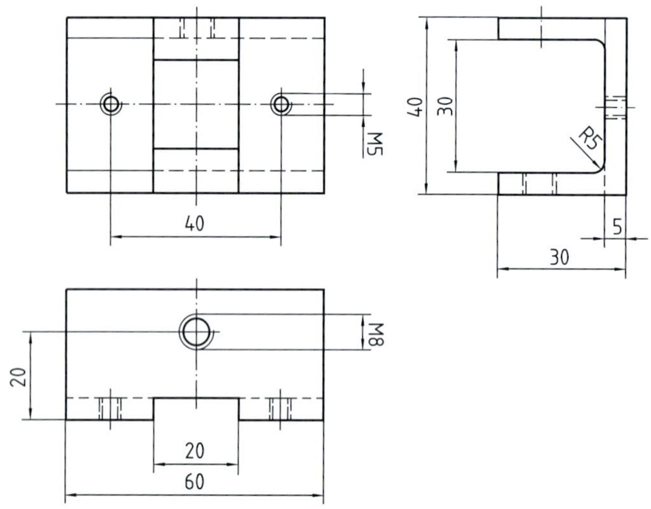

Vergleichen Sie die Zeichnung mit der perspektivischen Darstellung der Explosionszeichnung in Kap. 3.2.

Beantworten Sie folgende Fragen und begründen Sie Ihre Antworten.

1. Stimmen die Darstellungen überein?
2. Ist das Werkstück in zwei Richtungen symmetrisch?
3. Haben alle Bohrungen den gleichen Durchmesser?
4. Wozu dient die Aussparung mit der Breite 20 mm?

3.6.3 Spindel (Teil 11 des Schraubstocks)

Zeichnen Sie das Werkstück in zwei Ansichten einschließlich Bemaßung.

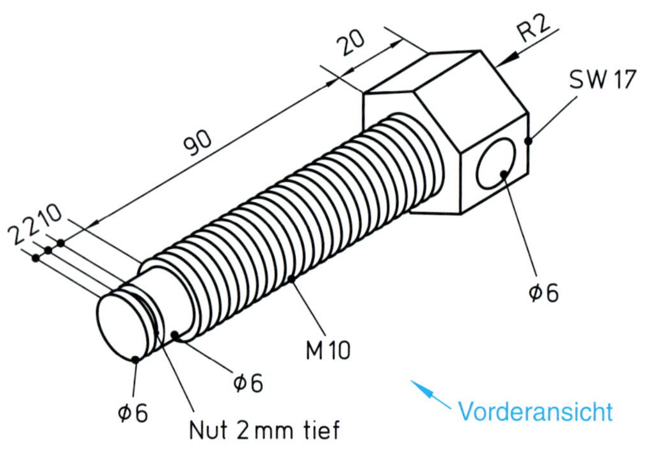

3.6.4 Spezialschraube

Zeichnen Sie das Werkstück in zwei Ansichten einschließlich Bemaßung.

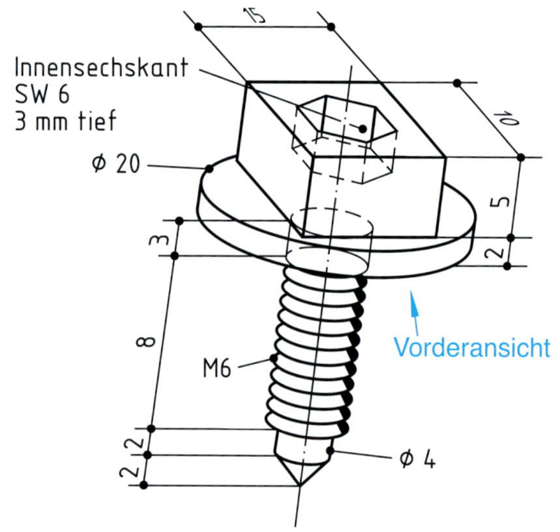

Erläuterung von Bauzeichnungen

Elektroniker haben es oft mit Gebäudegrundrissen zu tun. Sie müssen dort entweder Installationspläne eintragen oder Abmessungen für Kalkulationen entnehmen.

In Bauzeichnungen werden verschiedene Symbole (Abb. 1) verwendet.

Die **Maße** werden in verschiedenen Einheiten angegeben. Für Maße von 1 m und mehr wird die Einheit „m" verwendet. Bei kleineren Längen ist es „cm". Die Hochzahlen geben Bruchteile der Einheit an. So bedeutet z. B. 87^5 (Abb. 1 ⑥) 0, 875 m. Die Maße sind Rohbaumaße, d. h. ohne Putz. Die Maßlinien sind entweder durch Punkte oder Schrägstriche begrenzt.

In Bauzeichnungen sind die Maße in m oder cm angegeben. Bruchteile der entsprechenden Einheit sind durch Hochzahlen angefügt.

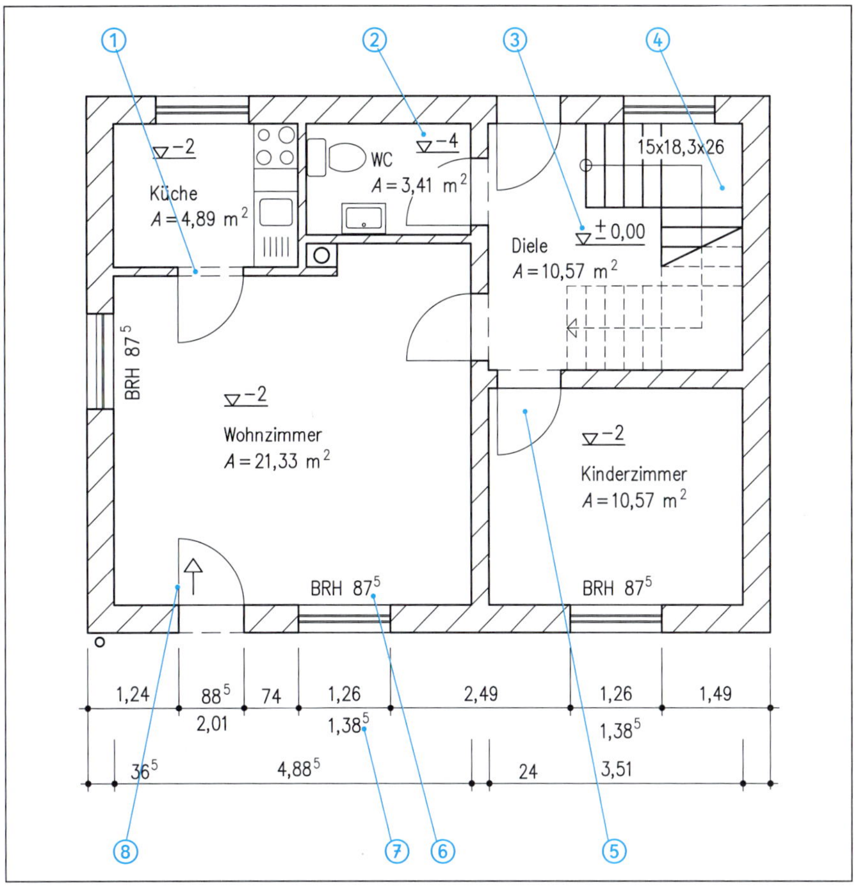

Abb. 1: Grundriss (unvollständige Bemaßung)

Bei Türen und Fenstern ist neben der Breite auch deren Höhe angegeben, wobei die Zahl oberhalb der Maßlinie ⑦ die Breite angibt. Bei Fenstern wird zusätzlich die **Brüstungshöhe** (**BRH**) ⑥ notiert.

Die Darstellung der Türschwellen zeigt die Höhe der betreffenden Böden zueinander, wobei zwei gestrichelte Linien ① angeben, dass beide Böden gleich hoch sind. Bei der Kinderzimmertür ⑤ zeigt die durchgezogene Linie, dass das Zimmer niedriger liegt als die Diele. Die Symbole ② und ③ geben in cm die Höhenunterschiede der fertigen Fußböden an. In diesem Fall ist der WC-Fußböden 4 cm niedriger als der Dielenfußboden.

Bei Türschwellen gibt die durchgezogene Linie die niedrigere Lage des betreffenden Fußbodens an.

Die Außentür ⑧ hat einen Hebe-Drehflügel. Weitere Symbole für Türen sind in Abb. 2 dargestellt.

In der Diele ist eine Treppe ④ dargestellt, die in das Obergeschoss führt. Sie hat keinen Abgang nach unten. Andere Treppenformen sind in Abb. 3 abgebildet.

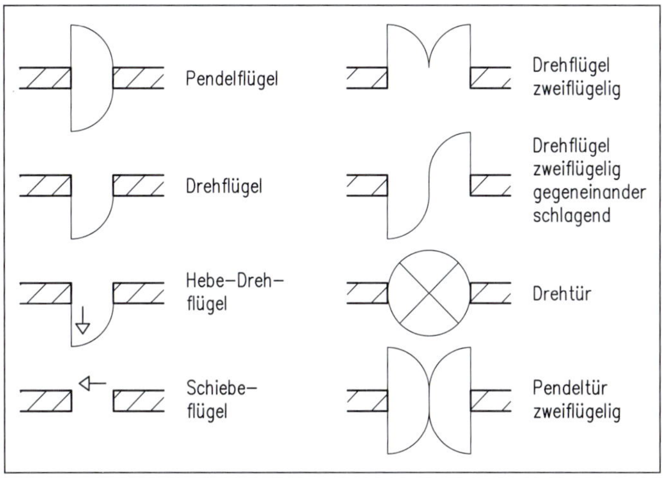

Abb. 2: Öffnungsarten von Türen

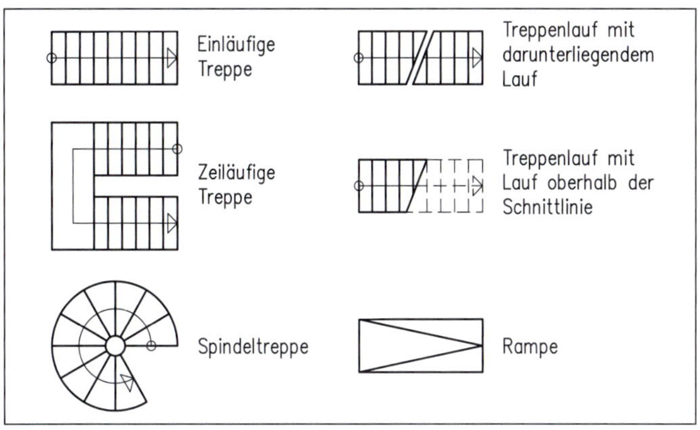

Abb. 3: Treppenarten

Aufgaben

3.7.1 Einfamilienhaus

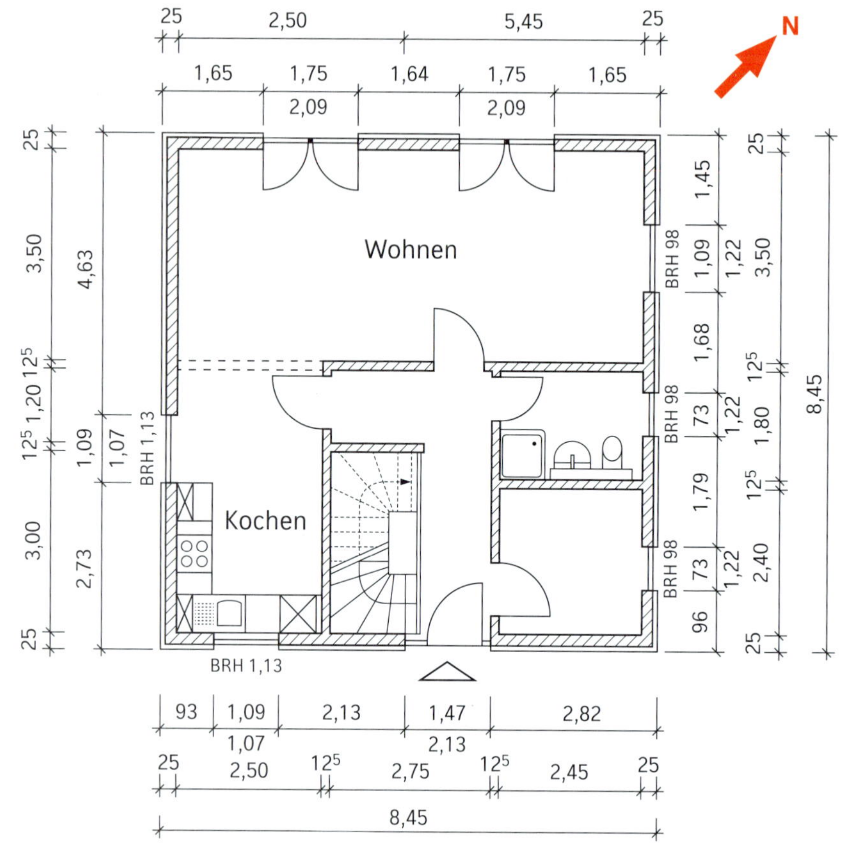

Erdgeschoss

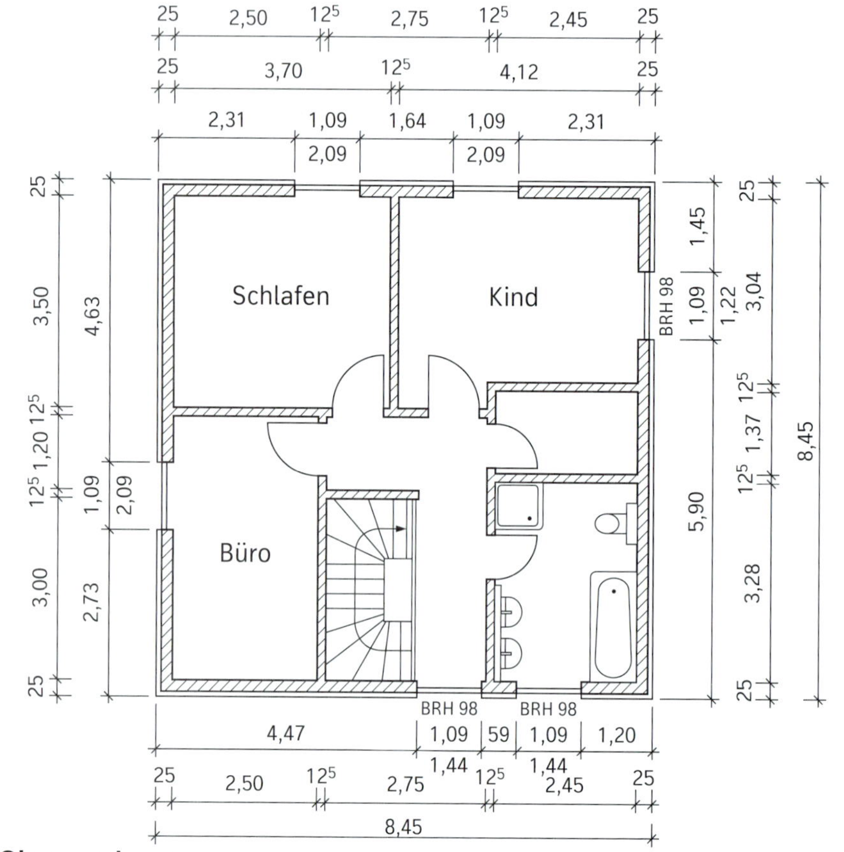

Obergeschoss

In den beiden Stockwerken des Einfamilienhauses soll eine elektrische Anlage installiert werden.

Damit Sie die richtigen Werkzeuge und auch Materialien dafür bereit halten, sollen Sie sich vorab mit den Gegebenheiten des Hauses vertraut machen.

Beantworten Sie dazu die folgenden Fragen bzw. erfüllen Sie die Aufträge.

1. Wie dick sind die Wände?
2. Vergleichen Sie die beiden Treppen und geben Sie die Unterschiede an.
3. Gibt es eine Treppe in den Keller?
4. Darf oberhalb sämtlicher Fenster eine Leitung installiert werden, wenn Installationszonen dafür 30 cm unterhalb der Decke sein sollen?
5. Kann im Wohnzimmer eine Ringleitung für Steckdosen installiert werden, wenn Installationszonen dafür 30 cm oberhalb des Fußbodens sein sollen?
6. Warum kann unterhalb der Fenster auf der Nordwest-Seite des Obergeschosses keine Leitung installiert werden?

Installationsplan

Anwendung: Räumliche Anordnung der Betriebsmittel in Grundrissen o. ä.

Merkmale: Keine Leitungen dargestellt, Schaltzeichen für einpolige Darstellung

Beispiel

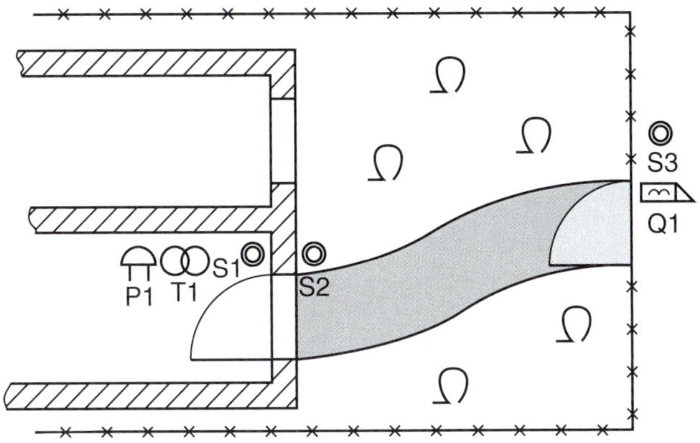

Übersichtsschaltplan S. 6

Anwendung: Überblick über Arbeitsweise und Gliederung einer Anlage

Merkmale: Zeigt wesentliche Anlageteile

Kann Verlegungsart enthalten

Wird einpolig dargestellt

Beispiel

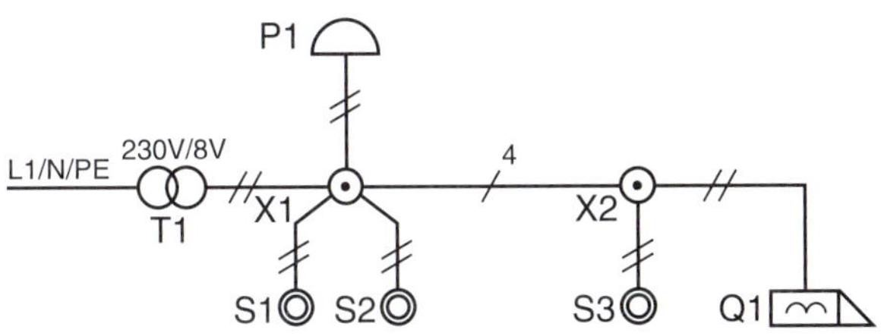

Verteilungsplan S. 25

Anwendung: Überblick über die Gliederung der Anlage und Zuordnung der Schutzorgane

Beispiel

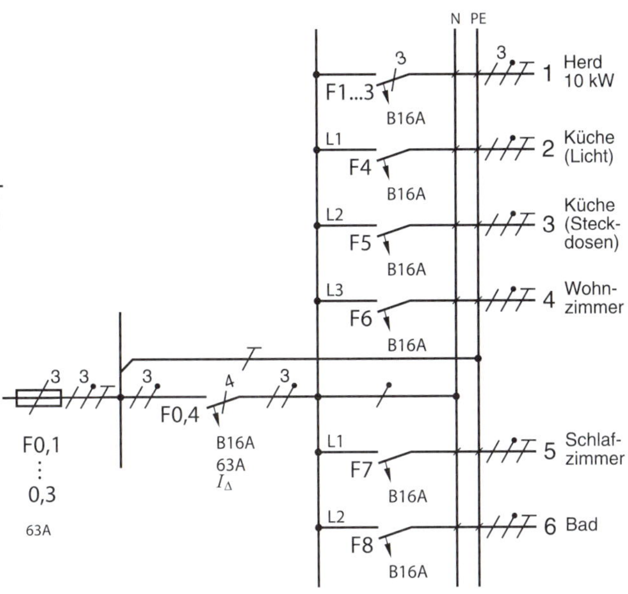

Stromlaufpläne

Anwendung: Erkennen der Wirkungsweise einer Anlage

Merkmale: Zeigt alle Betriebsmittel mit Klemmen und Leitungen

Wird mehrpolig dargestellt

Schaltgeräte unbetätigt und Verbraucher im stromlosen Zustand dargestellt

Stromlaufplan in zusammenhängender Darstellung S. 21

Merkmale: Einzelteile der Betriebsmittel zusammenhängend dargestellt

Anordnung der Betriebsmittel ähnlich wie Übersichtsschaltplan

Beispiel

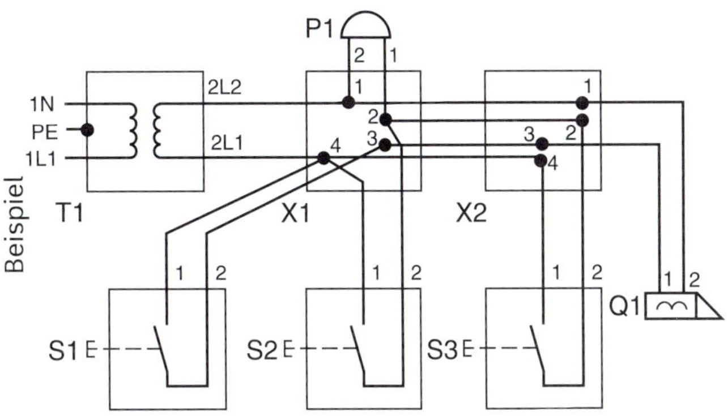

Stromlaufplan in aufgelöster Darstellung S. 21

Merkmale: Strompfade gradlinig und parallel

Strompfade möglichst kreuzungsfrei

Einzelteile der Betriebsmittel getrennt den einzelnen Strompfaden zugeordnet

Teile desselben Betriebsmittels haben die gleiche Betriebsmittel-Kennzeichnung

Schutzmaßnahmen nicht dargestellt

Stromfluss durch die Betriebsmittel in der gleichen Reihenfolge wie bei Stromlaufplan in zusammenhängender Darstellung

Beispiel

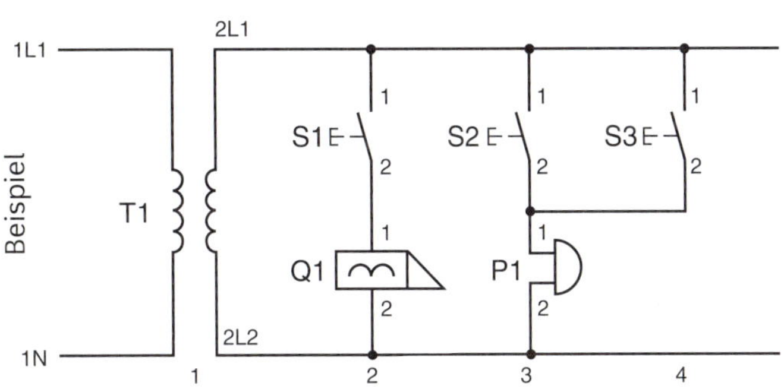

Ausschaltung S. 7

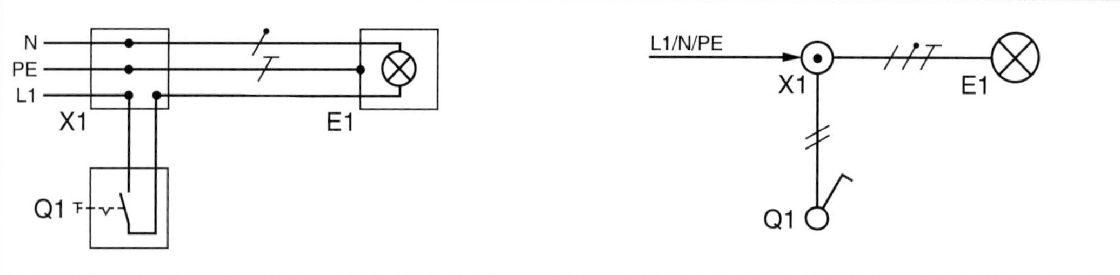

Serienschaltung S. 8

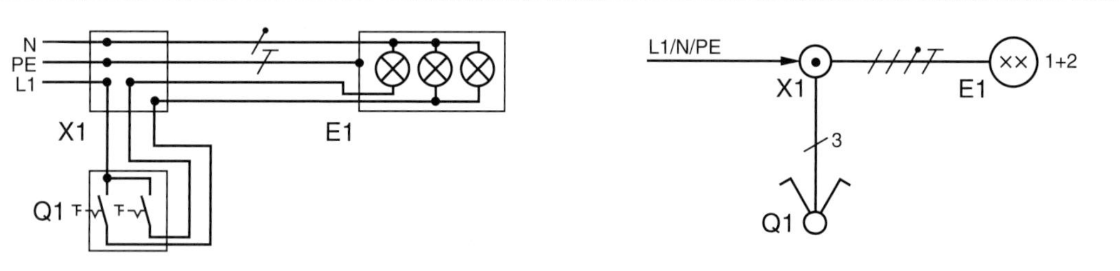

Gruppenschaltung

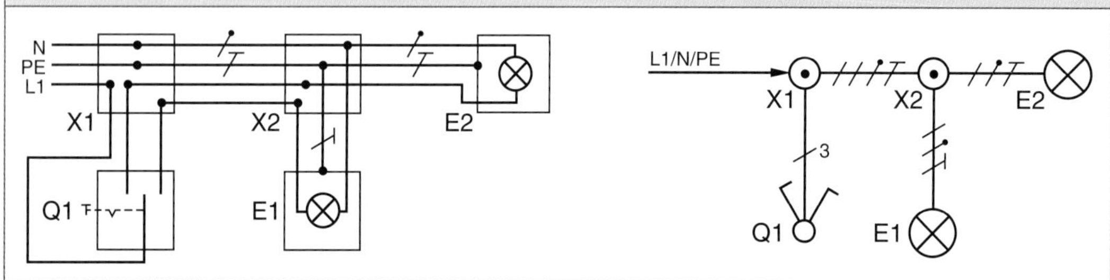

Wechselschaltung S. 13

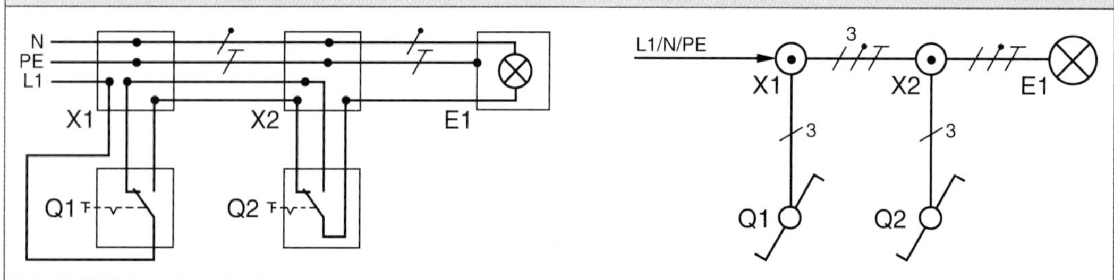

Sparwechselschaltung S. 14

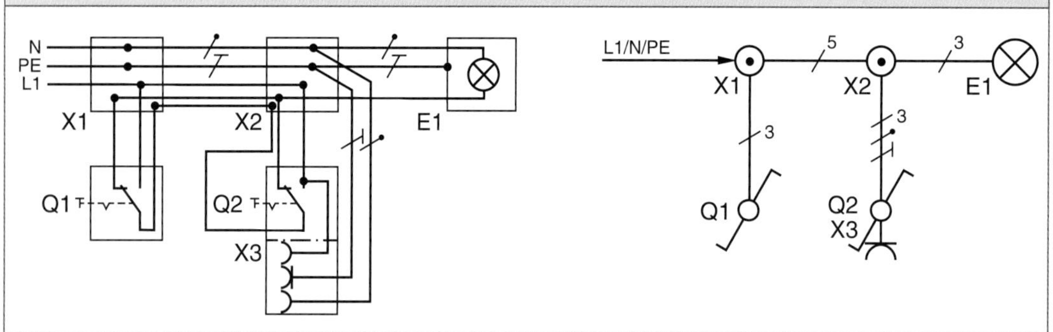

Kreuzschaltung S. 15

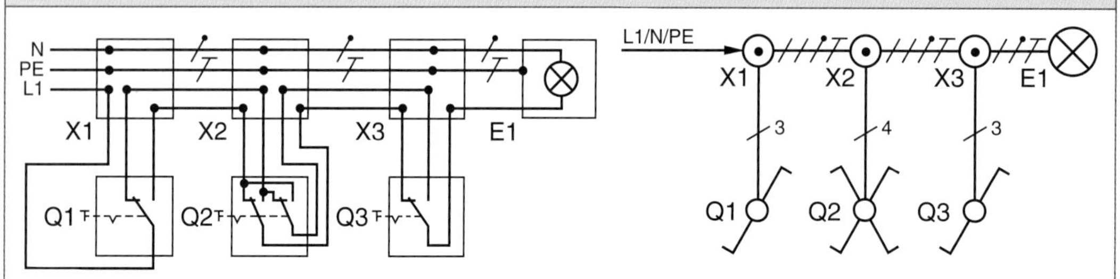

Besondere Schalter

Ausschalter mit Dimmer

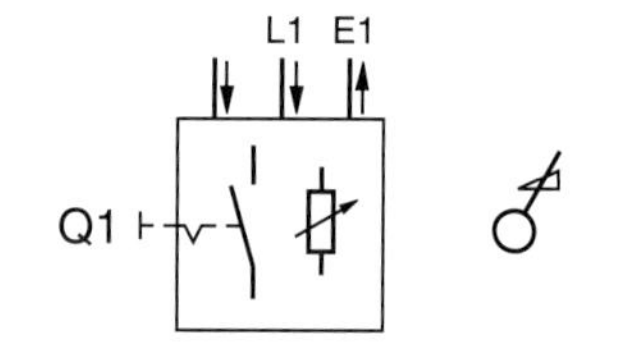

Wechselschalter mit Dimmer

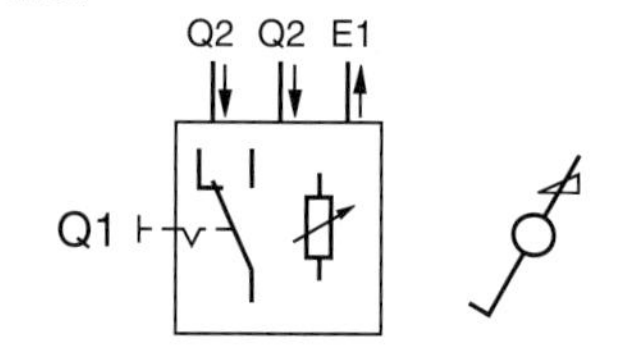

Beleuchteter Ausschalter

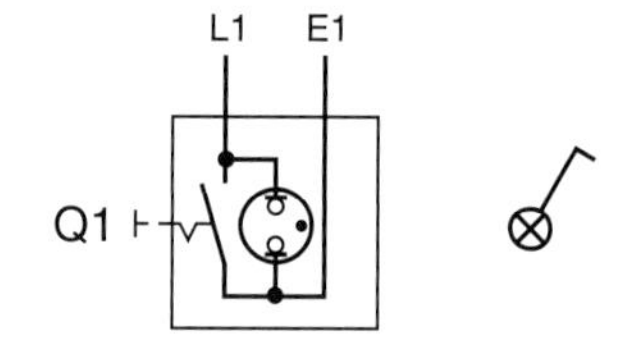

Ausschalter mit Kontrolllampe

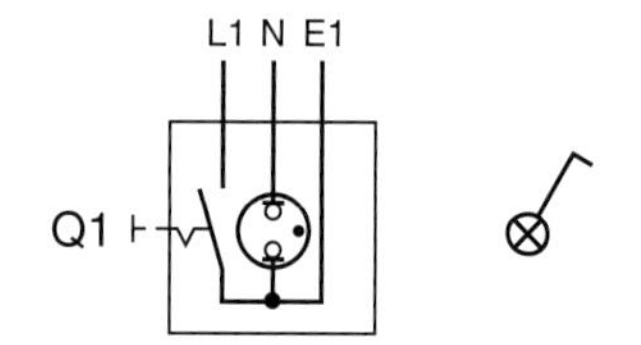

Wechselschalter mit Glimmlampe

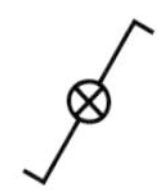

- beleuchteter Schalter

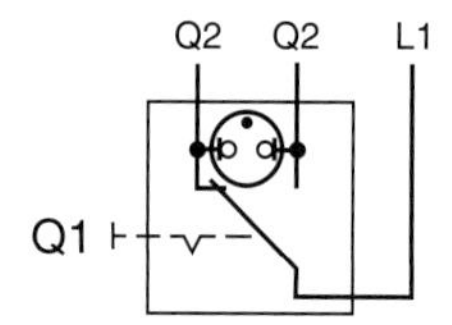

- Schalter mit Kontrolllampe

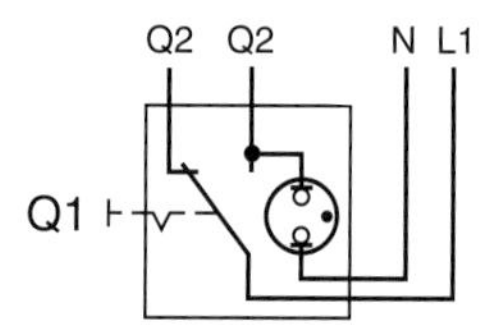

- Schalter ständig beleuchtet

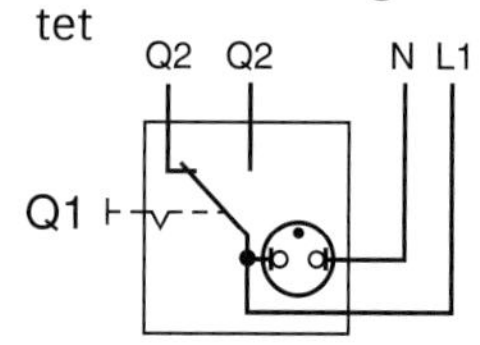

Tasterschaltung S. 19 ... 21

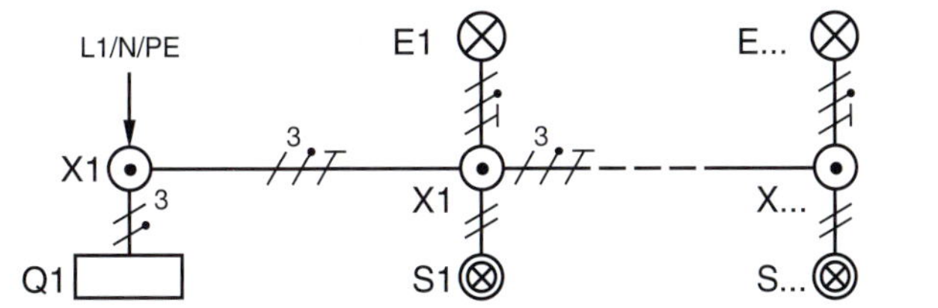

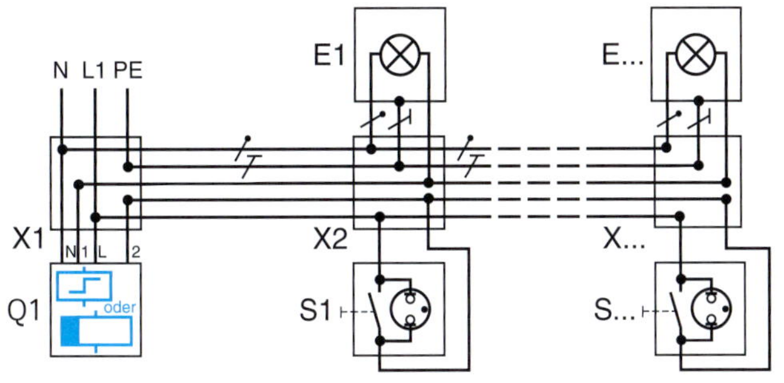

Stromstoßschalter

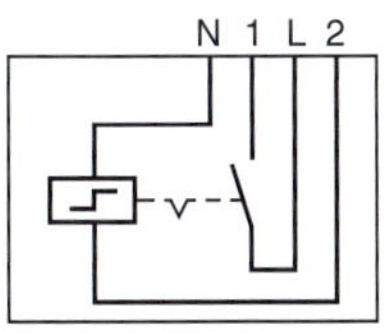

Zeitschalter

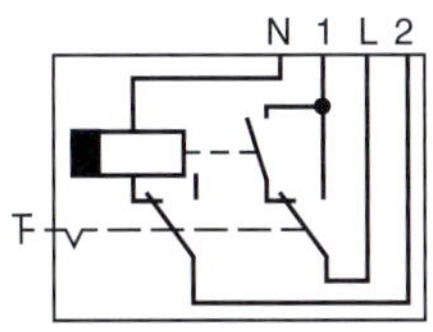

Anschlussbezeichnungen für Schütze S. 22

Spulen

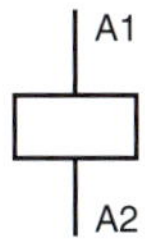

Hauptschaltglieder

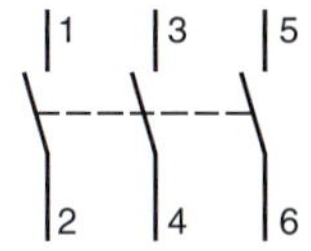

Hilfsschaltglieder

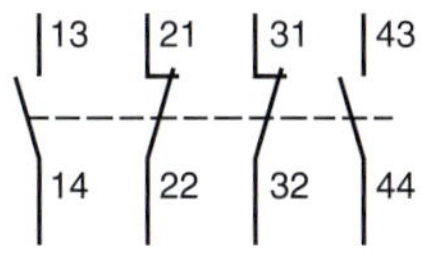

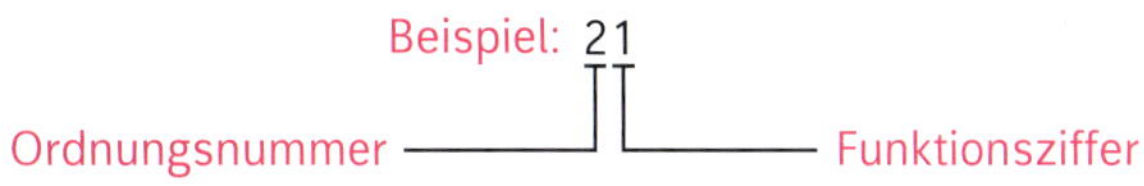

Schaltglieder werden durchnummeriert

Schaltglieder	Ziffern
Öffner	1, 2
Schließer	3, 4
Wechsler	1, 2, 4
Zeitverzögerte Schaltglieder	
Öffner	5, 6
Schließer	7, 8
Wechsler	5, 6, 8

Relais und Schütze S. 19 ... 22

Schaltzeichen für		Benennung
mehrpolige Darstellung	einpolige Darstellung	
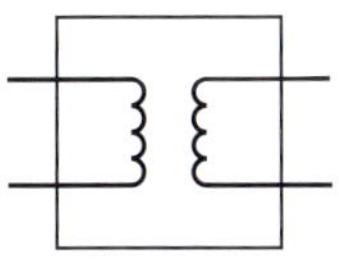	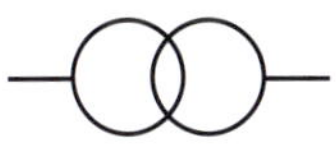	Transformator
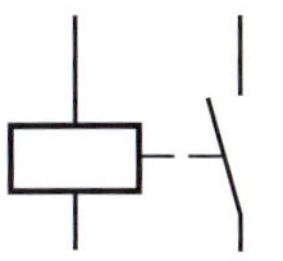	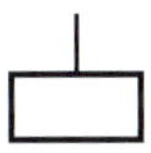	Relais, Schütz
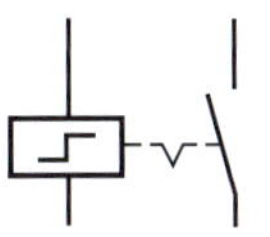	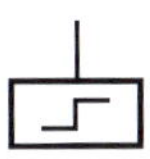	Stromstoß-schalter
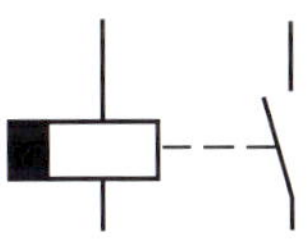	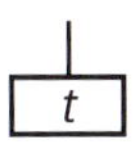	Zeitschalter, abfall-verzögert
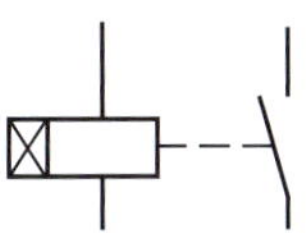		Zeitschalter, anzugs-verzögert

Betriebsmittelkennzeichnung S. 5

Nach DIN EN 61346-2: 2000-12 erhalten alle Objekte (Betriebsmittel bzw. Kombinationen davon) Kennbuchstaben nach ihrer **Haupt**-Aufgabe (bzw. ihrem **Haupt**-Zweck) innerhalb eines Prozesses.

Kenn-buch-stabe	Hauptaufgabe/-zweck	Beispiele
A	Hauptaufgabe lässt sich nicht eindeutig bestimmen.	Schaltschrank, Verteilung
B	Umwandeln einer physikalischen Größe in Signal zur Weiterverarbeitung	Bewegungsmelder, Fotozelle, Mikrofon, Rauchmelder
C	Speichern von Energie bzw. Information	Festplatte, Kondensator, Speicher
E	Kühlen, Heizen, Beleuchten, Strahlen	Heizung, Herd, Lampe, Leuchte, Mikrowellengerät
F	Direktes Schützen von Personen oder Einrichtungen	Leitungsschutz-Schalter, RCD, Sicherung, SH-Schalter
G	Erzeugen von Energie, Materialfluss oder Signalen	Batterie, Generator, Lüfter, Solarzelle
K	Verarbeiten von Signalen oder Informationen	Binärbaustein, Hilfsschütz, Schaltrelais, Transistor, Zeitrelais
P	Darstellen von Information	Klingel, Lautsprecher, LED, Strommesser, Zähler
Q	Schalten und Variieren von Energie, Signal- und Materialfluss	Hauptschütz, Leistungsschalter, Stromstoßschalter, Treppenhausautomat, Türöffner
R	Begrenzen oder Stabilisieren von Energie-, Informations- oder Materialfluss	Diode, Drosselspule, Widerstand
S	Umwandeln manueller Betätigung in Signale	Steuerschalter, Tastschalter
T	Umwandeln von Energie bzw. Signalen unter Beibehaltung von Energieart bzw. Informationsgehalt	Gleichrichter, Netzgerät, Transformator, Verstärker, Wandler
X	Verbinden	Klemme, Klemmleiste, Steckdose, Stecker

Schaltzeichen für		Benennung
mehrpolige Darstellung	einpolige Darstellung	
L1 N PE	L1/N/PE	Abzweigdose
		Tastschalter, unbeleuchtet
		Tastschalter, beleuchtet
		Tastschalter mit Kontroll-lampe
		Ausschalter
		Wechsel-schalter
		Gruppen-schalter
		Serien-schalter
		Kreuz-schalter
		Dimmer

Schaltzeichen für		Benennung
mehrpolige Darstellung	einpolige Darstellung	
		Schutzkontakt-steckdose, einfach
	3	Schutzkontakt-steckdose, dreifach
		Leuchte, einfach
	1+2	Leuchte mit zwei Strom-kreisen
		Leuchte mit Schalter
	oder	Leuchte mit Leucht-stofflampe
		Notleuchte
		Leuchte mit Notleuchte
		Scheinwerfer

Leitungen	
Schalt-zeichen	Benennung
	Leitung auf Putz
	Leitung im Putz
	Leitung unter Putz
	Leitung im Installa-tionsrohr
	Erdkabel
	Leitung, allgemein
	Neutralleiter N
	Schutzleiter PE
	Nullleiter PEN

Betätigungen	
Schalt-zeichen	Benennung
	mechanische Wirkverbindung
	Handbetrieb, allgemein
	Handbetrieb, Drücken
	Handbetrieb, Ziehen
	Handbetrieb, Drehen
	Handbetrieb, Kippen
	Betätigung durch Schlüssel
	Fühler
	rastend
	abfallverzögert
	anzugs-verzögert

Kennliniendarstellung — S. 29, 30

Schritte zur Kennlinienaufnahme

1. Messschaltung entwerfen
2. Messwerte in Tabellenform aufnehmen
3. Messwerte graphisch darstellen (Kennlinie)
4. Kennlinie interpretieren

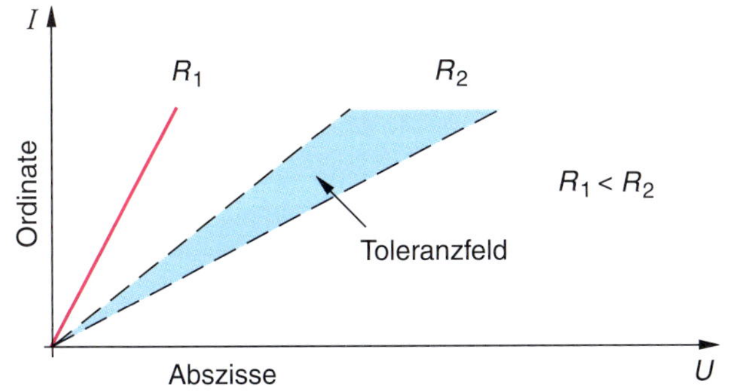

Beziehungen zwischen Größen aus Kennlinien

Aus Kennlinien lassen sich Beziehungen zwischen Größen in Form von

- sprachlichen Aussagen (größer, kleiner, steiler,...),
- Wirkungsketten ($U\uparrow \Rightarrow I\uparrow$) oder
- mathematischen Aussagen ($I \sim U$) ermitteln.

Zeichnerische Lösung von Reihenschaltungen — S. 33

1. Achsenkreuz mit dem zu erwartenden Spannungs- und Stromstärkenbereich zeichnen, Maßstab wählen.
2. Stromstärke durch R_1 für eine beliebige Spannung berechnen und diesen Koordinatenpunkt mit dem Nullpunkt verbinden (Kennlinie für R_1).
3. Stromstärke durch R_2 für eine beliebige Spannung berechnen und diesen Koordinatenpunkt mit dem Wert für die Gesamtspannung auf der U-Achse verbinden (Kennlinie für R_2).
4. An der I-Achse die Stromstärke der Reihenschaltung ablesen (Schnittpunkt der Kennlinien), I_{12}.
5. An der U-Achse die Teilspannungen U_1 und U_2 ablesen (Schnittpunkt).

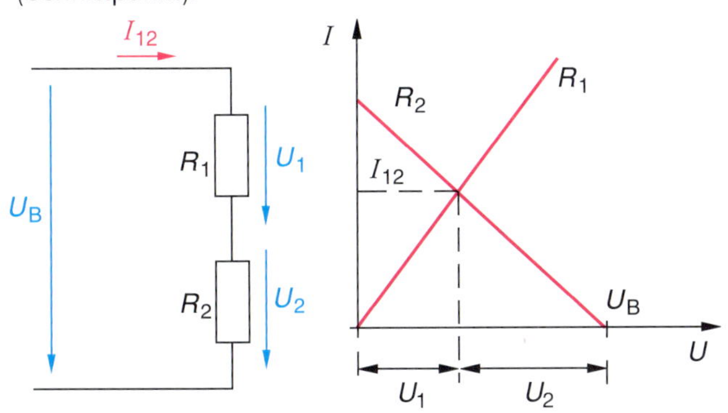

Leistungshyperbel

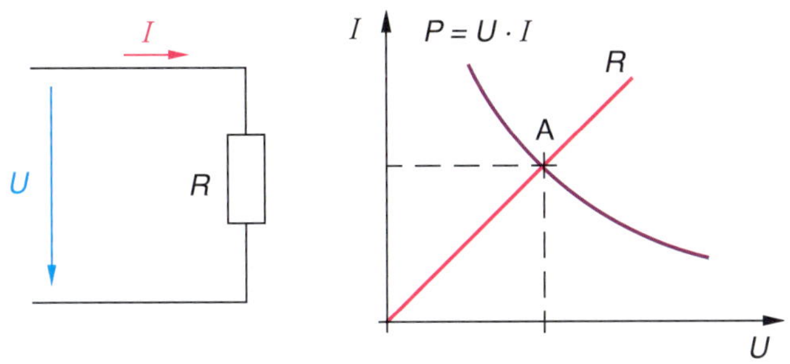

Arbeitspunkt A nur auf oder unterhalb der Leistungshyperbel.

Logarithmische Achseneinteilung — S. 36, 37

Die Abstände zwischen zwei Zehnerpotenzen sind gleich.
Im Diagramm gibt es keinen Nullpunkt.

Logarithmisch geteilte Strecke

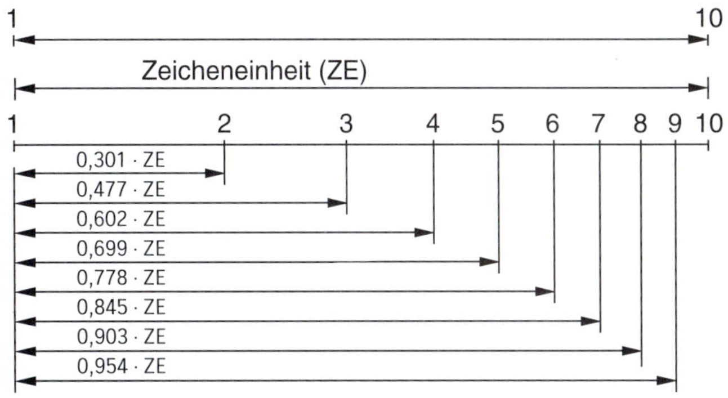

Schritte beim Ablesen beliebiger Werte:

1. Zeicheneinheit ermitteln (Abstand zwischen zwei Zehnerpotenzen in mm oder cm).
2. Anteil des abzulesenden Wertes von der Zeicheneinheit ermitteln (in mm oder cm).
3. Ablesewert durch Umkehrung des Logarithmierens ermitteln.

Kennlinieninterpretation — S. 45

- Welche Größen stehen an den Achsen?
- Wie sind die Achsen geteilt?
- Welche Größenbereiche werden dargestellt?
- Ist der Verlauf linear oder nichtlinear?
- Lässt sich die Kennlinie in Bereiche aufteilen, die unterschiedlich interpretiert werden müssen?
- Gibt es Maximal- und Minimalwerte? Welche Bedeutung haben sie?
- Gibt es Grenzwerte, die eingehalten werden müssen?
- Wie steil ist die Kennlinie oder sind Teilbereiche?
- Steht an der Kennlinie eine weitere Größe (z. B. Temperatur; Parameter)?
- Kann durch Umzeichnen (z. B. logarithmisch in linear) eine klarere Aussage über das Bauteil gemacht werden?
- Lässt sich mithilfe der Kennlinie etwas über das Verhalten des Bauteils und deren Anwendungsbereiche aussagen?

Differenzieller Widerstand — S. 50

Differenzielle Widerstände (Wechselstromwiderstände) werden ermittelt, indem man eine Tangente an die Kurve in den Arbeitspunkt legt und die Spannungsänderungdurch die Stromänderung dividiert.

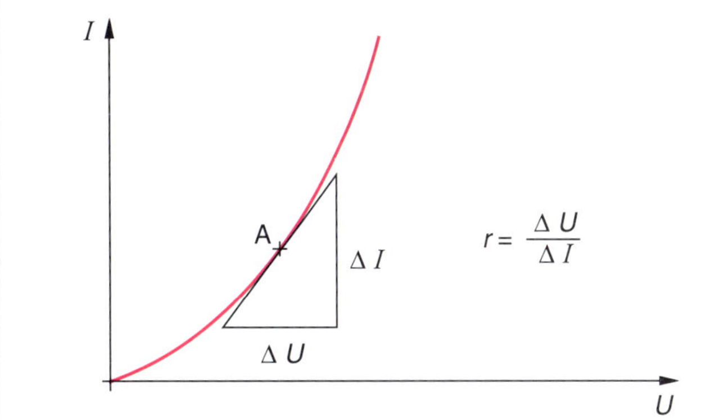

Linearer Widerstand S. 30, 31

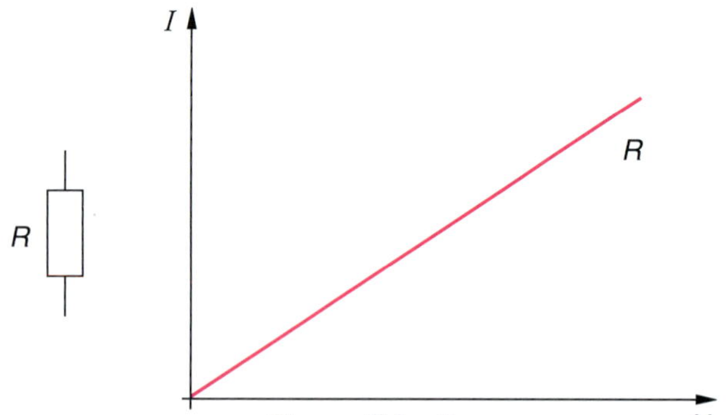

Stromstärke-Spannung

Spannungsabhängiger Widerstand, Varistor, VDR S. 36 ... 39

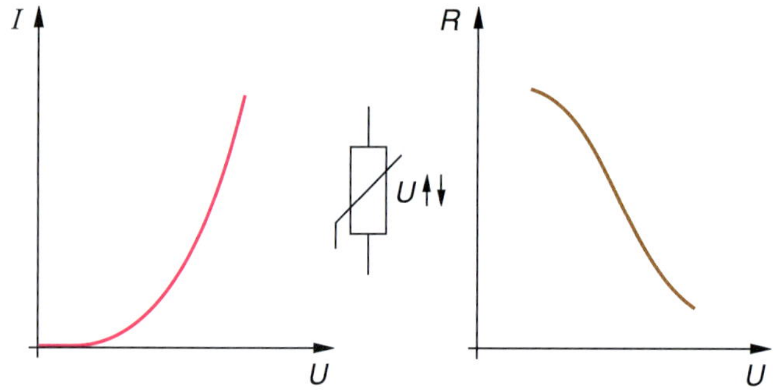

Stromstärke-Spannung   Widerstand-Spannung

Reihenschaltung aus Varistor und linearem Widerstand S. 38

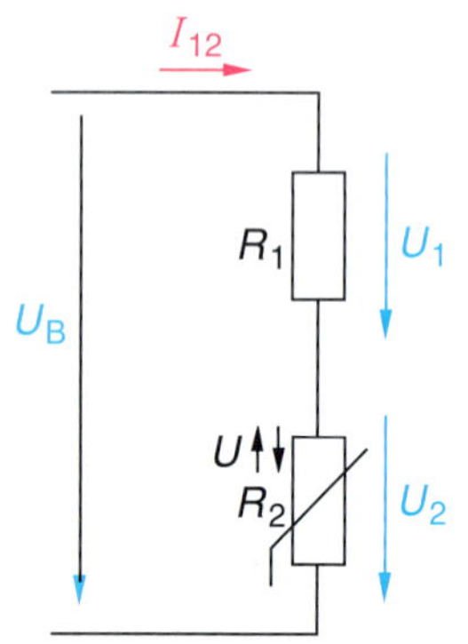

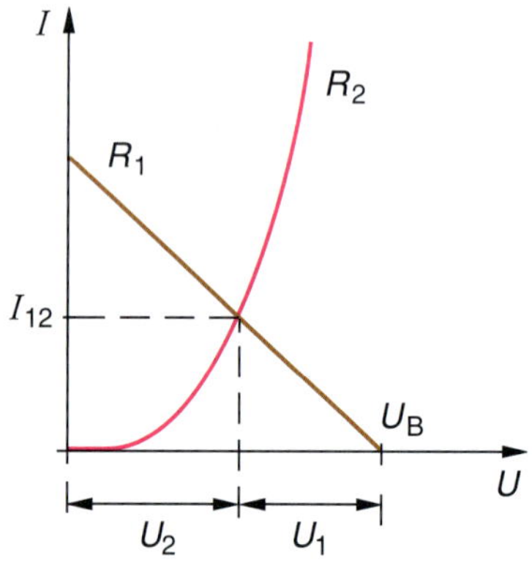

Spannungsaufteilung

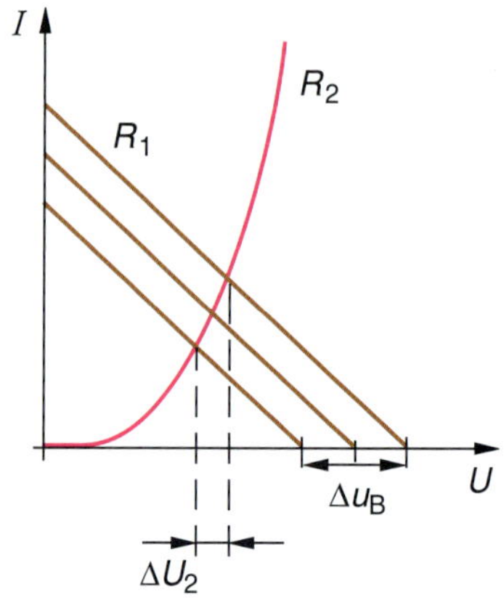

Spannungsänderung

Heißleiter, NTC S. 40 ... 42

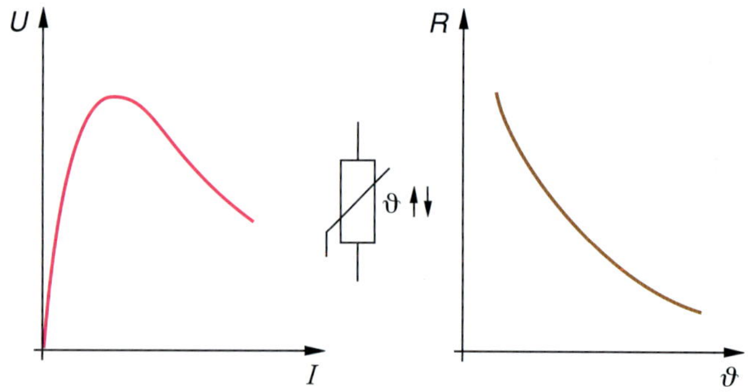

Spannung-Stromstärke   Widerstand-Temperatur

Linearisierung von Kennlinien

Heißleiterkennlinien lassen sich durch zusätzliche Widerstände linearisieren. Vorwiderstände sollten so groß sein wie der Heißleiterwiderstand im mittleren Temperaturbereich und Parallelwiderstände etwa 10mal so groß.

Kaltleiter, PTC S. 45 ... 49

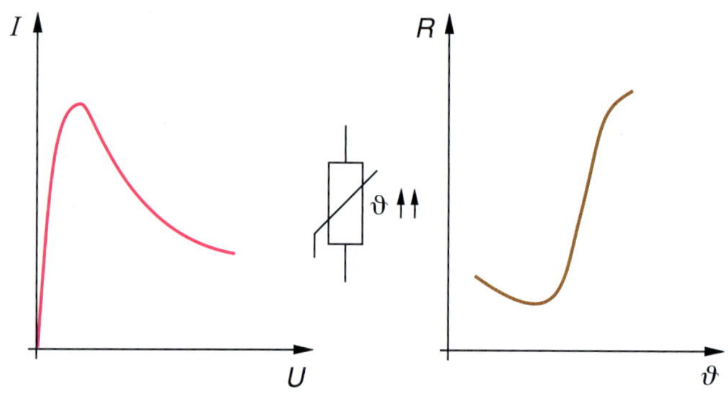

Stromstärke-Spannung   Widerstand-Temperatur

Fotowiderstand, LDR S. 48, 49

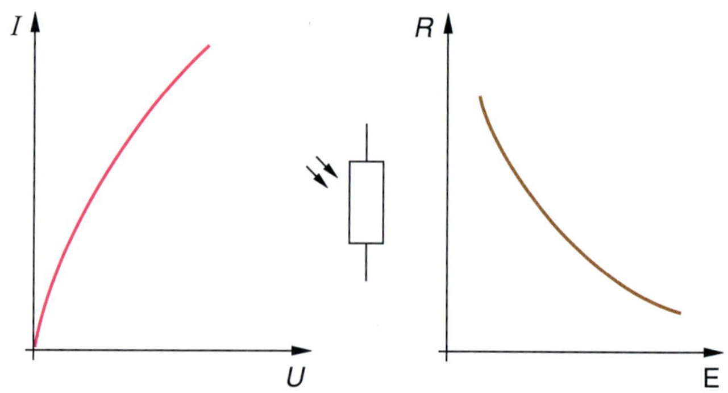

Stromstärke-Spannung   Widerstand-Beleuchtungsstärke

Dioden — S. 50 ... 54

Kennlinie

Dioden besitzen im Durchlassbereich einen kleinen und im Sperrbereich einen erheblich größeren Widerstand. Je steiler die Kennlinie, desto kleiner ist der Widerstand.

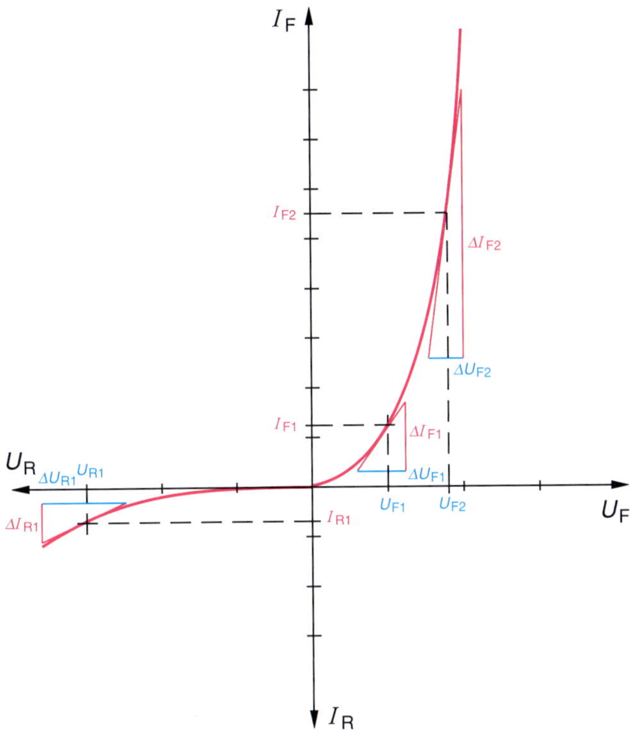

Dioden als Schalter

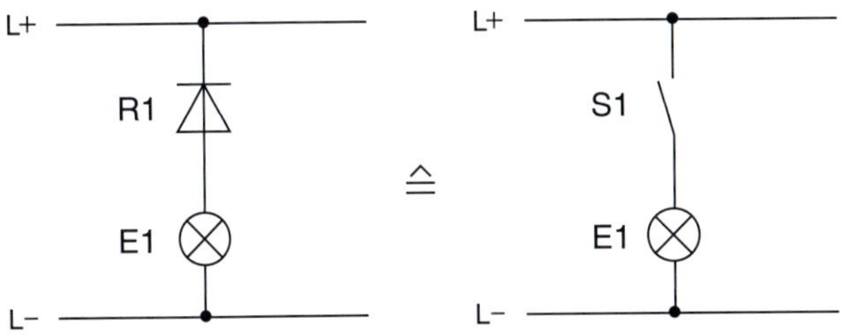

Sperrverhalten

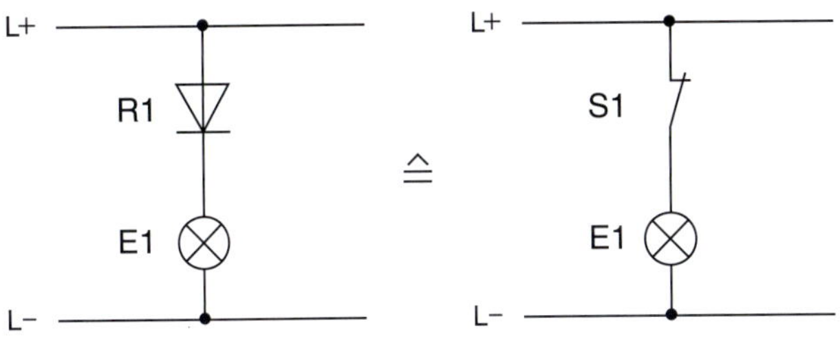

Durchlassverhalten

Logische Bausteine — S. 55 ... 60

Das Verhalten von Logikbausteinen kann durch

- Schaltzeichen,
- Wertetabellen oder
- Signal-Zeit-Verläufe

beschrieben werden.

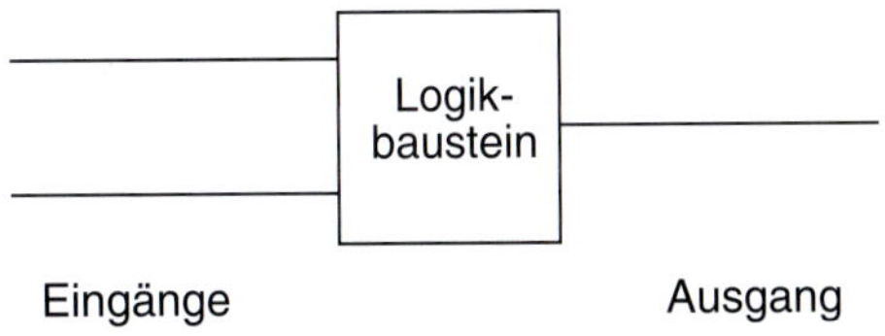

UND — S. 55

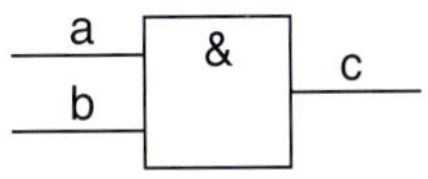

a	b	c
0	0	0
0	1	0
1	0	0
1	1	1

$c = a \wedge b$

ODER — S. 56

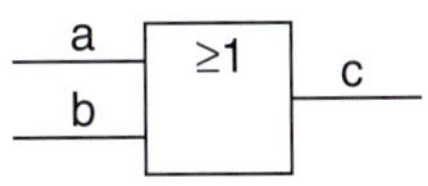

a	b	c
0	0	0
0	1	1
1	0	1
1	1	1

$c = a \vee b$

NICHT — S. 57

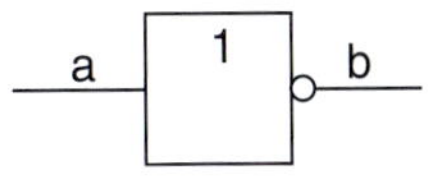

a	b
0	1
1	0

$b = \overline{a}$

NAND — S. 57

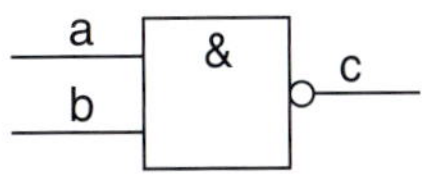

a	b	c
0	0	1
0	1	1
1	0	1
1	1	0

$c = \overline{a \wedge b}$

NOR — S. 57

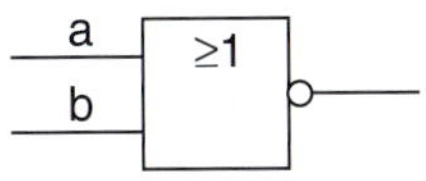

a	b	c
0	0	1
0	1	0
1	0	0
1	1	0

$c = \overline{a \vee b}$

Linienarten S. 62

Linienart Linienbreite in mm	Anwendungen
Volllinie 0,5 0,25	sichtbare Körperkanten Maßlinien Maßhilfslinien Schraffur Gewindelinien
Strichlinie 0,25	verdeckte Körperkanten
Strichpunktlinie 0,5 0,25	Schnittverlauf Mittellinien
Freihandlinie 0,25	Bruchlinien
Zickzacklinie 0,25	alternativ zur Freihandlinie

Bemaßungen S. 65

- **Maßeinheit**:
  mm, aber ohne Einheitsangabe
- An **verdeckten Kanten** sind keine Maße eingetragen
- **Maße** sind **nur in einer Ansicht** vorhanden. **Keine Doppelbemaßung**
- **Unsymmetrische Werkstücke**:
  Maße sind auf zwei Bezugskanten bezogen
- Drehteile haben mindestens zwei Ansichten
- **Bohrungen**:
  Mittelpunkt und Durchmesser sind bemaßt
  ø vor Maßzahl
  gleiche Bohrungen und Rundungen sind nur ein Mal bemaßt
- **Durchbrüche**:
  Lage und Abmessungen des Lochs sind bemaßt

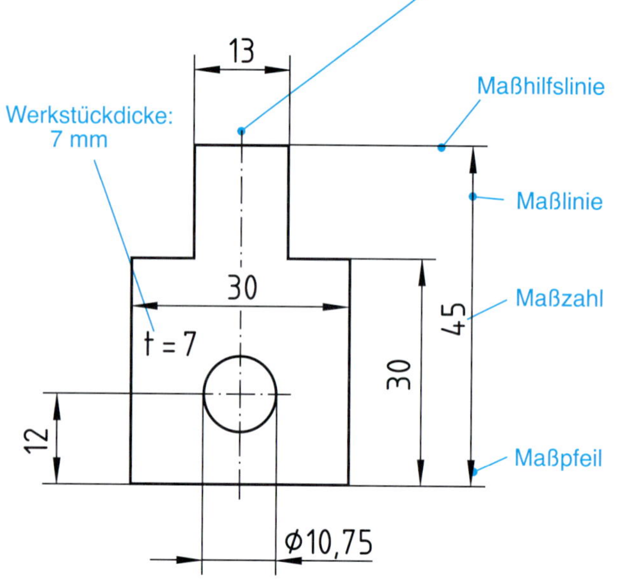

Kurzzeichen S. 69, 71

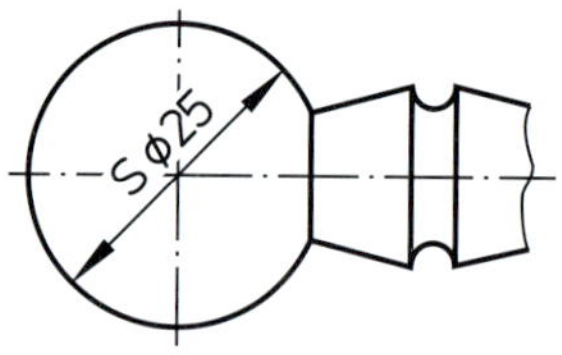

Ø : Durchmesser
S Ø 25 : Kugel mit Durchmesser 25

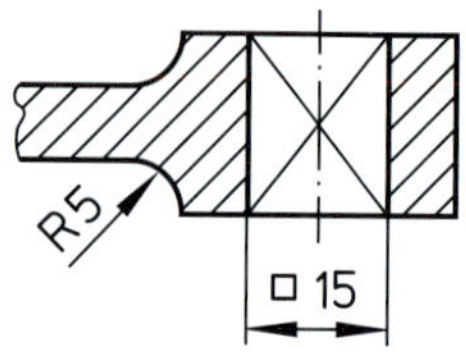

□ 15 : Quadrat mit Seitenlänge 15

x (Diagonalkreuz) : ebene Fläche
R 5 : Radius 5

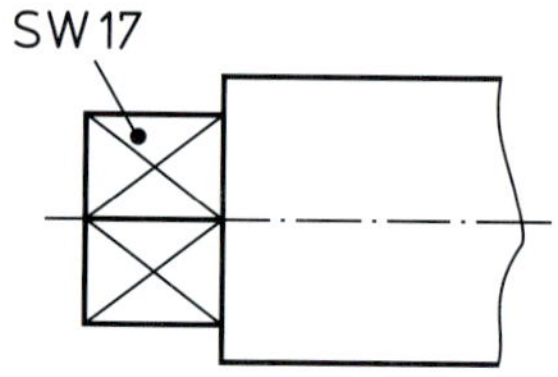

SW 17 : Schlüsselweite 17

Gewinde S. 71

Gewindeform = Buchstaben vor Maßzahl

M = Metrisches ISO-Gewinde Tr = Trapezgewinde
R = Whiteworth-Rohrgewinde E = Elektrogewinde

Vereinfachte Darstellung

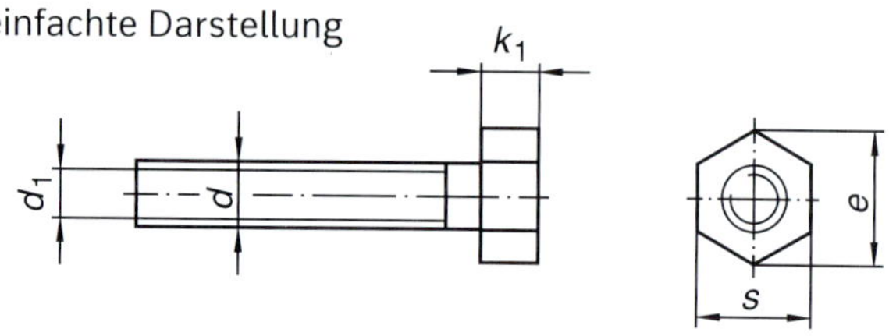

Richtwerte:

Eckmaß $e = 2 \cdot d$ $d_1 = 0{,}8 \cdot d$
Schlüsselmaß $s = 1{,}7 \cdot d$ $k_1 = 0{,}7 \cdot d$

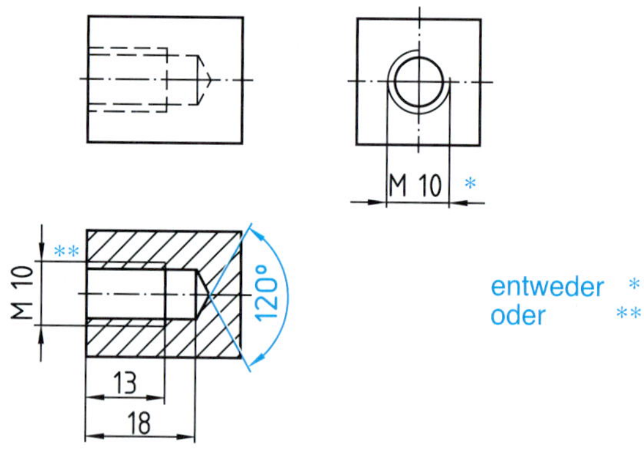

Maßstäbe S. 69

Maßstabsangabe im Schriftfeld oder unter Zeichnung
Maßangaben in Zeichnung = Werkstückmaß

Beispiel : M 1 : 2
Zeichnungsmaß — Werkstückmaß

Vergrößerungen z. B. M 2 : 1	Natürl. Maßstab M 1 : 1	Verkleinerungen z. B. M 1 : 10

Schnitte S. 69

- Schnitte entlang der Mittellinie oder senkrecht dazu
- Schnitte auch an geknickter Schnittlinie, z. B. A – F
- Schnittdarstellungen ohne verdeckte Kanten dargestellt

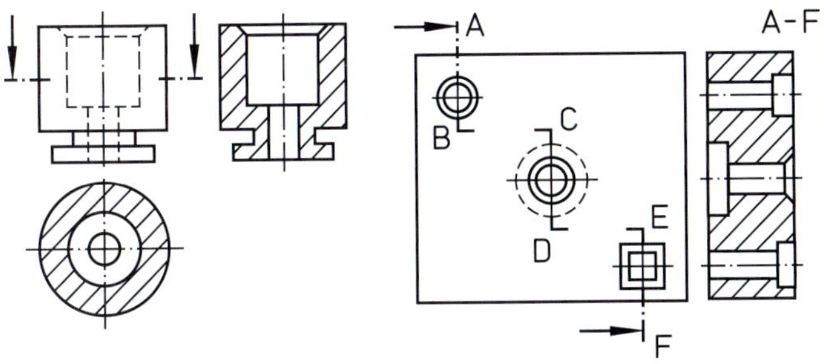

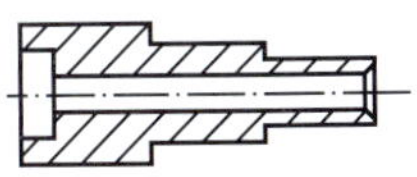

Vollschnitt

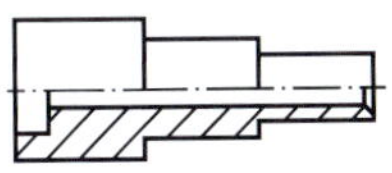

Halbschnitt

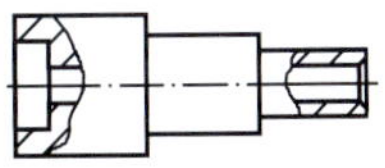

Teilschnitte (Ausbrüche)

Explosionszeichnungen (Anordnungspläne) S. 63

- Einzelteile in dimetrischer Projektion
- Einzelteile vereinfacht und unmaßstäblich dargestellt
- Einzelteile sind nummeriert und unter Umständen bezeichnet
- Stücklisten enthalten Werkstoff- und Normenangaben

Drei Ansichten S. 67

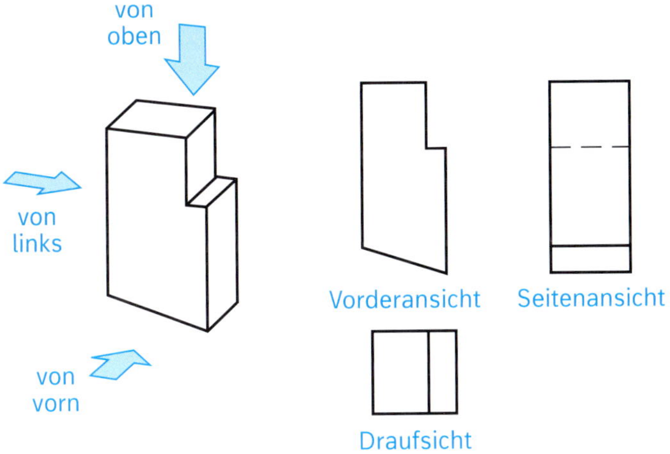

Maße in Bauzeichnungen S. 73

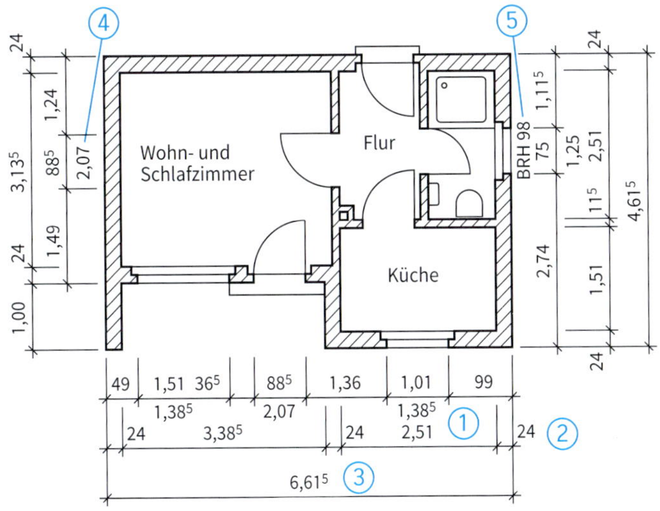

Maßangaben:

- Maße bis 1 m in m ①
- Maße unter 1 m in cm ②
- Maße unter 1 cm als Hochzahl in mm ③

Höhenangaben bei Türen und Fenstern

- unter der Maßlinie ④

Brusthöhe BRH

- in cm ⑤

Symbole in Bauzeichnungen S. 73

Bezeichnung	Darstellung in Grundrissen
Aufzug	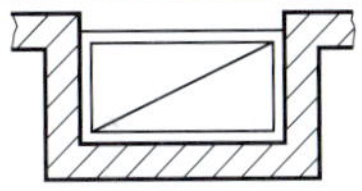
Schornsteine	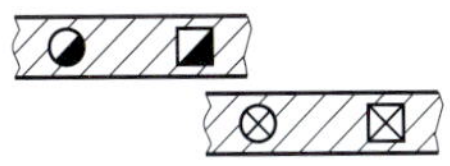
Lüftung	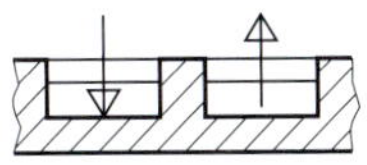
Drehflügel	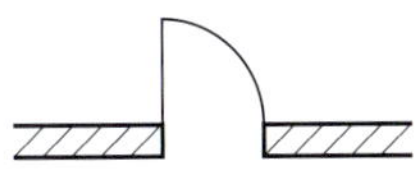
Hebedrehflügel	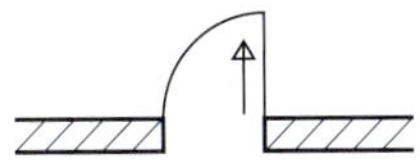
Drehtür	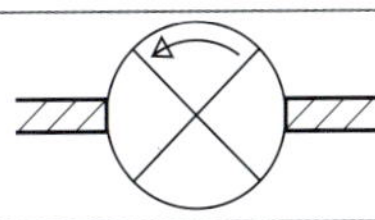
Pendeltür	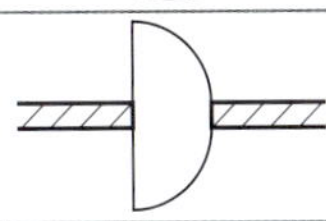
Treppenlauf mit darunter liegenden Stufen	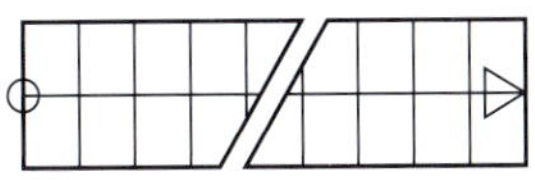
Treppenlauf mit oberhalb liegenden Stufen	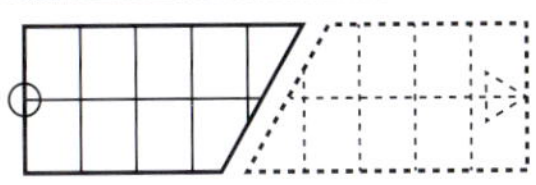

Sachwortverzeichnis

Bildquellenverzeichnis

|ALBRECHT JUNG GMBH & CO. KG, Schalksmühle: 5.1, 13.3. |Bildredaktion1, G. Schneider-Alb, Berlin: 20.3, 22.3, 48.3. |Di Gaspare, Michele (Bild und Technik Agentur für technische Grafik und Visualisierung), Bergheim: 73.1, 73.2, 73.3. |ELTAKO GmbH, Fellbach: 19.1. |fotolia.com, New York: 50.1, 50.4; sergey eshmetov 50.3. |iStockphoto.com, Calgary: grafvision 25.1; TimAwe 48.2. |Klaue, Jürgen, Bad Kreuznach: 62.1, 67.1, 71.1; H. Buresch 29.3, 29.4. |Lithos, Wolfenbüttel: Titel, 5.2, 5.4, 5.5, 6.1, 6.2, 6.3, 6.4, 7.1, 7.2, 8.1, 8.2, 8.3, 8.4, 9.1, 9.2, 9.3, 9.6, 9.7, 10.1, 10.2, 10.3, 10.4, 11.1, 11.2, 11.3, 11.4, 12.1, 12.2, 12.3, 12.4, 13.1, 13.2, 14.1, 14.2, 14.3, 15.1, 15.2, 16.1, 16.2, 16.3, 16.4, 16.5, 16.6, 17.1, 17.2, 17.3, 17.4, 17.5, 17.6, 17.7, 17.8, 17.9, 17.10, 17.11, 18.1, 18.2, 18.3, 18.4, 19.2, 19.3, 19.4, 20.1, 20.2, 21.1, 21.2, 21.3, 22.1, 22.4, 22.5, 23.1, 23.2, 23.3, 23.4, 24.1, 24.2, 24.3, 24.4, 25.2, 25.3, 26.1, 26.2, 27.1, 27.3, 28.1, 28.2, 29.1, 29.2, 30.1, 30.2, 30.3, 31.1, 31.2, 32.1, 32.2, 32.3, 32.4, 33.1, 34.1, 34.2, 35.1, 35.2, 36.5, 36.6, 36.7, 36.8, 37.1, 37.2, 37.3, 37.4, 37.5, 37.6, 38.1, 38.2, 38.3, 38.4, 39.1, 39.2, 39.3, 39.4, 40.4, 40.6, 40.7, 41.1, 41.2, 41.3, 41.4, 42.1, 42.2, 43.1, 43.2, 43.3, 43.4, 43.5, 44.1, 44.2, 44.3, 45.5, 45.6, 45.7, 46.1, 46.2, 46.3, 47.1, 47.2, 47.3, 47.4, 48.1, 48.4, 48.5, 48.6, 49.1, 49.2, 49.3, 50.5, 50.6, 51.1, 51.2, 51.3, 51.4, 51.5, 52.1, 52.2, 52.3, 53.1, 53.2, 53.3, 53.4, 53.5, 54.1, 54.2, 54.3, 54.4, 55.1, 55.2, 55.3, 56.1, 56.2, 56.3, 56.4, 56.5, 57.1, 57.2, 57.3, 57.4, 57.5, 57.6, 58.1, 58.2, 58.3, 59.1, 59.2, 60.1, 60.2, 60.3, 60.4, 61.1, 61.2, 61.3, 61.4, 61.5, 62.2, 63.1, 64.1, 64.2, 65.1, 65.2, 65.3, 66.1, 66.2, 66.3, 66.4, 66.5, 66.6, 66.7, 67.2, 67.3, 68.1, 68.2, 68.3, 68.4, 68.5, 68.6, 68.7, 68.8, 68.9, 68.10, 69.1, 69.2, 69.3, 69.4, 70.1, 71.2, 71.3, 71.4, 72.1, 72.2, 72.3, 72.4, 74.1, 74.2, 75.1, 75.2, 75.3, 75.4, 75.5, 76.1, 76.2, 76.3, 76.4, 76.5, 76.6, 76.7, 77.1, 77.2, 77.3, 77.4, 77.5, 77.6, 78.1, 79.1, 79.2, 79.3, 79.4, 80.1, 80.2, 80.3, 80.4, 80.5, 80.6, 81.1, 81.2, 81.3, 81.4, 81.5, 81.6, 81.7, 81.8, 82.1, 82.2, 82.3, 82.4, 82.5, 82.6, 83.1, 83.2, 83.3, 83.4. |Shutterstock.com, New York: Zhupanenko, Vladimir 50.2. |Siemens AG, München: 5.3, 8.5, 9.4, 9.5, 15.3, 22.2, 25.4. |TDK Electronics AG, München: 36.1, 36.2, 36.3, 36.4, 40.1, 40.2, 40.3, 40.5, 45.1, 45.2, 45.3, 45.4. |Valentinelli, Mario, Rostock: 27.2.